职业教育新形态教材

建筑设备项目化实训教程

郭 岩 主编

化学工业出版社

·北京·

内容简介

本书主要内容包括钳工技术基础、焊接技术基础、白铁加工基础、管道设备安装、电气工程安装等，基本上满足职业教育建筑设备工程技术专业人才培养方案所必需的专业技术技能教学要求。

本书为职业教育建筑设备类相关专业实践教学环节的实训教材，也可供从事相关工作的人员学习参考。

图书在版编目（CIP）数据

建筑设备项目化实训教程 / 郭岩主编. -- 北京：化学工业出版社，2024.12. --（职业教育新形态教材）. ISBN 978-7-122-46613-6

Ⅰ. TU8

中国国家版本馆 CIP 数据核字第 2024JW7593 号

责任编辑：王文峡　　　　　　　文字编辑：周家羽
责任校对：田睿涵　　　　　　　装帧设计：王晓宇

出版发行：化学工业出版社
　　　　（北京市东城区青年湖南街 13 号　邮政编码 100011）
印　　装：中煤（北京）印务有限公司
787mm×1092mm　1/16　印张 19½　字数 441 千字
2025 年 2 月北京第 1 版第 1 次印刷

购书咨询：010-64518888　　　　　售后服务：010-64518899
网　　址：http://www.cip.com.cn
凡购买本书，如有缺损质量问题，本社销售中心负责调换。

定　　价：59.00元　　　　　　　　　　　版权所有　违者必究

前言

　　本书采用模块化方式进行内容的编排。以对接岗位的典型性工作项目为载体，理论教学与实践教学相融合，专业学习与工作实践相结合，能力培养与岗位技能相衔接，以工作过程为主线，用满足学习者自主学习的工作页形式进行内容的编排。每个典型性工作项目以任务单的形式描述任务情景，提供详尽的任务实施路径指引、问题引导、评价标准、信息驿站，而不提供任务情景中所需的具体图纸。使用者可以结合自己的实际教学环境，围绕任务单的具体任务，在教学实施过程中采用自己熟悉且符合实践教学环境的加工（施工）图纸，在达到基本教学目标的同时体现教学实施过程的灵活性和普适性。

　　全书按 336 学时编写，共有五个教学模块，主要内容包括钳工技术基础、焊接技术基础、白铁加工基础、管道设备安装、电气工程安装，基本上满足了职业教育建筑设备工程技术专业人才培养方案所必需的专业技术技能教学。本书也可作为职业教育建筑设备类相关专业的实践教学以及建筑设备行业相关技术人员的岗位培训用书，具体教学组织实施过程可以根据各自实施的人才培养方案，结合学校的具体实训条件针对性选择所需的模块开展教学。

　　本书由南京高等职业技术学校郭岩担任主编。南京高等职业技术学校顾勇编写模块一和模块二，苏远编写模块三和模块四中的项目四，郭岩编写模块四中的项目一、项目二、项目三，威能（中国）供热制冷环境技术有限公司高宇编写模块四中的项目五，吴忠编写了模块五。全书由郭岩统稿和修改。

　　由于编者水平有限，本书难免存在一些不足之处，恳请广大读者给予指正。

编　者
2024 年 7 月

CONTENTS

目录

模块一　钳工技术基础　001

- 项目一　凹凸件制作 …………………………………………………………… 001
- 项目二　六角螺母制作 ………………………………………………………… 021
- 项目三　手锤制作 ……………………………………………………………… 035

模块二　焊接技术基础　051

- 项目一　风机安装底板焊接维修 ……………………………………………… 051
- 项目二　管道支架焊接制作 …………………………………………………… 065
- 项目三　冷库蒸发器铜管焊接修复 …………………………………………… 077

模块三　白铁加工基础　091

- 项目一　矩形通风管制作 ……………………………………………………… 091
- 项目二　虾壳弯制作 …………………………………………………………… 111

模块四　管道设备安装　131

- 项目一　喷淋消防系统末端管道安装 ………………………………………… 131
- 项目二　家庭卫浴系统安装 …………………………………………………… 155
- 项目三　家庭独立采暖系统安装 ……………………………………………… 181
- 项目四　户式中央空调系统安装调试 ………………………………………… 205
- 项目五　家用两联供系统安装调试 …………………………………………… 233

模块五　电气工程安装　261

- **项目一**　家庭照明电路系统安装 ………………………………………… 261
- **项目二**　消防卷帘门电动机安装 ………………………………………… 289

参 考 文 献　306

模块一

钳工技术基础

项目一 凹凸件制作

职 业 名 称：建筑设备安装
典型工作任务：凹凸件制作
建 议 课 时：20课时

设备工程公司派工单

工作任务	凹凸件制作			
派单部门	实训教学中心		截止日期	
接单人			负责导师	
工单描述	根据派工单位给定的加工图纸，认真识读图纸，核对确认图纸内容及相关信息。结合现场环境及实际加工条件，综合考量分析，科学合理地设计加工工序，选择合适的材料和工具完成图纸中工件的加工制作，并对照加工规范及评价标准进行验收评价			
任务目标	目标	识读图纸，选择合适的工具材料完成凹凸件的加工制作		
	关键成果	识读加工图纸		
		拟订加工工序，列写材料工具清单		
		完成工件加工制作		
		依据钳工加工规范及标准进行评价		
工作职责	识读加工图纸，明确工件尺寸及相关参数，为工件的加工做好准备			
	根据图纸标注及技术要求科学制订加工工序			
	正确选用工具完成工件的加工制作			
	结合钳工加工规范及标准进行评价			
工作任务				
序号	学习任务	任务简介	课时安排	完成后打√
1	图纸识读		2	
2	凸件加工		7	
3	凹件加工		7	
4	间隙配合		4	

注意事项：

1. 严格按照派工单的内容要求进行项目实践，不得随意更改工作流程。
2. 在完成工作内容后，请进行清单自检，完成请打√。

学生签字：

日期：

模块一　钳工技术基础

笔记

背景描述

某车间机械设备的金属台面在长期的使用中出现局部破损，经技术人员分析判断，需要将设备台面破损的地方用金属板材采用凹凸配合的形式进行局部维修，以节约成本。现需要根据技术人员测量绘制的加工图纸确定加工制作工序，选用合适的材料和工具完成凹凸配合件的加工制作，并进行项目的验收评价。

任务书

【任务分工】 在明确工作任务后，进行分组，填写小组成员学习任务分配表，见表1-1。

表1-1　学习任务分配表

班级		组号		指导教师	
组长		任务分工			
组员	学号	任务分工			

学习计划

根据图纸，针对图纸中工件加工的技术要求，梳理出学习流程（图1-1），并制订实践计划，可依据该计划实施实践活动。

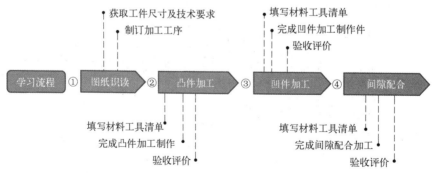

图1-1　凹凸件制作学习流程

任务准备

1. 阅读任务书，理解工作计划中的工作要点及工作任务要求。
2. 了解钳工加工技术人员关于钳工加工的工作职责。
3. 借助学习网站，查看钳工加工的相关视频、文章及资讯，并记录疑点和问题。

项目一 凹凸件制作

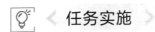

一、图纸识读

图纸是工程和制造业等行业中的核心技术文件,它包含了一个项目或工件的所有设计信息和技术细节。通过图纸识读可以清楚地了解被加工工件的结构尺寸、形状和位置公差,了解工件加工的技术要求及加工细节,对于项目的顺利进行和工件的顺利加工有着重要意义。

【实践活动】 根据加工图纸,拟订加工工序。

【活动情境】 小高是某设备安装公司安装部门的技术专员,在进行设备例行巡检过程中发现一台机械设备的金属台面破损。现在他需要根据现场技术人员测量绘制的加工图纸,确定加工制作维修所用凹凸件制作加工工序。

【工具/环境】 工件图纸/钳工实训车间。

活动实施流程(图1-2):

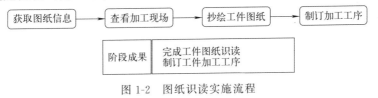

图1-2 图纸识读实施流程

引导问题1:钳工工件图纸识读一般分为几个步骤?

引导问题2:工件图纸中的标题栏和技术要求可以提供哪些信息?

引导问题3:确定加工工序时需要考虑哪些因素?

填写凹凸件制作加工工序表,见表1-2。

表1-2 凹凸件制作加工工序表

序号	工序内容	备注
1		
2		
3		
4		
5		
6		
7		
8		
9		
10		

抄绘凹凸件制作图纸。

信息驿站

1. 钳工识图

识图是制造行业的一项基本工作,也是一项重要的基本技能。在实际加工中,如果管理者与操作者看不懂加工图,不能领会图纸的含义,就不可能加工出满足图样要求的合格产品,这可能造成产品的大量报废。

钳工识图的识图画法及识读要求与机械制图、工程制图的基本画法与识读方法相似,可通过前置课程学习进行了解。

2. 技术要求

零件图中除了图形和尺寸外,还应具备加工和检验零件的技术要求。技术要求主要是指几何精度方面的要求,如尺寸公差、零件的几何公差、表面粗糙度、材料的热处理和表面处理,以及对指定加工方法和检验的说明等。技术要求通常用符号、代号或标记标注在图形上,或用简明的文字注写在标题栏附件。

常见形位公差的分类、特征项目及符号如表 1-3 所示。

表 1-3 钳工加工中常用的形位公差分类、特征项目及符号

分类	特征项目	符号	分类		特征项目	符号
形状公差	直线度	—	位置公差	定向	平行度	∥
	平面度	▱			垂直度	⊥
	圆度	○			倾斜度	∠
	圆柱度	⌭		定位	同轴度	◎
	线轮廓度	⌒			对称度	⌯
	面轮廓度	⌓			位置度	⊕
				跳动	圆跳动	↗
					全跳动	⌰

3. 钳工加工工序

(1) 确定钳工锉配件的加工工序时,需要综合考虑零件要求、加工工艺和设备选择等因素,具体包括以下几个方面:

① **零件分析**:首先需要了解钳工锉配件的用途和技术要求,包括尺寸、形状、位置公差以及表面粗糙度等。

② **工艺规划**:根据零件的技术要求,规划合理的工艺路线,决定粗加工和精加工的顺序和方法。

③ **设备选择**:选择合适的加工设备和工具。例如,钻床用于钻孔,台虎钳用于夹紧工件等。

④ **工序内容**:明确每一道工序的具体内容,如下料、粗锉、细锉、划线、打样冲、钻孔、锉削、表面处理和检验等。

⑤ **时间估算**:估算各工序的单位工时,合理安排生产进度。

⑥ **质量控制**:设置质量检验环节,确保每个工序完成后的工件符合技术要求。

⑦ **优化调整**:在实际操作中不断优化调整工艺路线和工序内容,提高生产效率和产品质量。

(2) 根据不同的加工图纸和不同的加工要求，还应注意如下要求。

① **精度要求**：必须满足图纸上对尺寸和几何形状的精度要求，保证零件的互换性和配合性。

② **表面粗糙度**：根据零件的功能和使用条件，控制合适的表面粗糙度，以减少摩擦和磨损。

③ **材料特性**：考虑材料的硬度、韧性等物理特性，选择合适的加工方法和刀具。

④ **经济性**：在满足技术要求的前提下，尽量简化工艺流程，减少不必要的工序，以降低成本和提高效率。

⑤ **安全性**：确保操作安全，避免因工艺不当造成人员伤害或设备事故。

⑥ **环保要求**：采用环保的加工方法和材料，减少污染和废弃物的产生。

⑦ **标准化与通用化**：尽量使用标准件和通用工具，便于维修和更换。

⑧ **工艺文件完整性**：编制完整的工艺文件，包括工艺卡片、工序图等，方便操作人员理解和执行。

⑨ **后续处理**：考虑零件在加工后可能需要的热处理、表面处理等后续工序，以确保零件的性能和寿命。

⑩ **持续改进**：通过实践反馈和数据分析，持续改进工艺流程，提升产品质量和生产效率。

钳工锉配件加工工序的确定是一个系统而复杂的过程，它涉及对零件要求的深入理解、工艺路线的合理规划、设备和工具的正确选择、工序内容的详细定义以及质量控制的严格执行。同时，还需要注意精度、表面粗糙度、材料特性和经济性等多方面的要求，以确保加工出的钳工锉配件能够满足设计要求和使用需求。

二、凸件加工

凹凸配合件是练习钳工基本操作的常用工件，通过工件的加工制作可以充分进行锉削、锯削以及测量的操作练习。

凹凸配合件由凹件和凸件两部分组成，为了保证两工件的互换间隙符合图纸及实际安装使用要求，在加工制作时，通常先制作凸件，再以凸件为基准配作凹件。

【**实践活动**】 根据加工图纸、加工工序选用合适工具材料进行工件加工。

【**活动情境**】 小高完成了对现场技术人员出具的图纸抄绘，并已确认图纸相关信息，拟订了一系列加工工序。现需要根据加工实际需要正确申领材料和工具，并核对相关信息，确认材料工具参数，进行凸件加工制作。

【**工具/环境**】 加工图纸/加工现场。

活动实施流程（图1-3）：

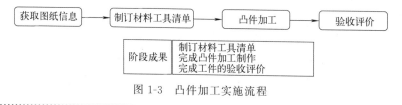

图1-3 凸件加工实施流程

引导问题4：钳工加工中，常用的加工工具有哪些？

引导问题5：钳工加工中，工具材料的选用需要考虑哪些因素？

引导问题6：毛坯料预处理主要包含哪些操作？

引导问题7：钳工加工中常见的划线工具有哪些？

引导问题8：如何正式使用相关工具进行外形尺寸的加工？

填写凸件加工材料工具清单，见表1-4。

表1-4 凸件加工材料工具清单

序号	材料工具名称	规格	单位	数量	备注	是否申领（申领后打√）
1						
2						
3						
4						
5						
6						
7						
8						
9						
10						
11						
12						

填写凸件加工评价表，见表1-5。

笔记

表1-5 凸件加工评价表

评价指标	评价项目	配分	评价标准	得分
专业能力	关键尺寸1	10	误差±0.05mm,超差不得分	
	关键尺寸2	10	误差±0.05mm,超差不得分	
	工艺孔	10	2×ϕ3mm,缺漏1处扣5分,扣完为止	
	平面度	10	误差±0.03mm,1处不合格扣3分,扣完为止	
	垂直度	10	误差±0.03mm,1处不合格扣3分,扣完为止	
	对称度	10	误差±0.03mm,1处不合格扣3分,扣完为止	
	表面粗糙度	10	误差Ra为3.2mm,1处不合格扣3分,扣完为止	
	划线	10	清晰明确无错乱,一处错误扣2分,扣完为止	
	材料使用	10	因操作错误额外领取材料一次扣3分,扣完为止	
	材料工具清单填写	10	主要工具缺失1项扣2分,材料工具数量错误1项扣2分,扣完为止	
工作过程	操作规范	10	未能按规范要求选择合适工具等1次扣2分,暴力操作1次扣5分,损坏工具1次扣5分,以上扣完为止	
	安全操作	10	未正确穿戴使用安全防护用品1次扣5分,未安全使用工具1次扣5分,扣完为止	
工作素养	环境整洁	10	地面随意乱扔工具材料1次扣2分,安装结束未清扫整理工位扣5分,扣完为止	
	工作态度	10	无故迟到早退1次扣2分,旷课1节扣5分,扣完为止	
团队素养	团结协作	10	小组分工不合理扣5分,出现非正常争吵1次扣5分,扣完为止	
	计划组织	10	工作计划不合理扣5分,现场组织混乱扣5分,扣完为止	
情感素养	项目参与	10	不主动参与项目论证1次扣2分,不积极参加实践安装1次扣2分,扣完为止	
	体会反思	10	每天课后填写的学习体会和活动反思缺1次扣2分,扣完为止	

说明:本评价表中最终得分按照表格中得分总和除以配分总和后进行百分制换算。

信息驿站

1. 钳工

(1) 概念 钳工大多是用手工工具在台虎钳、钻床、铣床等设备上进行手动、机械操作的一个工种。钳工的主要任务是加工零件、装配工件、维修设备、制造和维修工具和量具。

(2) 分类 钳工主要分为**机修钳工**和**装配钳工**两类。

(3) 常用设备 钳工常用的设备包括工作台、台虎钳、钻床和砂轮机等,它们各自有不同的应用和功能。

① **工作台**(图1-4):作为专用的工作台,主要用于放置虎钳、工具、工件等,为钳工提供一个稳固的操作环境。

② **台虎钳**(图1-5):是一种通用夹具,主要作用是夹持各种规格和型号的工件,确保工件在加工过程中的稳定性。在使用台虎钳时,必须确保其固定牢固,工作时两个钳口必须夹紧,以保证工件装夹没有松动现象,防止损坏和影响加工质量。

③ **钻床**(图1-6):是一种用钻头在工件上加工孔的机床,涉及钻孔、锪孔、扩孔、攻丝和铰孔等操作。在加工过程中,工件保持固定,而刀具则进行旋转运动以完成加

图 1-4　工作台

(a) 可旋转式台虎钳

(b) 万向台虎钳

(c) 升降式台虎钳

(d) 迷你型台虎钳

图 1-5　常用台虎钳

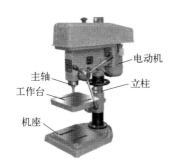
(a) 台式钻床

(b) 立式钻床

(c) 摇臂钻床

图 1-6　常用钻床

工。可以分为台式钻床、立式钻床、摇臂钻床。

④ **砂轮机**（图 1-7）：这种设备主要用于刃磨各种刀具和工具。操作时，需要根据加工器件的材质和加工进度要求，选择合适的砂轮粗细。此外，为保障操作人员的安

(a) 立式砂轮机

(b) 台式砂轮机

图 1-7　常用砂轮机

全，应戴上防护眼镜以防止飞溅的金属屑和砂粒对人体造成的伤害。

除了这些主要设备，钳工还可能使用其他工具和设备，如手用丝锥和铰杠等。

（4）工具选用的一般注意事项　钳工工具的正确选择和使用对于保障工作效率和安全至关重要，所以在选用过程中应当注意以下内容。

① **选择合适的工具**：根据具体任务选择适当的钳工工具，确保工具的类型和规格与工作要求相匹配；

② **正确使用工具**：了解每种工具的正确使用方法，例如使用扳手时应选择合适的规格，将扳手咬合在螺母或螺栓的六角部分，确保扭力传递均匀；

③ **避免工具不当使用**：不能用嘴吹锉屑，防止其进入眼睛，也不能用手擦摸锉削表面；

④ **保持工具维护**：定期检查钳工工具的状态，确保工具的刃口锐利，连接部分牢固，防止因工具损坏导致事故；

⑤ **避免过度用力**：不要过度用力，以免损坏工件或工具，避免在工具的额定范围之外使用；

⑥ **正确存放工具**：工作结束后，将工具妥善存放在工具箱中，防止损坏或丢失；

⑦ **学习专业技能**：如果从事大量的钳工工作，建议接受专业培训，掌握正确的使用技巧和安全知识；

⑧ **注意环境条件**：工具存放时要避免潮湿和腐蚀性气体的环境，以延长工具的使用寿命；

⑨ **重视维护保养**：使用后要清洁工具，去除附着的污垢和油渍，在需要的部位添加适量的润滑油，确保活动部件灵活顺畅。

2. 锉削基础

（1）概念　锉削是一种利用锉刀或其他锐利工具去除工件表面多余材料的加工方法，主要用于金属的粗加工和精加工。通过锉削，可以达到修正尺寸、塑形、去除毛刺、增加表面粗糙度等目的。

（2）常用工具

① **锉刀**（图1-8）：锉刀是锉削的主要工具，根据用途和形状可分为多种类型，如平锉、圆锉、什锦锉、三角锉等。选择锉刀时，应考虑工件的材质、加工精度和表面粗糙度要求。

② **其他辅助工具**：包括砂纸、砂轮、切削液等，用于提高锉削效率和质量。

③ **工件材料**：锉削适用于多种金属材料，如钢、铜、铝等。不同材料的加工性能和表面质量要求不同，因此应根据具体情况选择合适的锉削方法和工具。

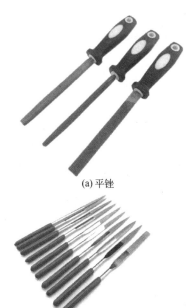

(a) 平锉

(b) 什锦锉

图1-8　常用锉刀

（3）操作要点

① **保持正确的姿势**：锉削时应保持稳定的姿势，避免过度用力或晃动。对于手工锉削，应采用正确的握持方法和站立姿势。

② **控制切削深度**：切削深度过大可能导致锉刀过早磨损，影响加工精度和表面质量。因此，应根据工件材料和加工要求调整切削深度。

③ **注意切削速度**：切削速度过快可能导致锉刀过热，降低使用寿命；过慢则可能影响加工效率。应根据锉刀材质和工件材料选择合适的切削速度。

④ **保持锉刀清洁**：锉削过程中会产生大量切屑，应及时清理以保持锉刀清洁和锋利。

（4）锉削安全与防护

① **穿戴防护用品**：进行锉削操作时，应穿戴合适的防护眼镜、手套和防护服等，以防止飞溅的切屑或切削液对人身造成伤害。

② **保持工作区域整洁**：工作区域应保持整洁，避免杂物和切屑堆积。切削液应及时清理，防止滑倒等意外事故发生。

③ **检查锉刀和工具**：使用前应对锉刀和其他工具进行检查，确保其完好无损。发现损坏或磨损严重的工具应及时更换。

（5）**锉削表面质量评估** 锉削后的表面质量主要通过观察、触摸和测量等方法进行评估。表面应光滑、无明显的毛刺和凹凸不平现象。此外，还可使用显微镜或表面粗糙度测量仪等设备进行更精确的测量和评估。

3. 锯削基础

（1）**锯削工具与选用** 锯削是钳工中常见的一项操作，而锯削工具主要包括锯弓和锯条。锯弓分为固定式和可调式，锯条则有多种规格和材质可供选择。

① **锯弓的选择**：根据工件的大小和形状，选择合适的锯弓（图1-9）。大型或复杂工件可能需要使用较大的锯弓，而小型或简单工件则可以选择较小的锯弓。

(a) 固定式锯弓

② **锯条的选择**：锯条的规格主要根据被锯削材料的种类和厚度来确定。例如，锯削软质金属时，可以选择较细的锯条；而锯削硬质金属时，应选择较粗、强度较高的锯条。

(b) 可调式锯弓

图1-9 常用锯弓

③ **锯削材料的选择**：锯削材料的选择对于锯削效果至关重要。通常，钳工中常见的锯削材料包括各种金属、木材和塑料等。在选择锯削材料时，需要考虑其硬度、韧性、热导率等因素。

（2）**锯削姿势与技巧** 正确的锯削姿势和技巧可以提高锯削效率和质量。钳工在进行锯削时，应保持身体平衡，将锯条垂直于工件表面，并使用适当的力度进行锯削。同时，要注意锯削的方向和节奏，避免锯条突然断裂或工件变形。

（3）**锯削速度与力度** 锯削速度和力度是影响锯削效果的重要因素。一般来说，锯削速度应适中，不宜过快或过慢。力度则应根据材料硬度和锯条规格进行调整。力度过大可能导致锯条断裂，而力度过小则可能影响锯削效率。

(4) **锯削安全规范** 锯削是一项具有一定危险性的操作,因此在锯削过程中必须严格遵守安全规范。例如,钳工应佩戴防护眼镜和手套,避免飞溅的切屑造成伤害;同时,锯床应放置在平稳的地面上,并确保锯条安装牢固,避免锯条脱落。

(5) **锯削质量评估** 锯削完成后,钳工需要对锯削质量进行评估。评估的主要内容包括锯削面的平整度、直线度和粗糙度等。钳工可以使用卡尺、直尺等工具进行测量,并使用显微镜等设备观察锯削面的微观形貌。

4. 划线基础

(1) **划线工具与用途** 划线是钳工工作中非常关键的一项前期工作,它决定了后续加工的准确性和效率。常用的划线工具(图1-10)包括划针、划规、划卡、高度尺、钢直尺、角尺及样板等。

① **划针**:用于直接在工件表面划出线条,要求划针尖应保持锐利。

② **划规**:用于画圆或圆弧,其两脚尖端的距离可调,以适应不同半径的要求。

③ **高度尺**:用于量取工件的高度,并以此为基准划出水平线。

④ **钢直尺**:用于量取长度和划线,要求直尺保持平直。

⑤ **样板**:用于复制复杂形状或轮廓。

(2) **划线基准选择** 选择划线基准是确保划线准确性的重要步骤。基准的选择应遵循"先主后次、先大后小、先面后点"的原则,同时要确保基准线清晰、准确,不易被磨损。

(3) **划线步骤与方法**

① **清洁工件**:确保工件表面清洁,无油污和杂质。

② **选择基准**:根据工件形状和加工要求选择合适的基准。

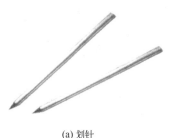

(a) 划针

(b) 划规

(c) 高度尺

图1-10 常用划线工具

③ **划线**:使用划线工具按照图纸要求划线,注意线条的清晰度和准确性。

④ **复查**:划线完成后,应使用直尺、角尺等工具复查划线的准确性。

(4) **安全操作规程**

① 使用划针、划规等工具时,应保持注意力集中,避免划伤手部。

② 高度尺等测量工具应轻拿轻放,避免碰撞导致其精度降低或损坏。

③ 划线过程中,应避免工件突然移动或倾倒造成伤害。

(5) **划线质量检测** 划线完成后,应进行质量检测。主要检测内容包括线条的清晰度、准确性以及是否满足图纸要求。如有不合格之处,应及时修正或重新划线。

5. 毛坯料的预处理

毛坯料预处理是生产制造过程中的重要环节,它涉及的操作主要包括毛坯的选择、表面处理、热处理和切削处理等。

（1）**材料选择**　选择合适的毛坯材料是预处理的第一步。不同的材料具有不同的物理和化学特性，如强度、硬度、耐腐蚀性等，这些特性直接决定了工件的性能和使用寿命。

（2）**表面处理**　包括打磨、喷砂和酸洗。这些方法可以去除毛坯表面的氧化皮、杂质和不平整部分，提高表面光洁度，为后续加工打下良好基础。

（3）**热处理**　通过调整加热温度、保温时间和冷却方式，可以改变材料的晶粒结构和组织，从而提高其力学性能和加工性能，以达到提高硬度、强度或改善加工性能的目的。

（4）**切削处理**　通过切削处理，可以进一步平整工件表面，减少后续加工过程中的误差和浪费，提高加工效率和产品质量。

（5）**质量检验**　确认毛坯料的品种、规格、牌号等与所需参数相符合，确保色泽、颗粒形状及均匀性符合要求，以及物理性能如流动性、热稳定性等满足生产需求。

总的来说，毛坯料预处理是确保产品质量和生产效率的关键步骤，因此，在进行毛坯料预处理时，应综合考虑材料特性、工件要求和生产条件，以确保最佳的加工效果。

三、凹件加工

凹件的加工制作步骤与凸件相似，只是在加工过程中需要根据凸件的实际加工情况进行配作，在加工过程中需要严格控制各位置尺寸及各外形面的垂直度误差，防止在后期间隙修配中出现比较大的误差，出现凹件与凸件无法配合的问题。

【实践活动】　根据加工图纸、加工工序选用合适工具材料进行工件加工。

【活动情境】　小高已经完成了凸件的加工制作，并使用检测工具对照验收评价标准进行了验收评价，顺利完成了相应的加工制作任务。现需要他根据图纸要求，在正确申领材料工具，核对相关信息后完成凹件的加工制作，并在完成后进行验收评价。

【工具/环境】　加工图纸，加工现场。

活动实施流程（图1-11）：

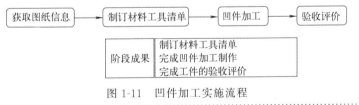

图1-11　凹件加工实施流程

引导问题9：如何理解图纸中的"配作"？

引导问题10：图纸中标注 $2×\phi 3$ 的孔有何意义？

笔记

填写凹件加工材料工具清单,见表 1-6。

表 1-6 凹件加工材料工具清单

序号	材料工具名称	规格	单位	数量	备注	是否申领(申领后打√)
1						
2						
3						
4						
5						
6						
7						
8						
9						
10						
11						
12						

填写凹件加工评价表,见表 1-7。

表 1-7 凹件加工评价表

评价指标	评价项目	配分	评价标准	得分
专业能力	关键尺寸1	10	误差±0.05mm,超差不得分	
	关键尺寸2	10	误差±0.05mm,超差不得分	
	工艺孔	10	2×φ3mm,缺漏1处扣5分,扣完为止	
	平面度	10	误差±0.03mm,1处不合格扣3分,扣完为止	
	垂直度	10	误差±0.03mm,1处不合格扣3分,扣完为止	
	对称度	10	误差±0.03mm,1处不合格扣3分,扣完为止	
	表面粗糙度	10	误差 Ra 为3.2mm,1处不合格扣3分,扣完为止	
	划线	10	清晰明确无错乱,一处错误扣2分,扣完为止	
	材料使用	10	因操作错误额外领取材料一次扣3分,扣完为止	
	材料工具清单填写	10	主要工具缺失1项扣2分,材料工具数量错误1项扣2分,扣完为止	
工作过程	操作规范	10	未能按规范要求选择合适工具等1次扣2分,暴力操作1次扣5分,损坏工具1次扣5分,以上扣完为止	
	安全操作	10	未正确穿戴使用安全防护用品1次扣5分,未安全使用工具1次扣5分,扣完为止	
工作素养	环境整洁	10	地面随意乱扔工具材料1次扣2分,安装结束未清扫整理工位扣5分,扣完为止	
	工作态度	10	无故迟到早退1次扣2分,旷课1节扣5分,扣完为止	
团队素养	团结协作	10	小组分工不合理扣5分,出现非正常争吵1次扣5分,扣完为止	
	计划组织	10	工作计划不合理扣5分,现场组织混乱扣5分,扣完为止	
情感素养	项目参与	10	不主动参与项目论证1次扣2分,不积极参加实践安装1次扣2分,扣完为止	
	体会反思	10	每天课后填写的学习体会和活动反思缺1次扣2分,扣完为止	

说明:本评价表中最终得分按照表格中得分总和除以配分总和后进行百分制换算。

> 信息驿站

钳工加工常见工艺方法如下。

（1）**配作**　钳工加工中的配作工艺是一种高精度的手工或半手工加工方法，旨在确保两个或多个零件在组装时达到精确的配合要求。通过钳工配作，可以实现零件间的高精度配合，如精密定位、滑动配合、转动配合等，确保机械设备的正常运行和延长使用寿命。

配作具有灵活性高的特点，能够处理各种复杂形状和不同材料的零件，但是由于依赖手工操作，对操作者的技术水平和加工经验有较高要求，加工效率相对较低，生产周期较长。一般在模具制造、设备维修、非标制作中应用较多，能够解决机械化加工无法满足的高精度配合问题。

（2）**工艺孔**　作为钳工加工中常见的工艺方法，工艺孔在不同的应用场景中起到了十分重要的作用。

① 在钳工配合件的制作中，工艺孔的使用是确保高精度配合的关键步骤。工艺孔作为定位基准，有助于确保配合件在加工和装配过程中的精确位置，保证各加工步骤的一致性，进而减少累计误差，提高整体加工精度。

② 在装配过程中，工艺孔作为导向，帮助零件顺利装入指定位置。

③ 在焊接配合件时，工艺孔作为定位点，保证焊缝的位置和质量。

但是，在工艺孔的选择使用中还应注意以下几点：

① 必须选择合适的位置和尺寸，以避免影响零件的结构强度和功能。

② 在加工过程中，需要注意保护工艺孔，避免其损坏或变形。

③ 工艺孔完成后，可能需要进行精加工或表面处理，以满足配合件的精度要求。

四、间隙配合

间隙配合加工是钳工使用手工工具或半自动工具对零件进行精细加工，以确保零件之间存在一定的间隙，从而能够实现其相对运动或特定功能的加工工艺。间隙配合的加工制作涉及到工件的装配质量和功能实现，必须在加工前进行严密的数学计算，在加工过程中选择合适的加工工具进行精细加工，同时配合质量检测实时调整，才能确保工件的间隙配合满足设计和功能需求。

【实践活动】　核对加工图纸尺寸及标注信息，完成工件的最后修整，正确选用量具对工件进行检测。

【活动情境】　小高已经完成了凸件加工制作和凹件的配作加工。依照图纸及现场实际需要，现需要将两件工件依照相应技术规范进行间隙配合加工。要求小高能正确选择相应的工具材料，完成工具材料清单的编写，并在加工完成后选择合适的检测工具，进行工件的检测，完成工件的整体验收。

【工具/环境】　加工图纸、工件、量具/加工现场。

活动实施流程（图1-12）：

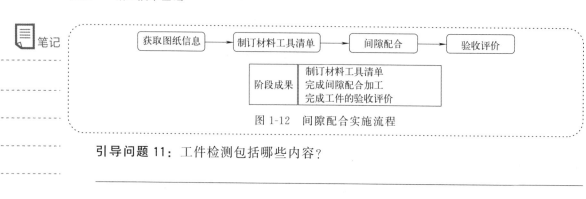

图 1-12 间隙配合实施流程

引导问题 11：工件检测包括哪些内容？

_____

引导问题 12：在钳工操作中，常见的检测工具有哪些？分别检测哪些内容？

_____

填写间隙配合材料工具清单，见表 1-8。

表 1-8 间隙配合材料工具清单

序号	材料工具名称	规格	单位	数量	备注	是否申领（申领后打√）
1						
2						
3						
4						
5						
6						
7						
8						
9						
10						
11						

填写间隙配合评价表，见表 1-9。

表 1-9 间隙配合评价表

评价指标	评价项目	配分	评价标准	得分
专业能力	配合尺寸1	10	误差±0.05mm，超差不得分	
	配合尺寸2	10	误差±0.05mm，超差不得分	
	互换性	10	2×φ3mm，缺漏1处扣5分，扣完为止	
	平面度	10	误差±0.03mm，1处不合格扣3分，扣完为止	
	垂直度	10	误差±0.03mm，1处不合格扣3分，扣完为止	
	对称度	10	误差±0.03mm，1处不合格扣3分，扣完为止	
	表面粗糙度	10	误差 Ra 为3.2mm，1处不合格扣3分，扣完为止	
	划线	10	清晰明确无错乱，一处错扣2分，扣完为止	
	材料使用	10	因操作错误额外领取材料一次扣3分，扣完为止	
	材料工具清单填写	10	主要工具缺失1项扣2分，材料工具数量错误1项扣2分，扣完为止	
工作过程	操作规范	10	未能按规范要求选择合适工具等1次扣2分，暴力操作1次扣5分，损坏工具1次扣5分，以上扣完为止	
	安全操作	10	未正确穿戴使用安全防护用品1次扣5分，未安全使用工具1次扣5分，扣完为止	

续表

评价指标	评价项目	配分	评价标准	得分
工作素养	环境整洁	10	地面随意乱扔工具材料 1 次扣 2 分,安装结束未清扫整理工位扣 5 分,扣完为止	
	工作态度	10	无故迟到早退 1 次扣 2 分,旷课 1 节扣 5 分,扣完为止	
团队素养	团结协作	10	小组分工不合理扣 5 分,出现非正常争吵 1 次扣 5 分,扣完为止	
	计划组织	10	工作计划不合理扣 5 分,现场组织混乱扣 5 分,扣完为止	
情感素养	项目参与	10	不主动参与项目论证 1 次扣 2 分,不积极参加实践安装 1 次扣 2 分,扣完为止	
	体会反思	10	每天课后填写的学习体会和活动反思缺 1 次扣 2 分,扣完为止	

说明：本评价表中最终得分按照表格中得分总和除以配分总和后进行百分制换算。

信息驿站

检测基础知识如下。

(1) 常见的检测工具

① **游标卡尺**（图 1-13）：用于测量工件的长度、宽度、高度等尺寸，可精确到毫米甚至更高精度。

② **外径千分尺**（图 1-14）：用于更精确地测量，可以精确到 0.01mm。

③ **高度尺**：用于测量工件的高度或垂直距离。

④ **角度尺**：用于测量工件的角度，如直角、斜面等。

⑤ **塞尺**（图 1-15）：用于检测工件之间的间隙或缝隙大小。

⑥ **表面粗糙度计**：用于测量工件表面的粗糙度，评估其表面质量。

(2) 检测流程　在工件的检测中，通常包括以下流程步骤。

① **计划和准备**：明确检测的目的和要求，确定需要使用的检测工具。

② **检测前准备**：检查检测工具是否完好无损，是否需要进行校准。同时，清洁工件表面，去除油污、杂质等，以确保测量结果的准确性。

③ **实施检测**：使用适当的检测工具，按照规定的测量方法，对工件进行逐一检测。记录测量结果，并与图纸或标准进行对比。

④ **结果分析**：根据测量结果，分析工件是否符合要求。如果发现问题，需要进行标记并记录，以便后续处理。

(a) 游标卡尺

(b) 带表游标卡尺

(c) 数显游标卡尺

图 1-13　常见的游标卡尺

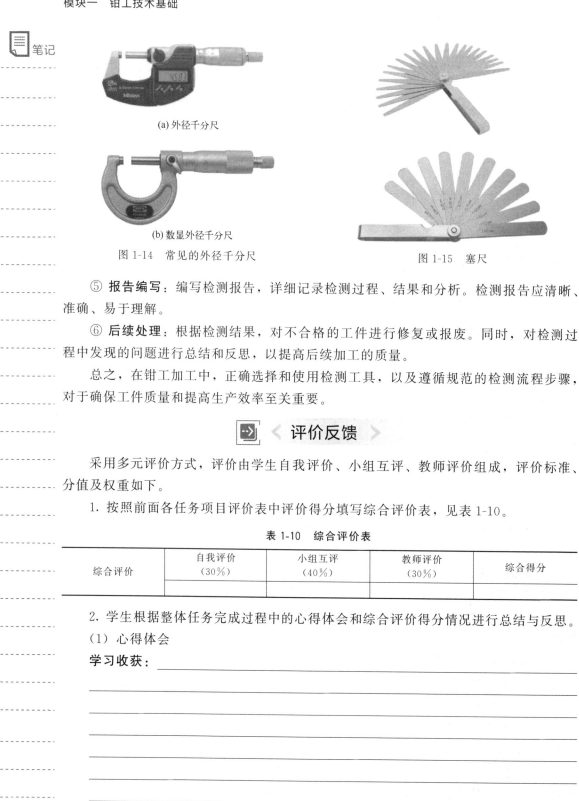

图1-14 常见的外径千分尺　　　图1-15 塞尺

⑤ **报告编写**：编写检测报告，详细记录检测过程、结果和分析。检测报告应清晰、准确、易于理解。

⑥ **后续处理**：根据检测结果，对不合格的工件进行修复或报废。同时，对检测过程中发现的问题进行总结和反思，以提高后续加工的质量。

总之，在钳工加工中，正确选择和使用检测工具，以及遵循规范的检测流程步骤，对于确保工件质量和提高生产效率至关重要。

评价反馈

采用多元评价方式，评价由学生自我评价、小组互评、教师评价组成，评价标准、分值及权重如下。

1. 按照前面各任务项目评价表中评价得分填写综合评价表，见表1-10。

表1-10 综合评价表

综合评价	自我评价（30%）	小组互评（40%）	教师评价（30%）	综合得分

2. 学生根据整体任务完成过程中的心得体会和综合评价得分情况进行总结与反思。

（1）心得体会

学习收获：

存在问题:

笔记

(2) 反思改进

自我反思:

改进措施:

笔记

项目二 六角螺母制作

职 业 名 称：建筑设备安装
典型工作任务：六角螺母制作
建 议 课 时：16课时

设备工程公司派工单

工作任务	六角螺母制作		
派单部门	实训教学中心	截止日期	
接单人		负责导师	
工单描述	根据现场技术人员出具的现场勘察绘制图纸，结合设备安装的实际应用场景条件状况，综合分析研判加工计划，制订科学合理的加工工序，根据需要选择合适的材料和工具，完成勘测图纸中工件的加工制作，并在加工完成后对照相应加工规范及标准进行产品验收与评价		
任务目标	目标	识读图纸，并根据图纸正确完成工件加工	
	关键成果	识读加工图纸	
		拟订加工工序，列写材料工具清单	
		完成工件加工制作	
		依据钳工加工规范及标准进行评价	
工作职责	识读加工图纸，明确工件尺寸及相关参数，为工件的加工做好准备		
	根据图纸标注及技术要求科学制订加工工序		
	正确选用工具完成工件的加工制作		
	结合钳工加工规范及标准进行评价		

工作任务

序号	学习任务	任务简介	课时安排	完成后打√
1	图纸识读		2	
2	正六边形加工		10	
3	螺纹孔加工		4	

注意事项：
1. 严格按照派工单的内容要求进行项目实践，不得随意更改工作流程。
2. 在完成工作内容后，请进行清单自检，完成请打√。

学生签字：

日期：

背景描述

某车间机械设备的安装固定螺母在长期的使用中出现局部开裂,影响设备安装固定效果。经技术人员分析判断,由于该螺母为非标准件,需要根据现有材料进行现场加工制作,以解决安装固定问题。现需要根据技术人员测量绘制的加工图纸,确定加工制作工序,选用合适的材料和工具完成该六角螺母的加工制作。

任务书

【任务分工】 在明确工作任务后,进行分组,填写小组成员学习任务分配表,见表 1-11。

表 1-11 学习任务分配表

班级		组号		指导教师	
组长		任务分工			
组员	学号	任务分工			

学习计划

根据图纸,针对图纸中工件加工的技术要求,梳理出学习流程(图 1-16),并制订实践计划,可依据该计划实施实践活动。

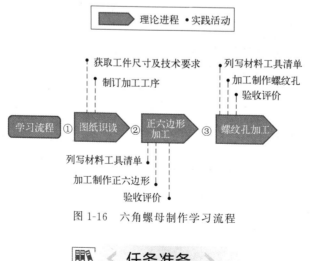

图 1-16 六角螺母制作学习流程

任务准备

1. 阅读任务书,理解工作计划中的工作要点及工作任务要求。
2. 了解钳工加工技术人员关于钳工加工的工作职责。
3. 借助学习网站,查看钳工加工的相关视频、文章及资讯并记录疑点和问题。

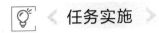

一、图纸识读

图纸是工程和制造业等行业中的核心技术文件，它包含了一个项目或工件的所有设计信息和技术细节。通过图纸识读可以清楚地了解被加工工件的结构尺寸、形状和位置公差，了解工件加工的技术要求及加工细节，对于项目的顺利进行和工件的顺利加工有着重要意义。

【实践活动】 根据加工图纸，拟订加工工序。

【活动情境】 小高是某设备安装公司安装部门的技术专员，在进行设备例行巡检过程中发现一台机械设备的安装螺母出现裂痕。现在他需要根据现场技术人员测量绘制的加工图纸，结合现场的实际条件，确定加工制作维修所用六角螺母的加工工序。

【工具/环境】 工件图纸/钳工实训车间。

活动实施流程（图 1-17）：

图 1-17 图纸识读实施流程

引导问题 1：简单描述正六边形的几何绘制方法。

引导问题 2：如何简单便捷地进行正多边形的绘制？

填写六角螺母制作加工工序表，见表 1-12。

表 1-12 六角螺母制作加工工序表

序号	工序内容	备注
1		
2		
3		
4		
5		
6		
7		
8		
9		
10		
11		
12		
13		

抄绘六角螺母制作图纸。

信息驿站

正多边形是几何学中的一个基本概念,其所有边长和角度相等。在数学和工程领域,正多边形的绘制是一项基础技能,可以借助多种工具完成,正多边形的画法通常包含以下几个步骤。

(1) **作圆和找中心** 绘制一个圆并明确圆心的位置,在确定圆心后,可以通过圆心画一条直径,或是作出圆的半径,为后续的等分角度提供基准。

(2) **等分圆周** 根据所绘正多边形的边数使用量角器或分度仪,沿着圆周测量并标记出相应的等分点,这些点将作为正多边形顶点的位置。

(3) **连线成多边形** 从圆心出发,按顺序连接圆上所有标记的点,形成一个封闭的正多边形。

对于常见特殊形状,例如正三角形和正六边形等一些特殊的正多边形,可以通过特定的几何操作更简洁地完成。正六边形可以通过内接正三角形的每个顶点再画一段弧得到相对的顶点。

二、正六边形加工

加工多边形是练习钳工基本操作的常用方法,不仅可以帮助操作者掌握基础的划线、锉削、锯削操作,还可以帮助操作者快速掌握角度测量、尺寸测量等检测方法。

正六边形的加工制作是六角螺母制作的基础,在加工制作过程中,需要保证各组对边尺寸相同,且相互平行,同时与前后两个较大的平面保持一定的垂直度要求,且周边外角读数为120°,整个工件需要保证较高的对称度。

【实践活动】 根据加工图纸、加工工序选用合适工具材料进行正六边形加工。

【活动情境】 小高在识读图纸后,已经确定了工件尺寸及相关参数,并根据现场实际实况,制订了合适的加工工艺,现需要根据制订的加工工艺要求,正确申领材料工具,核对相关信息,完成正六边形加工制作,并根据相应标准进行验收评价。

【工具/环境】 加工图纸/加工现场。

活动实施流程(图1-18):

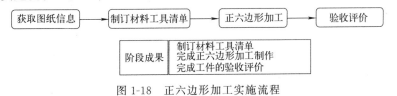

图1-18 正六边形加工实施流程

引导问题3:正六边形的加工中应首先加工什么?在加工过程中需要注意哪些内容?

引导问题 4：如何进行多边形的角度测量？

_____

_____

引导问题 5：多边形加工过程中需要注意哪些因素？

_____

_____

填写正六边形加工材料工具清单，见表 1-13。

表 1-13 正六边形加工材料工具清单

序号	材料工具名称	规格	单位	数量	备注	是否申领（申领后打√）
1						
2						
3						
4						
5						
6						
7						
8						
9						
10						
11						
12						

填写正六边形加工评价表，见表 1-14。

表 1-14 正六边形加工评价表

评价指标	评价项目	配分	评价标准	得分
专业能力	关键尺寸 1	10	误差 ±0.05mm，超差不得分	
	关键尺寸 2	10	误差 ±0.05mm，超差不得分	
	关键尺寸 3	10	误差 ±0.05mm，超差不得分	
	关键尺寸 4	10	误差 ±0.05mm，超差不得分	
	平面度	10	误差 ±0.03mm，1 处不合格扣 3 分，扣完为止	
	垂直度	10	误差 ±0.03mm，1 处不合格扣 3 分，扣完为止	
	对称度	10	误差 ±0.03mm，1 处不合格扣 3 分，扣完为止	
	外角度数	10	120°×6 个，±2°，1 处不合格扣 5 分，扣完为止	
	表面粗糙度	10	误差 Ra 为 3.2mm，1 处不合格扣 3 分，扣完为止	
	材料使用	10	因操作错误额外领取材料 1 次扣 3 分，扣完为止	
	材料工具清单填写	10	主要工具缺失 1 项扣 2 分，材料工具数量错误 1 项扣 2 分，扣完为止	
工作过程	操作规范	10	未能按规范要求选择合适工具等 1 次扣 2 分，暴力操作 1 次扣 5 分，损坏工具 1 次扣 5 分，扣完为止	
	安全操作	10	未正确穿戴使用安全防护用品 1 次扣 5 分，未安全使用工具 1 次扣 5 分，扣完为止	
工作素养	环境整洁	10	地面随意乱扔工具材料 1 次扣 2 分，安装结束未清扫整理工位 5 分，扣完为止	
	工作态度	10	无故迟到早退 1 次扣 2 分，旷课 1 节扣 5 分，扣完为止	

续表

评价指标	评价项目	配分	评价标准	得分
团队素养	团结协作	10	小组分工不合理扣5分,出现非正常争吵1次扣5分,扣完为止	
	计划组织	10	工作计划不合理扣5分,现场组织混乱扣5分,扣完为止	
情感素养	项目参与	10	不主动参与项目论证1次扣2分,不积极参加实践安装1次扣2分,扣完为止	
	体会反思	10	每天课后填写的学习体会和活动反思缺1次扣2分,扣完为止	

说明:本评价表中最终得分按照表格中得分总和除以配分总和后进行百分制换算。

信息驿站

1. 基准面

(1) 概念　**基准面**加工通常是指在机械加工过程中,选择一个特定的表面作为定位和测量的参照,以确保加工精度和一致性。

(2) 基准面加工的基本原则

① **选择不需加工的表面**:应采用工件上不需要加工的表面作为粗基准,这样可以保证加工面与非加工面之间的位置误差最小化。

② **保证加工余量均匀**:如果需要确保工件上某个重要表面的加工余量均匀,那么应该选择该表面作为粗基准。

③ **平整且足够大**:选择作为粗基准的毛坯表面应当尽可能平整且面积足够大,以便提供稳定的支撑和准确的定位。

④ **粗基准与精基准**:在第一道工序中,通常会使用毛坯面作为定位基准,这称为粗基准。随着加工的进行,已经经过切削加工的表面会被用作定位基准,这时称为精基准。

⑤ **基准的定义**:基准要素是用来确定被测要素方向和位置的要素,它在零件设计和加工中起着至关重要的作用。

⑥ **影响分析**:选择合适的粗基准对零件的加工质量有着直接的影响,因此在制订加工工艺过程时,对粗基准的选择需要慎重考虑。

⑦ **一次性使用**:粗基准通常只使用一次,因为它是未经加工的定位基准。在后续的加工中,会转而使用已经加工过的表面作为精基准。

⑧ **转换使用**:在加工过程中,可能会根据加工的需要和精度要求,从粗基准转换到精基准,或者在不同的加工阶段使用不同的基准面。

⑨ **测量和校正**:在加工过程中,需要不断地对基准面进行测量和校正,以确保加工结果符合设计要求。

⑩ **记录和标记**:为了便于跟踪和管理,通常会对使用的基准面进行记录和标记,以便于后续的质量控制和问题追溯。

(3) 基准面加工的影响因素

① **定位准确性**:需要选择能够确保被测要素方向和位置准确的基准要素。这些基

准要素可以是一条边、一个表面或一个孔等,它们的选择对于后续加工的精度至关重要。

② **粗基准的选择原则**:应保证各表面有足够的加工余量,并使加工表面与非加工表面保持适当的相互位置关系。通常不需要加工的表面或重要表面会被选为粗基准。

③ **加工余量分配**:为了确保工件上重要表面的加工余量小而均匀,应选择该表面为粗基准。这有助于在后续加工中保持精度和质量。

④ **基准面尺寸**:考虑零件加工过程中刀具的尺寸、加工余量以及零件尺寸公差等因素,合理确定基准面尺寸。

⑤ **加工工艺匹配**:在实际设计中,应注意基准面与加工工艺的匹配,以确保设计的可行性和合理性。

⑥ **基准先行原则**:作为定位基准的表面应首先加工出来,以便尽快为后续工序的加工提供精基准。

⑦ **加工阶段划分**:对于加工质量要求高的表面,应划分为粗加工、半精加工和精加工三个阶段,以确保最终的加工质量。

2. 正多边形加工

(1) 正多边形加工的影响因素

① **图样分析**:首先要仔细阅读和理解零件的图纸,包括多边形的边长、角度、位置精度、形状公差和表面粗糙度要求。

② **材料选择**:根据图纸要求和实际需要,选择合适的材料,并考虑材料的可加工性。

③ **工具和设备**:准备适当的工具和设备,如分度头、卡尺、千分尺、高度尺、划针、划线板、锯条、锉刀等。

④ **划线定位**:在材料上准确地划出多边形的轮廓线,使用划针和划线板进行精确划线。

⑤ **锯割**:根据划线进行锯割,初步形成多边形的外形。注意锯条的选择和锯割技巧,以减少加工误差。

⑥ **锉削**:使用锉刀对锯割后的多边形边缘进行修整,达到所需的尺寸和形状。注意锉刀的选择和锉削动作的规范性。

⑦ **角度测量**:使用量角器或分度器等测量工具,检查多边形的内角和外角是否符合图纸要求。

⑧ **加工顺序**:合理安排加工顺序,避免加工过程中的干涉和误差累积。

⑨ **质量控制**:在加工过程中不断进行尺寸和形状的检查,确保每个步骤都符合质量标准。

⑩ **工艺规程**:根据具体情况制订合理的工艺规程,包括切削参数、夹具选择和加工方法等。

(2) 正多边形加工的角度测量

在钳工加工中,通常使用各种工具进行角度测量,常用的角度测量工具(图1-19)有角度样板、角度尺、游标万能角度尺、百分表等,而游标万能角度尺因为较大的测量范围而被广泛使用。

游标万能角度尺是一种利用游标读数原理来测量角度的精密工具，其使用方法如下。

① **调整角度尺**：根据被测工件的角度范围，调整好角尺或直尺的位置。如果是测量内角，确保角度尺能够适应工件内角的大小。使用卡块上的螺钉将它们紧固住。

② **组合测量**：对于不同的测量范围，需要通过组合直尺和角尺的不同部分来进行测量。例如，测量0°～50°时，不需要拆卸任何部件；测量50°～140°时，需要拆下角尺。而测量140°～230°时，则需要拆下直尺。

③ **读取刻度**：主尺刻线每格代表1°。游标的刻线则是将主尺的1°等分为30格，即每格为2′。这意味着万能角度尺的精度为2′。读数方法与游标卡尺相同，即先读主尺上的刻度，再读游标上与之对齐的刻度，最后将两者相加得到最终的角度值。

此外，在使用游标万能角度尺时还需要注意以下事项。

① **检查零位**：在使用前应检查角度尺的零位是否准确，以确保测量结果的正确性。

② **稳定操作**：在测量时，手部动作要稳定，避免因手抖等原因影响测量结果。

③ **清洁保养**：保持角度尺的清洁，定期进行保养，以延长其使用寿命并保证测量精度。

总的来说，通过上述步骤和注意事项，可以确保使用游标万能角度尺进行角度测量时的准确性和有效性。

(a) 角度样板

(b) 角度尺

(c) 游标万能角度尺

图 1-19 常用的角度测量工具

三、螺纹孔加工

螺纹因为其众多的功能被广泛地应用在众多场景之中，不同的螺纹可以起到不同的作用，例如连接、传动等。六角螺母中的螺纹孔加工直接关系到六角螺母功能能否实现，所以在加工制作螺纹孔之前还需学习了解螺纹相关基础知识，掌握常见的内、外螺纹加工方法，以确保螺纹孔的加工质量。

【实践活动】 根据加工图纸及工艺要求进行螺纹孔加工。

【活动情境】 小高在完成识图和正六边形的加工制作后，六角螺母的制作也进入到螺纹孔加工制作的重要环节。小高需要根据加工工艺和加工的实际条件正确申领材料工具，核对材料工具的相关型号，编写材料工具清单，进行螺纹孔的加工制作，并根据标准进行工件的验收评价。

【工具/环境】 加工图纸/加工现场。

活动实施流程（图1-20）：

模块一 钳工技术基础

```
获取图纸信息 → 制订材料工具清单 → 螺纹孔加工 → 验收评价
                    阶段成果: 制订材料工具清单
                             完成螺纹孔的加工制作
                             完成工件的验收评价
```

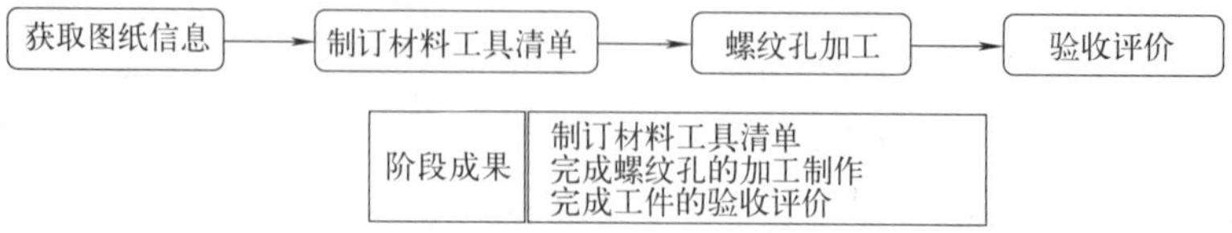

图 1-20 螺纹孔加工实施流程

引导问题 6：如何确定螺纹底孔直径？有哪些因素需要考虑？

引导问题 7：螺纹孔加工的常用工具有哪些？

引导问题 8：不同种类的螺纹分别有什么应用场景？

填写螺纹孔加工材料工具清单，见表 1-15。

表 1-15 螺纹孔加工材料工具清单

序号	材料工具名称	规格	单位	数量	备注	是否申领（申领后打√）
1						
2						
3						
4						
5						
6						
7						
8						
9						
10						
11						
12						

填写螺纹孔加工评价表，见表 1-16。

表 1-16 螺纹孔加工评价表

评价指标	评价项目	配分	评价标准	得分
专业能力	关键尺寸 1	10	误差±0.05mm，超差不得分	
	关键尺寸 2	10	误差±0.05mm，超差不得分	
	螺纹孔径	10	误差±0.05mm，超差不得分	
	螺纹质量	10	因操作造成乱牙或断牙不得分	
	功能测试	20	配套螺杆如无法旋入不得分	
	材料使用	10	因操作错误额外领取材料 1 次扣 3 分，扣完为止	
	材料工具清单填写	10	主要工具缺失 1 项扣 2 分，材料工具数量错误 1 项扣 2 分，扣完为止	
工作过程	操作规范	10	未能按规范要求选择合适工具等 1 次扣 2 分，暴力操作 1 次扣 5 分，损坏工具 1 次扣 5 分，以上扣完为止	
	安全操作	10	未正确穿戴使用安全防护用品 1 次扣 5 分，未安全使用工具 1 次扣 5 分，扣完为止	

续表

评价指标	评价项目	配分	评价标准	得分
工作素养	环境整洁	10	地面随意乱扔工具材料1次扣2分,安装结束未清扫整理工位扣5分,扣完为止	
	工作态度	10	无故迟到早退1次扣2分,旷课1节扣5分,扣完为止	
团队素养	团结协作	10	小组分工不合理扣5分,出现非正常争吵1次扣5分,扣完为止	
	计划组织	10	工作计划不合理扣5分,现场组织混乱扣5分,扣完为止	
情感素养	项目参与	10	不主动参与项目论证1次扣2分,不积极参加实践安装1次扣2分,扣完为止	
	体会反思	10	每天课后填写的学习体会和活动反思缺1次扣2分,扣完为止	

说明：本评价表中最终得分按照表格中得分总和除以配分总和后进行百分制换算。

信息驿站

1. 螺纹孔加工

（1）螺纹基础知识

① **概念**：螺纹是一种广泛应用于机械和建筑等领域的连接元件，它通过螺旋线形的凹凸配合实现固定或移动物体的目的。具体来说，螺纹的种类很多，可以按牙型、旋向、线数以及母体形状来分类。

② 螺纹种类如下。

按牙型分：主要有三角形、梯形、矩形、锯齿形和圆弧螺纹等类型。

按旋向分：螺纹可分为左旋和右旋两种，这取决于螺旋线是向左上升还是向右上升。

按线数分：螺纹可以是单线的也可以是多线的，即在同一轴向上有一条或多条螺旋线。

按形状分：根据螺纹母体的形状，螺纹可以分为圆柱螺纹和圆锥螺纹等。

③ 螺纹要素如下。

牙型：确定螺纹的几何形状，影响连接和传动的特性。

公称直径：指螺纹的主要直径，用于标准化螺纹的大小。

螺距：指相邻两个螺纹之间的距离，关系到螺纹的紧密度和承载能力。

螺纹角：指螺纹牙型的角度，常见的有60°和30°等。

螺旋角：指螺旋线与螺纹轴线之间的夹角，影响螺纹的传递效率和自锁性能。

④ 螺纹的应用如下。

普通螺纹：广泛用于一般机械零件的连接。

管螺纹：专用于管道连接，如水管、油管等。

梯形螺纹：因其具有较好的传动效率，通常用于传动装置中。

锯齿形螺纹：常用于单向受力的连接中，具有较好的自锁性能。

⑤ 螺纹尺寸的标注。螺纹的标注通常包括螺纹的种类、直径、螺距和螺纹数量等信息，其有助于识别和选择合适的螺纹。以普通螺纹为例，其尺寸标注通常包括以下

部分。

特征代号：普通螺纹的特征代号为"M"。

公称直径：表示螺纹的主要直径，单位通常为毫米（mm）。例如，M12 表示公称直径为 12mm 的螺纹。

螺距：对于单线粗牙普通螺纹，螺距可以省略不注。细牙螺纹需要注明螺距。多线螺纹需同时注明导程和螺距。

旋向：右旋螺纹通常不注明旋向，左旋螺纹用"LH"表示。

公差带代号：反映螺纹的精度等级和位置偏差，由数字和字母组成。内螺纹使用大写字母，外螺纹使用小写字母。如果中径和顶径的公差带代号相同，只需标注一次。

旋合长度：中等旋合长度通常不标注，长型用"L"表示，短型用"S"表示。必要时，可注明旋合长度的具体数值。

以一个具体的标注为例："M12×1.75-6h"。这个标注包含了以下信息：特征代号为"M"，表示这是一个普通螺纹；公称直径为 12mm，表示螺纹的外径是 12mm；螺距为 1.75mm，表示相邻两个螺纹之间的距离是 1.75mm；旋向为右旋，通常不注明，公差带代号为 6h，表示螺纹的精度等级和位置偏差符合 6h 的要求。

⑥ 常见的螺纹加工方法。螺纹根据所处位置可以分为内螺纹和外螺纹，其加工方法有所不同。常见的螺纹加工方法有车床车削加工、铣床铣削加工、手工攻螺纹和套螺纹、磨削加工、滚压加工等。在钳工加工中主要使用攻螺纹和套螺纹的方法分别加工内螺纹和外螺纹。

内螺纹：钳工中内螺纹的加工又叫攻螺纹、攻丝。手工加工内螺纹通常使用的工具是丝锥配合铰杠（图 1-21）。在螺纹加工前需要先钻一个底孔，底孔直径必须大于标准规定的螺纹内径，以便于容纳被挤压出来的材料并保证螺纹具有完整的牙型。

通常丝锥以"套"来进行配置，一套通常由两支或三支组成，对于 M6 至 M24 范围内的中小规格的螺纹，一套丝锥通常包含两支，分别称为头锥和二锥。头锥主要用于初步切割螺纹，而二锥则用于完成螺纹的精细加工。对于 M6 以下和 M24 以上规格的螺纹，一套丝锥可能会包含三支，即头锥、二锥和三锥。三锥（第三支丝锥）用于进一步精修螺纹，以确保螺纹达到更高的精度和光洁度。在实际应用中，如果加工的是通孔螺纹，有时可以使用单支丝锥一次完成攻螺纹的过程。而在加工盲孔或大尺寸螺孔时，通常会使用成组的丝锥，即两支或更多的丝锥依次完成一个螺孔的加工。

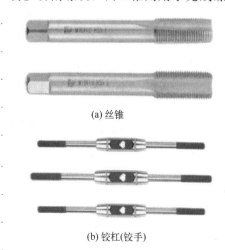

(a) 丝锥

(b) 铰杠(铰手)

图 1-21　手工加工内螺纹通常使用的工具

外螺纹：钳工中外螺纹加工又叫套螺纹、套丝，手工加工外螺纹通常使用的工具（图 1-22）是板牙配合板牙架，可以在外部切削，完成外螺纹加工。

（2）底孔的确定　螺纹底孔的确定是一个重要的步骤，它对螺纹的质量和精度有着直接的影

(a) 圆板牙

(b) 板牙架

图 1-22　手工加工外螺纹通常使用的工具

响。在确定螺纹底孔时,需要考虑以下几个因素。

① **底孔直径的计算**:底孔直径的计算是一个重要的步骤,根据材料及螺纹类型的不同有如下计算方法。对于钢和塑性较大的材料,采用 $D_0=D-P$ 进行计算;铸铁和塑性较小的材料,采用 $D_0=D-(1.05\sim1.1)P$ 计算,其中,D_0 为底孔直径,D 为螺纹大径,P 为螺距。此外,还有一个经验公式,即底孔直径等于螺纹大径的 0.85 倍,例如需要加工一个螺纹大径为 8mm 的螺纹孔,则该螺纹孔的底孔直径为 6.8mm。

② **底孔深度的确定**:底孔深度的确定也很重要,它关系到螺纹的有效深度。可以使用公式 $H_{钻}=h_{有效}+0.7D$ 来计算,其中 $H_{钻}$ 是底孔深度,$h_{有效}$ 是螺纹有效深度,D 是螺纹大径。

③ **材料的类型**:不同的材料对底孔的要求可能会有所不同,因为材料的硬度和韧性会影响切削和挤压的过程。

④ **加工的条件**:包括使用的设备、工具的磨损程度以及操作人员的技术水平等,都会对底孔的加工质量产生影响。

总的来说,在实际操作中,还需要考虑到机床的性能、丝锥的质量以及工艺的要求等因素。因此,确定螺纹底孔的过程需要综合多方面的信息和经验来进行。

评价反馈

采用多元评价方式,评价由学生自我评价、小组互评、教师评价组成,评价标准、分值及权重如下。

1. 按照前面各任务项目评价表中评价得分填写综合评价表,见表 1-17。

表 1-17　综合评价表

综合评价	自我评价 (30%)	小组互评 (40%)	教师评价 (30%)	综合得分

2. 学生根据整体任务完成过程中的心得体会和综合评价得分情况进行总结与反思。

📝 笔记

(1) 心得体会

学习收获: _____

_____

_____

_____

_____

_____

存在问题: _____

_____

_____

_____

_____

_____

(2) 反思改进

自我反思: _____

_____

_____

_____

_____

_____

_____

改进措施: _____

_____

_____

_____

_____

_____

_____

项目三　手锤制作

职 业 名 称：建筑设备安装
典型工作任务：手锤制作
建 议 课 时：22课时

设备工程公司派工单

工作任务	手锤制作		
派单部门	实训教学中心	截止日期	
接单人		负责导师	
工单描述	根据派工单位给定的加工图纸,认真识读图纸,核对确认图纸内容及相关信息。结合现场环境及实际加工条件,综合考量分析,科学合理地设计加工工序,选择合适的材料和工具完成图纸中工件的加工制作,并对照加工规范及评价标准进行验收评价		
任务目标	目标	识读图纸,并根据图纸正确完成工件加工	
	关键成果	识读加工图纸	
		拟订加工工序,列写材料工具清单	
		完成工件加工制作	
		依据钳工加工规范及标准进行评价	
工作职责	识读加工图纸,明确工件尺寸及相关参数,为工件的加工做好准备		
	根据图纸标注及技术要求科学制订加工工序		
	正确选用工具完成工件的加工制作		
	结合钳工加工规范及标准进行评价		

工作任务

序号	学习任务	任务简介	课时安排	完成后打√
1	图纸识读		2	
2	长方体加工		10	
3	斜面加工		4	
4	腰形孔加工		4	
5	倒角抛光		2	

注意事项：
1. 严格按照派工单的内容要求进行项目实践,不得随意更改工作流程。
2. 在完成工作内容后,请进行清单自检,完成请打√。

学生签字：
日期：

笔记

背景描述

某车间在进行设备安装时,由于空间狭小,市面所售的手锤无法正常使用,极大影响了安装效率,采购人员询问供销商后仍无法及时采购到合适手锤,故需要根据现有材料,结合现场安装条件进行手锤加工制作,以保证安装工作正常有序进行。现需要根据技术人员测量绘制的加工图纸,确定加工制作工序,选用合适的材料和工具完成该手锤的加工制作,并进行项目验收评价。

任务书

【任务分工】 在明确工作任务后,进行分组,填写小组成员学习任务分配表,见表 1-18。

表 1-18 学习任务分配表

班级		组号		指导教师	
组长		任务分工			
组员	学号	任务分工			

学习计划

根据图纸中工件加工的技术要求,梳理出学习流程(图 1-23),并制订实践计划,同学们可依据该计划实施实践活动。

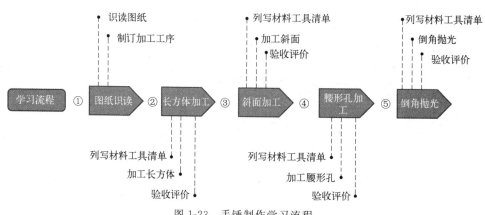

图 1-23 手锤制作学习流程

任务准备

1. 阅读任务书,理解工作计划中的工作要点及工作任务要求。

2. 了解钳工加工技术人员关于钳工加工的工作职责。
3. 借助学习网站,查看钳工加工的相关视频、文章及资讯并记录疑点和问题。

 任务实施

一、图纸识读

图纸识读是加工制作安装手锤所需的前提,需要通过图纸获得加工工件的结构尺寸、形状和位置公差,了解工件加工的技术要求,结合图纸中的尺寸位置关系以及技术要求拟订相关工件的加工工序。

【实践活动】 根据加工图纸,拟订制作加工工序。

【活动情境】 小高是设备安装公司安装部门的技术专员,在进行设备安装过程中发现安装所用的手锤无法在狭小区域正常使用,需要自行制作适用狭小场景的手锤。现在他需要根据现场技术人员测量绘制的加工图纸,结合现场实际条件,确定加工制作手锤的加工工序。

【工具/环境】 工件图纸/钳工实训车间。

活动实施流程(图1-24):

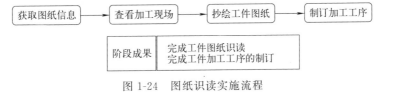

图1-24 图纸识读实施流程

引导问题1:图纸抄绘包含哪些步骤?有什么需要注意的地方?

_____

_____

_____

_____

填写手锤制作加工工序表,见表1-19。

表1-19 手锤制作加工工序表

序号	工序内容	备注
1		
2		
3		
4		
5		
6		
7		
8		
9		
10		
11		
12		

模块一 钳工技术基础

笔记

抄绘手锤制作图纸。

笔记

信息驿站

图纸抄绘基础知识

（1）抄绘步骤　图纸抄绘的步骤包括分析原图、准备工具、绘制图框等，需要注意的内容包括准确性、绘图规范、线条清晰度等。具体步骤如下。

① **分析原图**：在抄绘前，首先要仔细分析原图，理解图纸的主要内容，包括设计思路、结构布局、主要尺寸等信息。此步骤对整个抄绘过程至关重要，能够帮助在后续步骤中快速定位并准确绘制各个部分。

② **准备工具**：准备好抄绘需要的工具，包括铅笔、绘图纸、尺子、圆规等。确保所有工具准确无误，以避免在绘制过程中出现错误。

③ **绘制图框**：根据原图的尺寸，在绘图纸上绘制图框，并标注好尺寸。图框应按照指定的比例绘制，以保持图纸的规范性。

④ **绘制轴线与主要结构**：首先绘制轴线，确定建筑的主要结构布局，按照比例缩放各部分尺寸，保证相对位置的准确性。

⑤ **细化图纸内容**：在主要结构基础上，逐步细化图纸内容，包括墙体、窗户、门等细节部分。每一步都需要严格按照原图的尺寸和形状进行绘制。

⑥ **标注尺寸和文字**：完成图纸后，需要标注主要部分的尺寸，用清晰的文字注明各个部分的名称或功能，使图纸内容更加完整、易懂。

（2）图纸抄绘的注意事项

① **准确性**：确保抄绘的每个部分都与原图保持一致，尺寸准确无误。这是抄绘最基本的要求。

② **绘图规范**：遵循线型、线宽及图形的规范绘制方法。如使用连续线表示可见边，虚线表示隐藏边等。规范的使用能提高图纸的专业性和可读性。

③ **线条清晰度**：确保线条清晰、稳定，避免重复描绘造成的线条粗重、模糊不清。利用恰当的工具如直尺、圆规帮助绘制精确的直线和弧线。

④ **比例一致**：除非特殊要求，否则应保持图纸中的各个部分按同一比例绘制，以确保整体的协调性和准确性。

⑤ **标注详细**：除了主要尺寸外，细节部分的尺寸标注也同样重要。详细的标注有助于施工人员更准确地理解和执行设计意图。

⑥ **审视修改**：在完成抄绘后，应仔细审视图纸，对照原图检查是否有遗漏或错误，必要时进行修改。这一步能够确保图纸的质量和准确性。

二、长方体加工

长方体加工是手锤加工的基础，在保证尺寸正确的前提下，各个面之间还需要拥有较好的平面度和表面粗糙度，且相互之间保持一定的垂直度。所以，正确选取工具和材料在一定程度上也保证了手锤的加工质量。此外，在加工过程中，还需要注意各工序的相互连接，正确使用量具进行测量校正，才能确保整个工件加工无纰漏。

【实践活动】 根据加工图纸，完成长方体加工制作。

【活动情境】 小高在识读图纸并确认工件各个尺寸信息及相关加工参数后，结合安装现场的实际情况，综合考量并制订了加工工序。现需正确申领材料工具编写材料工具清单，核对相关信息，进行长方体的加工制作，并在完成后进行工件的验收评价。

【工具/环境】 工件图纸/钳工实训车间。

活动实施流程（图1-25）：

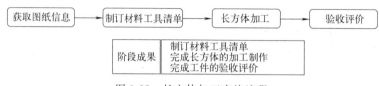

图1-25 长方体加工实施流程

引导问题2：立体划线与平面划线有什么区别？

___

___

引导问题3：长方体锉削过程中是否有先后顺序？有的话，有何要领？

___

___

填写长方体加工材料工具清单，见表1-20。

表1-20 长方体加工材料工具清单

序号	材料工具名称	规格	单位	数量	备注	是否申领（申领后打√）
1						
2						
3						
4						
5						
6						
7						
8						
9						
10						
11						
12						

填写长方体加工评价表，见表1-21。

表1-21 长方体加工评价表

评价指标	评价项目	配分	评价标准	得分
专业能力	关键尺寸1	10	误差±0.05mm，超差不得分	
	关键尺寸2	10	误差±0.05mm，超差不得分	
	关键尺寸3	10	误差±0.05mm，超差不得分	
	关键尺寸4	10	误差±0.05mm，超差不得分	

续表

评价指标	评价项目	配分	评价标准	得分
专业能力	平面度	10	误差±0.03mm,1处不合格扣3分,扣完为止	
	垂直度	10	误差±0.03mm,1处不合格扣3分,扣完为止	
	材料使用	10	因操作错误额外领取材料1次扣3分,扣完为止	
	材料工具清单填写	10	主要工具缺失1项扣2分,材料工具数量错误1项扣2分,扣完为止	
工作过程	操作规范	10	未能按规范要求选择合适工具等1次扣2分,暴力操作1次扣5分,损坏工具1次扣5分,以上扣完为止	
	安全操作	10	未正确穿戴使用安全防护用品1次扣5分,未安全使用工具1次扣5分,扣完为止	
工作素养	环境整洁	10	地面随意乱扔工具材料1次扣2分,安装结束未清扫整理工位扣5分,扣完为止	
	工作态度	10	无故迟到早退1次扣2分,旷课1节扣5分,扣完为止	
团队素养	团结协作	10	小组分工不合理扣5分,出现非正常争吵1次扣5分,扣完为止	
	计划组织	10	工作计划不合理扣5分,现场组织混乱扣5分,扣完为止	
情感素养	项目参与	10	不主动参与项目论证1次扣2分,不积极参加实践安装1次扣2分,扣完为止	
	体会反思	10	每天课后填写的学习体会和活动反思缺1次扣2分,扣完为止	

说明:本评价表中最终得分按照表格中得分总和除以配分总和后进行百分制换算。

信息驿站

1. 立体划线

(1) 概念 **立体划线**是指在工件的几个互成不同角度(通常是互相垂直)的表面上划线,以明确标明加工界限的操作过程。

(2) 立体划线与平面划线 划线分为平面划线和立体划线两种。平面划线只需在工件的一个表面上进行,而**立体划线需要在多个表面上进行**,以确保加工的准确性和全面性。立体划线的基本要求是线条清晰匀称,定型和定位尺寸准确,一般要求的精度在0.25~0.5mm之间。由于划线的线条有一定宽度,工件的加工精度不能完全依赖于划线,而应在加工过程中通过测量来保证。

2. 长方体锉削

在长方体锉削时,为了更快速、有效、准确地达到加工要求,必须按照一定的顺序进行,并且一般按以下原则进行加工。

① 选择最大的平面作为基准面,先把该面锉平,以达到平面度要求。

② 先锉大平面后锉小平面。若以大平面控制小平面,则测量准确、修整方便、误差小、余量小。

③ 先锉平行面,再锉垂直面。一方面便于控制尺寸,另一方面平行度的测量比垂直度的测量方便。

三、斜面加工

斜面加工是手锤制作的重要环节,正确选取工具和材料在一定程度上保证了斜面的加工质量。此外,在加工过程中,还需要注意各工序的相互连接,正确使用量具进行测量校正,才能确保整个操作过程无纰漏。

【实践活动】 根据加工图纸,完成斜面加工。

【活动情境】 小高根据图纸要求完成了手锤的基础形状加工制作,所得长方体工件也已经通过了验收评价,现在需要进一步完善手锤的外形尺寸加工,需要小高根据图纸要求正确申领材料工具完成材料工具清单编写,核对相关信息,进行斜面的加工制作并在完后进行工件的验收评价。

【工具/环境】 工件图纸/钳工实训车间。

活动实施流程(图1-26):

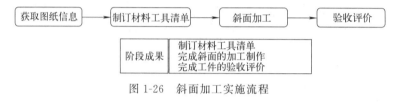

图1-26 斜面加工实施流程

引导问题4:钳工加工中如何进行斜面加工?主要包含哪些内容?

_____

引导问题5:斜面倾斜度如何表示?假设已知倾斜角度大小,如何进行校核?

_____

填写斜面加工材料工具清单,见表1-22。

表1-22 斜面加工材料工具清单

序号	材料工具名称	规格	单位	数量	备注	是否申领(申领后打√)
1						
2						
3						
4						
5						
6						
7						

续表

序号	材料工具名称	规格	单位	数量	备注	是否申领(申领后打√)
8						
9						
10						
11						
12						

填写斜面加工评价表,见表1-23。

表1-23 斜面加工评价表

评价指标	评价项目	配分	评价标准	得分
专业能力	关键尺寸1	10	误差±0.05,超差不得分	
	关键尺寸2	10	误差±0.05,超差不得分	
	圆弧1	10	超差不得分	
	圆弧2	10	超差不得分	
	平面度	10	误差±0.03mm,1处不合格扣3分,扣完为止	
	垂直度	10	误差±0.03mm,1处不合格扣3分,扣完为止	
	表面粗糙度	10	误差Ra为3.2mm,1处不合格扣3分,扣完为止	
	倾斜度	10	误差±0.03mm,1处不合格扣3分,扣完为止	
	材料使用	10	因操作错误额外领取材料1次扣3分,扣完为止	
	材料工具清单填写	10	主要工具缺失1项扣2分,材料工具数量错误1项扣2分,扣完为止	
工作过程	操作规范	10	未能按规范要求选择合适工具等1次扣2分,暴力操作1次扣5分,损坏工具1次扣5分,以上扣完为止	
	安全操作	10	未正确穿戴使用安全防护用品1次扣5分,未安全使用工具1次扣5分,扣完为止	
工作素养	环境整洁	10	地面随意乱扔工具材料1次扣2分,安装结束未清扫整理工位扣5分,扣完为止	
	工作态度	10	无故迟到早退1次扣2分,旷课1节扣5分,扣完为止	
团队素养	团结协作	10	小组分工不合理扣5分,出现非正常争吵1次扣5分,扣完为止	
	计划组织	10	工作计划不合理扣5分,现场组织混乱扣5分,扣完为止	
情感素养	项目参与	10	不主动参与项目论证1次扣2分,不积极参加实践安装1次扣2分,扣完为止	
	体会反思	10	每天课后填写的学习体会和活动反思缺1次扣2分,扣完为止	

说明:本评价表中最终得分按照表格中得分总和除以配分总和后进行百分制换算。

信息驿站

斜面加工基础知识如下。

(1) 斜度

① 斜度的定义与计算。**斜度**通常指一个倾斜面与水平面之间的夹角,用于描述物体的倾斜程度。在工程和制造领域,斜度是一个重要的参数,用于控制和标注零部件的倾斜表面。斜度一般通过倾斜面与水平面之间的夹角来表示,这个角可以是锐角,也可以是其他类型的角,具体取决于设计要求和实际应用。

② 斜度的表示。

角度表示：斜度最直观的表示方法是使用角度，通常用度数或弧度来表示。例如，如果一个斜面的斜度为 45°，这意味着斜面与水平面之间的夹角为 45°。

比例表示：在某些情况下，斜度也可以通过比例或百分比来表示，尤其是在处理较小角度的时候。例如，对于一个斜坡，可以用"垂直高度"与"水平距离"的比例来描述其斜度。

③ 斜度的测量。钳工加工中，倾斜度的加工通常采用"指示器法""三坐标测量法"，具体操作步骤见教师示范。

（2）斜面的加工　在钳工加工中进行斜面加工是一个技术要求较高的过程，具体步骤和注意事项如下。

① 准备工作

准确测量：先根据工件的设计图纸，使用角度尺和划线工具在工件上标记出需要加工的斜面位置和角度。确保标记清晰，便于后续加工时参考。

选择合适的工具：根据斜面的具体要求，选择合适的切削工具和夹持工具（如台虎钳）。

② 夹紧定位。

稳定夹紧：将标记好的工件固定在台虎钳或其他适合的夹具上，确保工件在加工过程中不会移位或偏转。

调整工件位置：根据斜面加工的需要，调整工件的摆放角度，使加工面方便操作且符合斜面角度要求。

③ 粗加工。

初步成型：使用锉刀或锯弓沿着标记的斜面轮廓进行粗略加工，去除多余的材料，初步形成斜面的基本形状。

间隔检查：在粗加工过程中，定期使用角度尺检查加工面的角度，确保其与设计要求相符，避免过度加工。

④ 精加工。

精细修整：经过粗加工后，使用细锉刀进一步修整斜面，提高其表面精度和光洁度。

平滑处理：若斜面存在细微的不平或毛刺，可以使用砂纸进行打磨，直至斜面平滑、无划痕。

⑤ 斜面检验。

角度检测：使用专业的角度检测工具，如数字角度尺，精确测量加工后的斜面角度，确保其达到设计要求。

质量评估：对斜面的整体质量进行评估，包括表面的平整度、与相邻平面的过渡情况。

四、腰形孔加工

腰形孔用来安装手柄，其加工制作是手锤加工的重要环节，需要正确选取工具和材料进行腰形孔的加工制作。在加工过程中,需要综合考虑使用场景和生产加工实习条件,还需要注意各工序的相互连接顺序,在加工过程中正确使用量具进行反复测量校正,才能确保本工序的顺利完成,实现预定的加工目标。

【实践活动】 根据加工图纸,完成腰形孔加工。

【活动情境】 小高在识读图纸后,经过认真仔细的加工制作,已经完成了手锤的外形制作。依照图纸信息及使用需要,现需要正确申领材料工具编写材料工具清单,核对相关信息参数,进行腰形孔的制作加工,并在工件完成后进行相应的验收评价。

【工具/环境】 工件图纸/钳工实训车间。

活动实施流程(图 1-27):

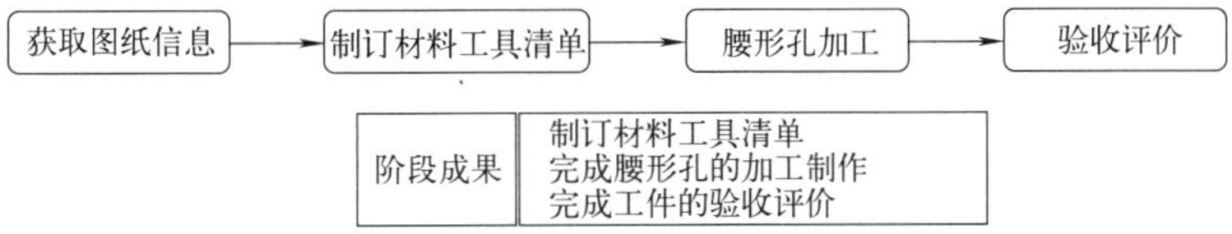

获取图纸信息 → 制订材料工具清单 → 腰形孔加工 → 验收评价

阶段成果:制订材料工具清单
完成腰形孔的加工制作
完成工件的验收评价

图 1-27 腰形孔加工工序实施流程

引导问题 6:试说出腰形孔的加工步骤。

引导问题 7:腰形孔加工中,如何进行内外圆弧锉削?

填写腰形孔加工材料工具清单,见表 1-24。

表 1-24 腰形孔加工材料工具清单

序号	材料工具名称	规格	单位	数量	备注	是否申领(申领后打√)
1						
2						
3						
4						
5						
6						
7						
8						
9						
10						
11						
12						

填写腰形孔加工评价表，见表1-25。

表1-25 腰形孔加工评价表

评价指标	评价项目	配分	评价标准	得分
专业能力	关键尺寸1	10	误差±0.05mm，超差不得分	
	关键尺寸2	10	误差±0.05mm，超差不得分	
	圆弧1	10	超差不得分	
	圆弧2	10	超差不得分	
	孔壁粗糙度	10	误差Ra为3.2mm，1处不合格扣3分，扣完为止	
	材料使用	10	因操作错误额外领取材料1次扣3分，扣完为止	
	材料工具清单填写	10	主要工具缺失1项扣2分，材料工具数量错误1项扣2分，扣完为止	
工作过程	操作规范	10	未能按规范要求选择合适工具等1次扣2分，暴力操作1次扣5分，损坏工具1次扣5分，以上扣完为止	
	安全操作	10	未正确穿戴使用安全防护用品1次扣5分，未安全使用工具1次扣5分，扣完为止	
工作素养	环境整洁	10	地面随意乱扔工具材料1次扣2分，安装结束未清扫整理工位扣5分，扣完为止	
	工作态度	10	无故迟到早退1次扣2分，旷课1节扣5分，扣完为止	
团队素养	团结协作	10	小组分工不合理扣5分，出现非正常争吵1次扣5分，扣完为止	
	计划组织	10	工作计划不合理扣5分，现场组织混乱扣5分，扣完为止	
情感素养	项目参与	10	不主动参与项目论证1次扣2分，不积极参加实践安装1次扣2分，扣完为止	
	体会反思	10	每天课后填写的学习体会和活动反思缺1次扣2分，扣完为止	

说明：本评价表中最终得分按照表格中得分总和除以配分总和后进行百分制换算。

信息驿站

圆弧锉削基础知识如下。

在钳工加工中，圆弧锉削分为内圆弧锉削和外圆弧锉削。内、外圆弧锉削是一项比较精细的工作，其使用工具与普通平面锉削加工基本相似，只是在锉刀的使用方法上有些许区别，需要一定的技巧和经验。在进行内、外圆弧锉削中，应注意以下内容。

（1）**选择合适的锉刀** 根据所需锉削的圆弧直径选择合适尺寸和形状的圆弧锉刀。对于内圆弧，应选择与内圆弧半径相匹配的内圆弧锉刀；对于外圆弧，则选择外圆弧锉刀。

（2）**标记圆弧中心** 在锉削前，应在工件上标记出圆弧的中心位置，以便在锉削时作为参考。

（3）**粗锉** 先用粗锉刀沿着标记线进行锉削，去除多余的材料。

（4）**细锉** 待大致形状锉削完成后，再用细锉刀进行精修，使圆弧表面更加光滑。

（5）**检查和测量** 在锉削过程中要不断检查和测量工件，确保圆弧的形状、位置和尺寸符合技术要求。

（6）**注意力度** 在锉削时要注意控制力度，避免因用力过猛而损坏工件或锉刀。

（7）**保持基准面** 在进行内、外圆弧锉削时，应始终注意保持工件的基准面，以便确保锉削的准确性和一致性。

（8）**安全操作** 操作时要注意安全，佩戴适当的防护装备，如手套和护目镜，以防止金属屑划伤或飞溅入眼。

五、倒角抛光

倒角抛光作为手工加工操作的最后环节，起到了提高零件安全性、表面质量、组装性能及美观的作用。倒角能够有效地去除工件的锐边和毛刺，在很大程度上降低了操作者被割伤的风险，而通过抛光可以进一步提升工件的使用安全性和可靠性。

【实践活动】 根据加工图纸，完成手锤制作中的倒角抛光。

【活动情境】 小高在识读图纸后，充分考虑手锤的使用场景，结合安装现场的实际加工条件，完成了手锤的加工制作。为了更好发挥手锤的使用效果，还需要他根据工艺要求正确申领材料工具编写材料工具清单，核对相关信息参数，完成最后的倒角抛光加工，并经过最终的验收评价。

【工具/环境】 工件图纸/钳工实训车间。

活动实施流程（图 1-28）：

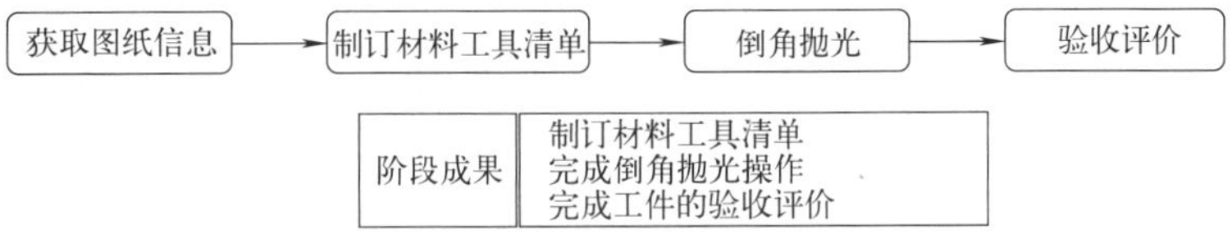

获取图纸信息 → 制订材料工具清单 → 倒角抛光 → 验收评价

阶段成果	制订材料工具清单 完成倒角抛光操作 完成工件的验收评价

图 1-28 倒角抛光实施流程

引导问题 8：假设图纸在某边角标注为 $1\times45°$，试说出该标注表达的意义。

引导问题 9：打磨抛光的常用手段有哪些？手锤工件适用哪种手段？尝试说明原因。

填写倒角抛光材料工具清单，见表 1-26。

表 1-26 倒角抛光材料工具清单

序号	材料工具名称	规格	单位	数量	备注	是否申领（申领后打√）
1						
2						
3						
4						
5						
6						
7						
8						
9						

续表

序号	材料工具名称	规格	单位	数量	备注	是否申领（申领后打√）
10						
11						
12						

填写倒角抛光评价表，见表 1-27。

表 1-27 倒角抛光评价表

评价指标	评价项目	配分	评价标准	得分
专业能力	倒角尺寸 1	10	超差不得分	
	倒角尺寸 2	10	超差不得分	
	倒角质量	10	倒角均匀，且各棱线清晰，每出现 1 处不合格扣 3 分，扣完为止	
	圆弧面质量	10	表面光滑无磕碰，每出现 1 处不合格扣 3 分，扣完为止	
	表面粗糙度	10	误差 Ra 为 3.2mm，1 处不合格扣 3 分，扣完为止	
	材料使用	10	因操作错误额外领取材料 1 次扣 3 分，扣完为止	
	材料工具清单填写	10	主要工具缺失 1 项扣 2 分，材料工具数量错误 1 项扣 2 分，扣完为止	
工作过程	操作规范	10	未能按规范要求选择合适工具等 1 次扣 2 分，暴力操作 1 次扣 5 分，损坏工具 1 次扣 5 分，以上扣完为止	
	安全操作	10	未正确穿戴使用安全防护用品 1 次扣 5 分，未安全使用工具 1 次扣 5 分，扣完为止	
工作素养	环境整洁	10	地面随意乱扔工具材料 1 次扣 2 分，安装结束未清扫整理工位扣 5 分，扣完为止	
	工作态度	10	无故迟到早退 1 次扣 2 分，旷课 1 节扣 5 分，扣完为止	
团队素养	团结协作	10	小组分工不合理扣 5 分，出现非正常争吵 1 次扣 5 分，扣完为止	
	计划组织	10	工作计划不合理扣 5 分，现场组织混乱扣 5 分，扣完为止	
情感素养	项目参与	10	不主动参与项目论证 1 次扣 2 分，不积极参加实践安装 1 次扣 2 分，扣完为止	
	体会反思	10	每天课后填写的学习体会和活动反思缺 1 次扣 2 分，扣完为止	

说明：本评价表中最终得分按照表格中得分总和除以配分总和后进行百分制换算。

信息驿站

1. 倒角尺寸的含义

倒角的目的是满足安全和装配的需要。以倒 1×45°角为例，在不同位置时所指的含义不同（图 1-29）。

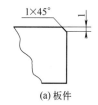
(a) 板件

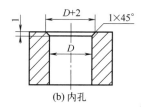
(b) 内孔

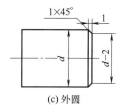
(c) 外圆

图 1-29 不同位置倒角尺寸的含义

在板件加工中进行1×45°倒角通常是为了去除材料加工时所产生的毛刺,避免在使用过程中对其他部件造成损伤,如图1-29(a)所示。在内孔中倒角主要是为了便于偶合件在内孔中的运动,此外,内孔倒角还可以减少因锐角导致的应力集中,如图1-29(b)所示。在外圆上倒角则可以防止硬物加工时形成的锐角对其他物体或人体造成损害,也有利于提高零件的外观质量,如图1-29(c)所示。

未注明倒角的位置,只要是锐角或直角都应倒角,采用锉刀轻锉锐角或直角处,达到不扎手即可。

2. 抛光

(1) 抛光的概念 **抛光**是一种通过机械、化学或电化学作用,降低工件表面粗糙度以获得光亮、平整表面的加工方法。它的主要目的是使工件表面光滑或具有镜面光泽,有时也用于消除光泽。这种工艺广泛应用于金属、塑料和玻璃等材料的表面处理。

(2) 抛光的常用手段 常用的抛光手段包括机械抛光、手工抛光、化学抛光、电解抛光、激光抛光等。这些方法在实际应用中各有优劣,选择合适的抛光方式需根据工件材质、形状以及所需的表面效果来确定。

① **机械抛光**:通过机械设备对工件表面进行磨削和整平的过程。使用工具包括旋转磨削盘、砂轮、抛光机等。适用于大面积平面或标准形状的工件,效率高且表面一致性好,广泛用于金属、塑料等材质的表面处理。

② **手工抛光**:操作人员使用砂纸、抛光布、砂轮等工具进行人工打磨和抛光。具有灵活度高的特点,适用于不规则形状和小面积的精密加工,常用于工艺品、精密零件的精细处理。

③ **化学抛光**:利用化学物质对金属表面进行腐蚀溶解,去除微观凸出部分,不需要复杂设备,适合处理复杂形状的工件,效率高且可控制光泽度,主要用于不锈钢、铝合金等材料的光亮处理。

④ **电解抛光**:通过电解作用,在电解液中对金属材料表面进行平整和光亮处理。可以消除机械抛光留下的细微划痕,使表面达到极高的光洁度,适用于高要求的医疗器械、精密仪器部件。

评价反馈

采用多元评价方式,评价由学生自我评价、小组互评、教师评价组成,评价标准、分值及权重如下。

1. 按照前面各任务项目评价表中评价得分填写综合评价表,见表1-28。

表1-28 综合评价表

综合评价	自我评价 (30%)	小组互评 (40%)	教师评价 (30%)	综合得分

2. 学生根据整体任务完成过程中的心得体会和综合评价得分情况进行总结与反思。

📝 笔记

(1) 心得体会

学习收获：

存在问题：

(2) 反思改进

自我反思：

改进措施：

模块二

焊接技术基础

项目一　风机安装底板焊接维修

职 业 名 称：建筑设备安装
典型工作任务：风机安装底板焊接维修
建 议 课 时：10课时

设备工程公司派工单

工作任务	风机安装底板焊接维修			
派单部门	实训教学中心		截止日期	
接单人			负责导师	
工单描述	根据任务派发清单给定的加工图纸,结合加工现场给定的具体工作条件,科学合理地设计加工工序,选择合适的材料和工具完成工件加工,并对照加工规范及标准进行评价			
任务目标	目标	正确识读图纸并根据现场实际条件正确加工出图纸要求的工件		
	关键成果	识读施工图纸		
		确定加工工序		
		完成工件焊接加工		
		依据加工规范及标准进行评价		
工作职责	识读加工图纸,为后续焊接加工做好准备			
	根据图纸标注及现场条件科学制订加工工序			
	充分考量现场条件和实际情况完成焊接加工			
	结合加工规范及标准进行评价			
工作任务				
序号	学习任务	任务简介	课时安排	完成后打√
1	图纸识读		2	
2	材料工具选用		2	
3	焊接加工		6	

注意事项：

1. 严格按照派工单的内容要求进行项目实践，不得随意更改工作流程。

2. 在完成工作内容后，请进行清单自检，完成请打√。

学生签字：

日期：

背景描述

某通风设备在长期使用过程中出现了风机安装底板断裂的问题,严重影响到通风设备的运行安全性。现需要根据现场技术人员绘制的底板平面图纸,结合实际安装环境,确定加工工序,选用合适的材料和工具完成风机安装底板的焊接,恢复底板整体性。

任务书

【任务分工】 在明确工作任务后,进行分组,填写小组成员学习任务分配表,见表 2-1。

表 2-1 学习任务分配表

班级		组号		指导教师	
组长		任务分工			
组员	学号	任务分工			

学习计划

针对平板对接焊接,梳理出学习流程,并制订实践计划(图 2-1),可依据该计划实施实践活动。

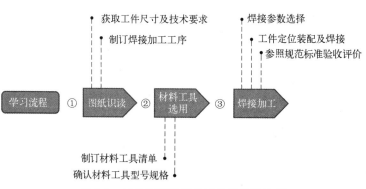

图 2-1 风机安装底板焊接维修学习流程

任务准备

1. 阅读任务书,理解工作计划中的工作要点及工作任务要求。
2. 了解加工技术人员关于焊接作业的工作职责。
3. 借助学习网站,查看焊接加工的相关视频、文章及资讯并记录疑点和问题。

项目一 风机安装底板焊接维修

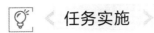

笔记

一、图纸识读

图纸识读是开展焊接工作的首要条件,需要通过图纸获取加工工件的结构尺寸,了解焊接所需工艺参数及技术要求,结合图纸中的尺寸位置关系以及技术要求确定相关工件的加工工序。

【实践活动】 根据加工图纸,确定加工工序。

【活动情境】 小高是某设备安装公司安装部门的技术专员,在进行设备巡检的过程中突然发现设备安装底板断裂。现在他需要根据焊接技术支持人员给定的加工图纸,结合安装现场实际设备条件制订焊接加工工序,解决设备底板断裂问题。

【工具/环境】 加工图纸/安装现场。

活动实施流程(图 2-2):

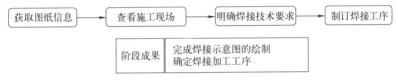

图 2-2 图纸识读实施流程

引导问题 1:什么是焊接技术?

引导问题 2:焊接图纸中的焊接符号可以提供哪些信息?

引导问题 3:确定焊接工序时需要考虑哪些因素?

填写焊接加工工序表,见表 2-2。

表 2-2 焊接加工工序表

序号	工序内容	备注
1		
2		
3		
4		
5		
6		
7		
8		
9		
10		

053

抄绘风机安装底板焊维修图纸。

信息驿站

1. 焊接基础知识

焊接是通过加热或加压或二者并用的方式，使两种或两种以上材质（同种或异种）形成原子之间的结合而形成永久性连接的工艺过程。

焊接方法的种类非常多，包括熔化焊、压力焊和钎焊等。**熔化焊**先将工件需焊接部位做局部加热，等进入到熔化状态时，会形成熔池，经冷却结晶后便会产生焊缝，与焊工件结合后就成了不可分离的整体，比较常见的熔化焊有气焊、电弧焊、离子弧焊等。**压力焊**不管是否有加热过程都均需采用加压的方式来焊接，主要包含电阻焊、冷压焊及爆炸焊等。钎焊主要是利用被焊金属的钎料熔化后，温度低于熔点温度来填充接头间隙，再相互扩散以达到连接效果。

焊接设备是实现焊接工艺的重要工具，包括焊接电源、焊枪、焊丝送丝机等。设备操作前需要正确安装，并打开电源开关。在接线时，需要注意极性的选择，反接会影响电弧的稳定性和飞溅情况。

配套的焊接材料包括焊丝、焊条、焊剂等，这些材料的选择会影响焊接的质量和性能。例如，焊锡主要的产品分为焊锡丝、焊锡条、焊锡膏三个大类。

焊接工艺主要包括焊接前的准备、焊接参数的设定、焊接操作以及焊后处理等步骤。在普通金属焊接中，预热能降低焊后冷却速度，有利于降低中碳钢热影响区的最高硬度，防止产生冷裂纹。此外，坡口形式的选择也是影响焊接工艺的重要因素，例如，将焊件尽量开成 U 形坡口式进行焊接可以减少母材熔入焊缝金属中的比例，以降低焊缝中的含碳量，防止裂纹产生。

当然，焊接过程也会产生一定的危险，如烧伤、触电、视力损害、吸入有毒气体、紫外线照射过度等，因此在进行焊接时必须采取适当的防护措施。

总之，焊接是一门需要专业技能和知识的工艺，对于从事焊接工作的人员来说，掌握这些基础知识是非常重要的。同时，随着科技的进步，焊接技术也在不断发展，新的焊接方法和材料不断涌现，为焊接工艺的优化提供了更多的可能性。

2. 焊接加工工序

① 依据焊接图纸，明确工件及焊缝相关尺寸信息。
② 依据焊接图纸标注符号，明确焊缝的坡口形式及焊接方法。
③ 依据图纸技术要求，明确焊接加工工序。

此外，焊接加工工序的制订还需要综合考虑很多因素，包括材料特性、焊接方法、工艺参数、环境条件等，除此之外，焊接参数的调节也直接影响焊接质量，包括电流、电压、焊接速度等，这些参数的选定都需要根据具体的加工场景进行确定。

当然，焊接过程中的安全保障，在焊接加工工序的制订中也是需要进一步明确的，如保持良好的通风条件、使用合适的个人防护装备等。

3. 焊接加工图识读

（1）**熟悉、核对加工图纸** 了解工件名称、图纸内容、图纸数量、绘制日期等，对照图纸目录检查图纸是否完整，确认无误后再正式识读。

（2）**阅读加工图纸技术要求** 通过阅读技术要求，了解工件加工注意事项，有助于读图过程中理解图纸中无法表达的加工意图和加工要求。

4. 焊接符号标注

通过识读图纸中的各种焊接符号，可以了解焊接加工的相关信息。

（1）**焊缝类型** 例如，角焊缝或坡口焊缝，常见焊缝符号见表2-3。

表2-3 常见焊缝类型

名称	示意图	符号	名称	示意图	符号	名称	示意图	符号
卷边焊缝（卷边完全熔化）		八	带钝边V形焊缝		Y	角焊缝		⊿
I形焊缝		‖	带钝边单边V形焊缝		⊬	塞焊缝或槽焊缝		⊓
V形焊缝		V	带钝边U形焊缝		Y	点焊缝		O
单边V形焊缝		V	封底焊缝		⌣	缝焊缝		⊕

（2）**坡口形式** 如单边V形坡口或V形坡口，常见的坡口形式见图2-3。

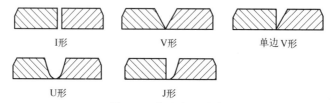

图2-3 常见坡口形式

（3）**焊接尺寸** 例如，角焊缝焊脚尺寸 $k=12\text{mm}$，常见的焊接尺寸符号见表2-4。

表2-4 常见焊接尺寸

符号	名称	示意图	符号	名称	示意图
δ	工件厚度		t	焊缝长度	
α	坡口角度		n	焊缝段数	
b	根部间隙		e	焊缝间隙	
p	钝边长度		S	焊缝有效厚度	
C	焊缝宽度		H	坡口深度	
k	焊角尺寸		h	余高	

（4）**焊接方法**　例如，SMAW（手工电弧焊）或者 GTAW（氩弧焊）。

二、材料工具选用

焊接材料工具的选用，需要综合考虑相关因素，不同类型的焊接需要选择不同类型的焊接设备、焊接母材、焊接方法等。本次焊接的底板为普通低碳钢材质，采用手工焊条电弧焊的焊接方法进行加工。

【实践活动】　根据加工图纸和制订的加工工序制订材料工具清单。

【活动情境】　小高在完成识读图纸、确定加工工序后，需要填写材料工具清单，申领相关劳保用品，并按照清单核对相关工具材料规格及数量，为后续焊接工作做好准备。

【工具/环境】　加工图纸/加工现场。

活动实施流程如图 2-4：

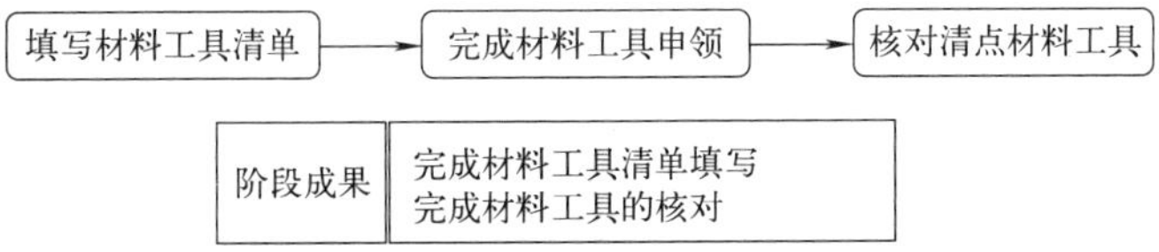

填写材料工具清单 → 完成材料工具申领 → 核对清点材料工具

| 阶段成果 | 完成材料工具清单填写
完成材料工具的核对 |

图 2-4　材料工具选用实施流程

引导问题 4：常用的焊接工具材料包括哪些？

引导问题 5：焊接工具材料的选用需要考虑哪些因素？

填写风机安装底板焊接维修材料工具清单，见表 2-5。

表 2-5　风机安装底板焊接维修材料工具清单

序号	材料工具名称	规格	单位	数量	备注	是否申领(打√)
1						
2						
3						
4						
5						
6						
7						
8						
9						
10						
11						
12						

1. 焊接加工工具材料选用

焊接加工工具及材料的选用应当综合考虑，需要焊接加工人员根据图纸要求正确选用，具体包括以下内容。

（1）**焊接类型** 在选择焊接工具和材料时，首先要考虑的是焊接类型。不同的焊接类型需要不同的工具和材料。例如，手工电弧焊、气体保护焊、激光焊等不同的焊接类型有着各自独特的工具和材料要求。

（2）**焊接材料** 焊接材料的选择对于焊接质量至关重要。不同的焊接材料有不同的化学成分、物理性质和用途。选择合适的焊接材料可以保证焊接接头的强度、耐磨性、耐腐蚀性等性能。

（3）**焊接环境** 在选择焊接工具和材料时，需要考虑焊接环境。例如，室外或室内、高温或低温、有尘或无尘等环境因素都会对焊接质量和工具材料的选择产生影响。

（4）**焊接效果** 焊接效果是评价焊接质量的重要指标。在选择焊接工具和材料时，需要考虑焊接效果，包括接头的强度、美观度、耐腐蚀性等方面。

（5）**工具成本** 在选择焊接工具和材料时，需要考虑成本因素。不同的工具和材料有不同的价格，选择价格合理、性能优良的工具和材料可以降低生产成本。

（6）**操作方便性** 在选择焊接工具和材料时，需要考虑操作方便性。操作方便的焊接工具和材料可以节省时间和人力，提高工作效率。

（7）**安全因素** 在选择焊接工具和材料时，需要考虑安全因素。一些焊接操作可能存在危险，选择安全可靠的焊接工具和材料可以保障操作人员的安全。

（8）**维修保养** 在选择焊接工具和材料时，需要考虑维修保养的因素。易于维修保养的焊接工具可以降低长期使用成本，同时提高设备的使用寿命。同时，对于材料的选购，应考虑其可获得性和可重复利用性，以降低对环境的影响。

2. 手工焊条电弧焊常见工具

手工焊条电弧焊常用的工具包括电焊机、电焊钳、焊接电缆、敲渣锤、角向磨光机和焊条保温筒。

（1）**电焊钳** 用于夹持焊条并传导电流，进行焊接（图2-5）。好的电焊钳需要具有良好的绝缘性和隔热性能，同时操作方便，安全性高。

图2-5 电焊钳

（2）**焊接电缆** 传导焊接电流。好的焊接电缆要求用多股细纯铜丝制成，截面应根据焊接电流和导线长度来选择；外皮必须完整、柔软、绝缘性好，长度一般不宜超过20～30m。

（3）**敲渣锤** 也叫焊工锤、弹簧锤，是焊工作业过程中必不可少的辅助工具，用于敲击锈渍和电焊除渣。

（4）**角向磨光机** 主要用于打磨工件上的氧化物，修整破口和焊缝接头处的缺陷。使用时必须戴好防护手套和护目镜，注意火花飞溅的方向，在火花飞出处严禁站人。

（5）**焊条保温筒** 焊工在施焊过程中对所使用的焊条保存并加热保温的工具（图2-6）。能使焊条从烘箱内取出后继续保温，以保持焊条涂层的干燥度。

图 2-6　焊条保温筒

（6）**电焊机** 电焊机（图 2-7）是利用电能，通过加热或加压或两者并用的方式，使用或不用填充材料，使焊件形成原子结合的焊接设备。主要通过低电压高电流的方式工作，其核心组件为一个大功率变压器，能够将常规电压转换为适用于焊接的低电压高电流输出。这种转换产生的高温电弧用于熔化金属，实现材料的连接。

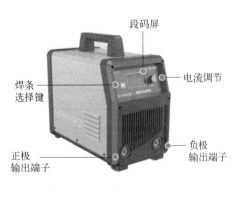

图 2-7　电焊机

三、焊接加工

焊接加工的实施主要分为焊接加工前的材料预处理、焊接加工过程以及焊接加工完成后的焊缝检测三个环节。要求焊接加工人员遵照相关规范及要求，使用规定的工具材料，根据事先制订的工序严格进行生产加工。

【实践活动】 根据加工图纸完成底板焊接。

【活动情境】 小高在完成工序制订和材料工具申领后,需要按照加工图纸正确实施焊接加工操作,并在焊接加工完成后,参照相应的标准进行检测。焊缝符合相关要求后才能够进行预定的安装。

【工具/环境】 加工图纸、焊接工具/加工现场。

活动实施流程如图2-8:

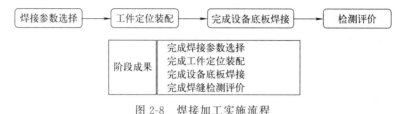

图2-8 焊接加工实施流程

引导问题6:焊接的定位装配包括哪些步骤?

引导问题7:影响焊接质量的参数有哪些?

引导问题8:常见焊接缺陷有哪些?

引导问题9:什么是V形坡口焊接?

填写焊接工艺参数表,见表2-6。

表2-6 焊接工艺参数表

序号	焊接层数	焊条直径/mm	焊接电流/A	电弧电压/V	备注
1					
2					
3					
4					

填写风机安装底板焊接维修评价表,见表2-7。

表2-7 风机安装底板焊接维修评价表

评价指标	评价项目	配分	评价标准	得分
专业能力	裂纹、焊瘤、未熔合	10	出现1处裂纹、焊瘤、未熔合扣2分,扣完为止	
	咬边	10	深度≤0.5mm、两侧总长≤26mm时,每7mm扣1分;深度>0.5mm或两侧总长>26mm时,每1处扣5分,扣完为止	

续表

评价指标	评价项目	配分	评价标准	得分
专业能力	未焊透	10	深度≤0.5mm、两侧总长≤26mm时,每7mm扣1分;深度>0.5mm或两侧总长>26mm时,每1处扣5分,扣完为止	
	表面气孔	10	气孔直径≤1mm、总数≤4个时,每个扣2分;气孔直径>1mm或总数>4个时,1个扣5分,扣完为止	
	表面夹渣	10	深度≤1.2mm、长度≤3.6mm的夹渣1处扣3分,深度>1.2mm或长度>3.6mm时,1处扣10分,扣完为止	
	角变形	10	角变形θ>3°时1处扣2分,扣完为止	
	错边	10	错边量>1.2mm时1处扣2分,扣完为止	
工作过程	操作规范	10	未按照焊接规范进行,做错1次扣2分,暴力操作或损坏工具扣5分,扣完为止	
	安全操作	10	未正确穿戴使用安全防护用品1次扣5分,未安全使用工具1次扣2分,扣完为止	
工作素养	环境整洁	10	地面随意乱扔工具材料1次扣2分,安装结束未清扫整理工位扣5分,扣完为止	
	工作态度	10	无故迟到早退1次扣2分,旷课1节扣5分,扣完为止	
团队素养	团结协作	10	小组分工不合理扣5分,出现非正常争吵1次扣5分,扣完为止	
	计划组织	10	工作计划不合理扣5分,现场组织混乱扣5分,扣完为止	
情感素养	项目参与	10	不主动参与项目论证1次扣2分,不积极参加实践安装1次扣2分,扣完为止	
	体会反思	10	每天课后填写的学习体会和活动反思缺1次扣2分,扣完为止	

说明:本评价表中最终得分按照表格中得分总和除以配分总和后进行百分制换算。

信息驿站

1. 焊接变形及焊前反变形处理

焊接变形是焊接过程中被焊工件受到不均匀温度场的作用而产生的形状、尺寸变化。焊接变形可分为瞬时变形和残余变形。瞬时变形是随温度变化而变化的变形,而残余变形是被焊工件完全冷却到初始温度时的改变。

焊前反变形装配是指在焊接前,通过预置与焊接变形相反的变形量,以抵消和补偿焊接变形的方法。这种方法通常适用于控制焊件的角变形和弯曲变形。例如,8～12mm厚的钢板V形坡口单面对接焊时,可以采用反变形法。具体做法是:在焊接前,先将工件向与焊接变形相反的方向进行人为的变形,以消除角变形。

2. 焊接的定位装配

焊接的定位装配是焊接过程中的重要环节,其目的是将待装配的零件按图样的要求保持正确的相对位置。基本步骤如下。

(1) **确定定位基准** 根据图样和技术要求,确定待装配零件的相对位置和尺寸,选择合适的定位基准。

(2) **清理零件** 对待装配的零件进行清理,去除毛刺、飞边等杂质,确保装配质量。

(3) **组装零件** 将待装配的零件按照定位基准进行组装，确保相对位置和尺寸的准确性。

(4) **固定零件** 在组装完成后，采用夹具、支撑、定位焊等方法将零件固定，以防止焊接过程中产生变形。

(5) **测量检验** 在定位装配完成后，对装配质量进行测量检验，确保符合图样和技术要求。

需要注意的是，定位装配的准确性直接影响到焊接质量和构件的精度，因此需要认真对待每一个步骤，确保装配的准确性和可靠性。同时，对于不同的构件和焊接要求，定位装配的方法和步骤可能会有所不同，需要根据具体情况进行选择和调整。

3. 手工焊条电弧焊的基本操作

(1) **引弧** 手工焊条电弧焊施焊时，使焊条引燃焊接电弧的过程，称为引弧。常用的引弧方法有划擦法和直击法两种。

① **划擦法引弧**：将焊条在焊件表面轻轻划擦，直至划出一个小弧坑。要注意划擦速度要快，但不要压得太紧，以免焊条粘在焊件上。划擦法引弧需要一定的技巧，初学者可能难以掌握。

② **直击法引弧**：将焊条与工件轻轻敲击而引燃电弧。敲击时要控制好力度，既要保证焊条与工件的接触，又不要用力过大。直击法引弧相对简单，适合初学者使用。

(2) **运条** 手工电弧焊的运条方法包括如下内容（表2-8）。

表2-8 手工电弧焊的运条方法示意

运条方法		运条示意图	适用范围
直线形运条法			①3～5mm厚度I形坡口对接平焊 ②多层焊的第一层焊道 ③多层多焊道
直线往返形运条法			①薄板焊 ②对接平焊（间隙较大）
锯齿形运条法			①对接接头（平焊、立焊、仰焊） ②角接接头（立焊）
月牙形运条法			同锯齿形运条法
三角形运条法	斜三角形		①角接接头（仰焊） ②对接接头（开V形坡口横焊）
	正三角形		①角接接头（立焊） ②对接接头
圆圈形运条法	斜圆圈形		①角接接头（平焊、仰焊） ②对接接头（横焊）
	正圆圈形		对接接头（厚焊件平焊）
八字形运条法			对接接头（厚焊件平焊）

① **直线形运条法**：由于焊条不作横向摆动，电弧较稳定能获得较大的熔深，但焊缝的宽度较窄。

② **锯齿形运条法**：锯齿形运条法是焊条端部要作锯齿形摆动，并在两边稍作停留以获得合适的熔宽。

③ **圆圈形运条法**：在焊缝中间时，焊条端部要划一个直径与焊缝相近的圆圈，回到焊缝起始点时再压低电弧引燃下一个焊波，如此循环下去。

④ **三角形运条法**：焊条沿焊缝作正反方向划圆圈，焊接速度较慢，焊缝增高，需用其他方法进行封底盖面。

⑤ **锯齿形运条法**：是指焊接时焊条末端以锯齿形式进行连续的摆动并向前移动的一种技术，能够有效控制焊缝熔化金属的流动，并通过在焊缝两侧适当停留来防止产生咬边。

⑥ **八字形运条法**：对于厚板反面有较严格要求的焊缝，可以使用八字形运条法，这种方法的焊缝成形系数小，形状不美观。

⑦ **螺旋形运条法**：焊接过程中焊条端部不作横向摆动，而作沿焊缝绕圈式运动，焊缝呈螺旋状。

⑧ **直线往返形运条法**：焊条末端沿焊缝作纵向来回直线形摆动，这种方法的焊接速度快，焊缝窄，散热也快，适用于薄板焊接和接头间隙较大的焊缝。

（3）**收尾** 焊缝收尾是焊接过程中的一个重要环节，如果处理不当，可能会留下弧坑、裂纹等问题。以下是一些常见的焊缝收尾方法。

① **划圈收尾法**：焊条移至焊缝终点时，作圆圈运动，直到填满弧坑再拉断电弧。此法适用于厚板收尾。

② **反复断弧收尾法**：焊条移至焊缝终点时，在弧坑处反复熄弧、引弧数次，直到填满弧坑为止。此法一般适用于薄板和大电流焊接，但碱性焊条不宜使用此法，因为容易产生气孔。

③ **回焊收尾法**：焊条移至焊缝收尾处即停住，并且改变焊条角度回焊一小段。此法适用于碱性焊条。

4. V形坡口焊接

V形坡口焊接是一种常见的焊接方法，适用于板厚较厚的工件。主要焊接过程包含打底焊、填充焊和盖面焊，焊接前后示意见图2-9。

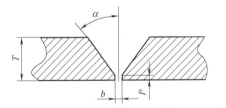
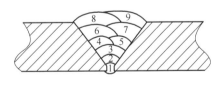

图2-9 V形坡口焊接示意

（1）**打底焊** 进行打底焊，采用合适的焊接工艺和参数，确保焊缝平整、均匀，没有缺陷。

（2）**填充焊** 在打底焊完成后，进行填充焊。填充焊的目的是增加焊缝的强度和稳定性，使焊缝表面平整并且稍下凹。填充焊可以采用月牙形或锯齿形摆动，注意熔池面侧熔合情况，保证焊道表面平整并且稍下凹。

（3）**盖面焊** 在填充焊完成后，进行盖面焊。盖面焊的目的是使焊缝表面光滑、美观，增强其耐腐蚀性。盖面焊可以采用月牙形或锯齿形摆动，摆动幅度应超过坡口边缘1～1.5mm。应尽可能保持焊接速度均匀，熄弧时须填满弧坑。

评价反馈

采用多元评价方式，评价由学生自我评价、小组互评、教师评价组成，评价标准、分值及权重如下。

1. 按照前面各任务项目评价表中评价得分填写综合评价表，见表2-9。

表2-9 综合评价表

综合评价	自我评价（30%）	小组互评（40%）	教师评价（30%）	综合得分

2. 学生根据整体任务完成过程中的心得体会和综合评价得分情况进行总结与反思。

(1) 心得体会

学习收获：

存在问题：

(2) 反思改进

自我反思：

改进措施：

项目二　管道支架焊接制作

职　业　名　称：建筑设备安装
典型工作任务：管道支架焊接制作
建　议　课　时：10课时

设备工程公司派工单

工作任务	管道支架焊接制作		
派单部门	实训教学中心	截止日期	
接单人		负责导师	
工单描述	根据任务派发清单绘制加工图纸,结合加工现场给定的具体工作条件,科学合理地设计加工工序,选择合适的材料和工具完成工件加工,并对照加工规范及标准进行评价		
任务目标	目标	正确绘制图纸并根据现场实际条件正确加工出图纸要求的工件	
	关键成果	识读施工图纸	
		拟订加工工序	
		完成工件焊接加工	
		依据加工规范及标准进行评价	
工作职责	识读加工图纸,为后续焊接加工做好准备		
	根据图纸标注及现场条件科学制订加工工序		
	充分考量现场条件和实际情况完成焊接加工		
	结合加工规范及标准进行评价		

工作任务

序号	学习任务	任务简介	课时安排	完成后打√
1	图纸识读		3	
2	材料工具选用		1	
3	焊接加工		6	

注意事项：
1. 严格按照派工单的内容要求进行项目实践,不得随意更改工作流程。
2. 在完成工作内容后,请进行清单自检,完成请打√。

学生签字：
日期：

背景描述

某通风管道系统在安装时为了减少设备运转震动对管道造成的影响,需要根据现场提供的钢板制作一批管道安装支架,以确保管道在工作过程中稳定、不发生位移。现需要根据现场技术人员绘制的管道支架图纸,结合实际安装环境,绘制加工图纸,确定加工工序,选用合适的材料和工具完成管道支架的焊接制作。

任务书

【任务分工】 在明确工作任务后,将学生进行分组,填写学习任务分配表,见表2-10。

表2-10 学习任务分配表

班级		组号		指导教师	
组长		任务分工			
组员	学号	任务分工			

学习计划

针对管道支架焊接制作任务,梳理出学习流程(图2-10),并制订实践计划,可依据该计划实施实践活动。

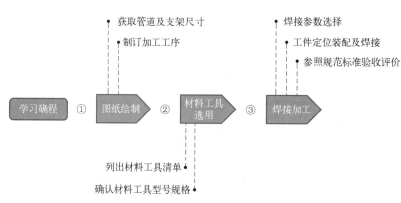

图2-10 管道支架焊接制作学习流程

任务准备

1. 阅读任务书,理解工作计划中的工作要点及工作任务要求。
2. 了解加工技术人员关于焊接作业的工作职责。
3. 借助学习网站,查看焊接加工的相关视频、文章及资讯,并记录疑点和问题。

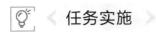

一、图纸识读

识读图纸是开展焊接工作的首要条件,需要通过图纸获取加工工件的结构尺寸,了解焊接所需工艺参数及技术要求,结合图纸中的尺寸位置关系以及技术要求确定相关工件的加工工序。

【实践活动】 根据加工图纸,确定加工工序。

【活动情境】 小高是某设备安装公司安装部门的技术专员,在进行通风设备安装的过程中需要根据现场技术员绘制的管道支架图纸,结合施工现场实际施工条件制订管道支架焊接加工工序,提高通风设备运行中管道系统的稳定性。

【工具/环境】 加工图纸/安装现场。

活动实施流程(图 2-11):

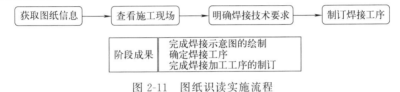

图 2-11 图纸识读实施流程

引导问题 1: 焊接接头形式包括哪些?

引导问题 2: T 形接头焊接的主要操作步骤是什么?

引导问题 3: 焊接图纸绘制的步骤有哪些?

填写管道支架焊接制作工序表,见表 2-11。

表 2-11 管道支架焊接制作工序表

序号	工序内容	备注
1		
2		
3		
4		
5		
6		
7		
8		
9		
10		

抄绘管道支架焊接制作图纸。

信息驿站

1. 常见的焊接接头形式

焊接接头是指两个或两个以上零件要用焊接组合的接点，或指两个或两个以上零件用焊接方法连接的接头。常见的接头形式有对接接头、T 形接头、十字接头、搭接接头、角接接头等，见图 2-12。

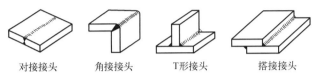

图 2-12 常见的焊接接头形式

2. 绘制焊接图纸

焊接图纸绘制是焊接工作中非常重要的一环，涉及焊接工艺、材料、设备和质量等方面的内容。焊接图纸绘制的一般步骤如下。

(1) **确定图纸的幅面和格式** 根据焊接构件的大小和复杂程度，确定图纸的幅面和格式。通常情况下，焊接图纸采用 A1 或 A2 幅面，采用横排或竖排格式。

(2) **绘制焊接构件的草图** 在绘制焊接图纸前，需要先绘制焊接构件的草图。草图应包括焊接构件的外形、尺寸、焊缝位置和焊缝符号等内容。在绘制草图时，需要注意比例尺的使用，以确保图纸的准确性。

(3) **标注焊接尺寸和焊缝符号** 在草图上标注焊接尺寸和焊缝符号，这些符号通常包括焊缝形状、焊缝方向和焊缝长度等。同时，还需要标注出焊接材料、焊接方法、焊接参数和焊接检验标准等内容。

(4) **绘制节点图和平面图** 根据草图和标注内容，绘制节点图和平面图。节点图主要表示焊缝与板材的相对位置、焊缝形状和尺寸等；平面图则主要表示板材的排列和尺寸等。在绘制节点图和平面图时，需要注意保持比例尺的一致性。

(5) **审核和修改** 在完成初步的焊接图纸后，需要进行审核和修改。审核内容包括图纸的准确性、清晰度和完整性等；修改内容包括修正错误、完善标注和增加必要的说明等。

(6) **最终确认和出图** 经过审核和修改后，最终确认焊接图纸无误后进行出图。出图时需要注意图纸的清晰度和美观度，同时需要确保图纸符合相关标准和规范的要求。

3. T 形接头焊接的主要操作步骤

T 形接头焊接的主要工序包括焊接前的坡口准备、焊件装配、定位焊等。在焊接过程中需要注意控制热输入、防止变形以及焊缝区域清理，具体操作步骤及要求如下。

(1) **坡口准备** 根据垂直板的厚度选择合适的坡口形式，如 I 形（不开坡口）、单边 V 形、K 形等。

(2) **焊件装配** 确保两焊件正确装配，形成直角或近似直角的 T 形结构。

(3) **定位焊** 使用小直径焊条进行定位焊，确保焊件位置固定，为正式焊接做准备。

(4) **打底焊** 打底焊时需保证根部焊透,为后续填充焊打下良好基础。

(5) **填充焊** 采用手工电弧焊进行多层填充,注意每层的焊缝要均匀,避免产生缺陷。

(6) **盖面焊** 最后一层焊接要特别注意焊缝的成形,使其外观平整美观,且与母材平滑过渡。

(7) **焊后清理** 完成焊接后,清理焊缝区域的焊渣和飞溅物,检查焊缝质量。

二、材料工具选用

焊接材料工具的选用,需要综合考虑相关因素,不同类型的焊接需要选择不同类型的焊接设备、焊接母材、焊接方法等。本次焊接所用的钢材为普通低碳钢,采用手工焊条电弧焊的焊接方法进行加工。

【实践活动】 根据加工图纸和制订的加工工序编写材料工具清单。

【活动情境】 小高在完成图纸绘制、确定加工工序后,需要填写材料工具清单,申领相关劳保用品,并按照清单核对相关工具材料规格及数量,为后续焊接工作做好准备。

【工具/环境】 加工图纸/加工现场。

活动实施流程(图2-13):

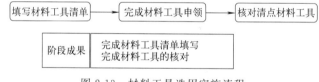

图 2-13 材料工具选用实施流程

引导问题 4: 焊条的正确选用应当遵循哪些原则?

引导问题 5: 焊条的保存有哪些注意点?

引导问题 6: 常见的焊条牌号有哪些?

填写管道支架焊接制作材料工具清单,见表2-12。

表 2-12 管道支架焊接制作材料工具清单

序号	材料工具名称	规格	单位	数量	备注	是否申领(打√)
1						
2						
3						
4						

续表

序号	材料工具名称	规格	单位	数量	备注	是否申领(打√)
5						
6						
7						
8						
9						
10						
11						
12						

信息驿站

1. 焊条的选用原则

焊条的种类繁多，每种焊条都有一定的特性和用途。为了保证产品质量、提高生产效率和降低生产成本，必须正确选用焊条。在实际选择焊条时，除了考虑经济性可靠性外，还应考虑以下原则。

(1) **等强度原则**　对于承受静载荷或一般载荷的工件或结构，通常按焊缝与母材等强的原则选用焊条，即要求焊缝与母材抗拉强度相等或靠近。

(2) **等条件原则**　根据工件或焊接结构的工作条件和特点来选用焊条。例如在焊接承受动载荷或冲击载荷的工况时，应选用熔敷金属冲击韧度较高的碱性焊条；而在焊接一般结构时，则可选用酸性焊条。

(3) **等同性原则**　在特殊工况下的焊接结构，如具有腐蚀性、高温或低温等，为了保证使用性能，应根据熔敷金属与母材性能相同或相近的原则选择所用焊条。

2. 常见的焊条牌号

焊条的牌号主要根据其材质、种类、用途等因素进行划分，不同厂家也有不同的牌号命名规则。以下是几种常见的焊条牌号。

(1) **结构钢焊条牌号**　J422，其中"J"表示结构钢焊条，按用途分类，第一、二位数字"42"表示焊缝金属的抗拉强度等级（用 MPa 值的 1/10 表示）；末位数字"2"表示药皮类型及焊接电源的种类。

(2) **奥氏体铬镍不锈钢焊条牌号**　A132，其中"A"表示奥氏体不锈钢焊条；第一、第二位数字表示焊缝金属主要化学成分组成，末位数字表示药皮类型和焊接电源种类。

(3) **钛钙型药皮低碳钢及低合金高强度钢焊条**　J422，其牌号中的字母"J"表示结构钢焊条，后面的两位数字表示熔敷金属抗拉强度的最低值，单位 N/mm^2。末位字母表示药皮类型及焊接电源种类。

3. 焊条保管的注意事项

① 焊条必须专人负责，集中管理。

② 焊条应保存在干燥、通风良好的仓库内，室内温度应为 10～25℃，相对湿度小于 50%。

③ 焊条应分类、分牌号、分批号、分规格存放，以免拿错。

④ 焊条的说明书、合格证应妥善保存，以便查对。

⑤ 仓库内应有货架，存放焊条距地面要在 300mm 以上，距墙最少 250mm，上、下、左、右要有适当的空间。

⑥ 对于低氢型焊条，如果受潮或药皮脱落，应烘干后使用。

⑦ 不锈钢焊条和铸铁焊条等，需要按照说明书要求进行保管。

总之，焊条的保管需要严格遵守相关规定，确保焊条的质量和安全使用。

三、焊接加工

焊接加工的实施大致分为焊接加工前的材料预处理、焊接加工过程以及焊接加工完成后的焊缝检测三个环节。要求焊接加工人员遵照相关规范及要求，使用规定的工具材料，根据事先制订的工序严格进行生产加工。

【实践活动】 根据加工图纸完成管道支架焊接制作。

【活动情景】 小高在完成工序制订和材料工具申领后，需要按照加工图纸正确实施焊接加工，并在焊接加工完成后，参照相应的标准进行检测。

【工具/环境】 加工图纸、焊接工具/加工现场。

活动实施流程（图 2-14）：

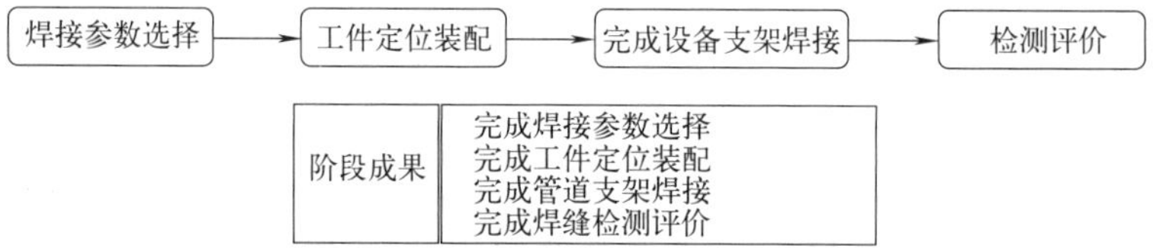

焊接参数选择 → 工件定位装配 → 完成设备支架焊接 → 检测评价

| 阶段成果 | 完成焊接参数选择
完成工件定位装配
完成管道支架焊接
完成焊缝检测评价 |

图 2-14 焊接加工工序实施流程

引导问题 7：焊缝的连接和收尾如何操作？

引导问题 8：T 型焊接的注意事项有哪些？

引导问题 9：V 形接头和 T 形接头焊接有哪些不同点？

填写管道支架焊接制作工艺参数表，见表 2-13。

表 2-13 管道支架焊接制作工艺参数表

序号	焊接层数	焊条直径/mm	焊接电流/A	电弧电压/V	备注
1					
2					
3					
4					

填写管道支架焊接制作评价表,见表 2-14。

表 2-14 管道支架焊接制作评价表

评价指标	评价项目	配分	评价标准	得分
专业能力	裂纹、焊瘤、未熔合	10	出现 1 处裂纹、焊瘤、未熔合扣 2 分,扣完为止	
	咬边	10	深度≤0.5mm、两侧总长≤26mm 时,每 7mm 扣 1 分;深度>0.5mm 或两侧总长>26mm 时,每 1 处扣 5 分,扣完为止	
	未焊透	10	深度≤0.5mm、两侧总长≤26mm 时,每 7mm 扣 1 分;深度>0.5mm 或两侧总长>26mm 时,每 1 处扣 5 分,扣完为止	
	表面气孔	10	气孔直径≤1mm、总数<4 个时每个扣 2 分;气孔直径>1mm 或总数>4 个时,1 个扣 5 分,扣完为止	
	表面夹渣	10	深度≤1.2mm、长度≤3.6mm 的夹渣 1 处扣 3 分,深度>1.2mm 或长度>3.6mm 时 1 处扣 10 分,扣完为止	
	角变形	10	角变形 θ>3°时 1 处扣 2 分,扣完为止	
	错边	10	错边量>1.2mm 时 1 处扣 2 分,扣完为止	
工作过程	操作规范	10	未按照焊接规范进行,做错 1 次扣 2 分,暴力操作或损坏工具扣 10 分,扣完为止	
	安全操作	10	未正确穿戴使用安全防护用品 1 次扣 5 分,未安全使用工具 1 次扣 2 分,扣完为止	
工作素养	环境整洁	10	地面随意乱扔工具材料 1 次扣 2 分,安装结束未清扫整理工位扣 5 分,扣完为止	
	工作态度	10	无故迟到早退 1 次扣 2 分,旷课 1 节扣 5 分,扣完为止	
团队素养	团结协作	10	小组分工不合理扣 5 分,出现非正常争吵 1 次扣 5 分,扣完为止	
	计划组织	10	工作计划不合理扣 5 分,现场组织混乱扣 5 分,扣完为止	
情感素养	项目参与	10	不主动参与项目论证 1 次扣 2 分,不积极参加实践安装 1 次扣 2 分,扣完为止	
	体会反思	10	每天课后填写的学习体会和活动反思缺 1 次扣 2 分,扣完为止	

说明:本评价表中最终得分按照表格中得分总和除以配分总和后进行百分制换算。

信息驿站

1. T 形接头与 V 形接头焊接的不同

T 形接头焊接的整体过程与 V 形接头焊接过程相似,包括焊接前的预处理以及焊接过程中的具体步骤,区别如下。

(1) **接头形式** T 形接头两工件中,一工件端面与另一工件表面构成直角或近似直角的接头;V 形接头通常指的是对接接头中,两工件边缘相对形成 V 形坡口的接头。

(2) **应用范围** T 形接头广泛应用于需要成直角连接的结构,如梁与柱的连接;V 形接头常见于板材的对接,适用于承受拉力和压力的结构。

(3) **焊接难度** T 形接头可能需要更多考虑焊接位置和角度的控制,尤其是在立焊和横焊情况下;V 形接头重点在于控制好坡口的制备和焊接材料的填充。

(4) **焊缝形式** T 形接头根据垂直板厚度的不同,其坡口形式可分为 I 形(不开坡口)、K 形(带钝边双单边 V 形)等;V 形接头通常采用 V 形坡口,这种坡口的加工和施焊方便,但焊后容易产生角变形。

(5) **焊接质量控制** T 形接头在保证强度相同的条件下,采用开坡口的焊缝比不采用开坡口的角焊缝更能减少应力集中,改善焊缝结晶条件,对减小角变形有利;V 形接头由于坡口的形式,焊接过程中要翻转焊件,在筒形焊件的内部施焊,易使劳动条件变差。

(6) **焊接位置种类** T形接头可以是平焊、立焊、横焊和仰焊位置等;V形接头因为焊缝倾角和转角的限制,通常在平焊位置进行。

(7) **焊接尺寸** T形接头在保证结构有足够承载能力的前提下,应采用尽量小的焊缝尺寸,尤其是角焊缝尺寸;V形接头焊缝尺寸的选择取决于焊件的厚度和受力状况,通常需要更多的焊缝金属量。

2. 焊缝连接注意事项

在焊接过程中,当一条焊缝焊完后,需要将焊条移至焊缝的终点,并进行连接。具体注意事项如下。

① 连接处要平滑过渡,不能有明显的凸起或凹陷。

② 连接处的温度要适中,不能过高或过低,以保证焊接质量。

③ 连接时要保持稳定的焊接速度和合适的焊接电流,以保证焊接质量。

3. 焊缝的连接方法

(1) **尾头相接** 先焊焊道尾部接头连接的方式,这种接头应用最多。

(2) **头头相接** 是指新的焊道的起始端被放置在先前焊道的起始端旁边或略微覆盖之,然后进行焊接的连接方式,要求在先前焊道的起头略前处引弧,并稍微拉长电弧,将电弧拉至起头处,并覆盖其端头,在起头处焊平后再向反向移动。

(3) **尾尾相接** 后焊焊道从接口的另一端引弧,焊到前焊道的结尾处,焊接速度略慢些,以填满弧坑,然后以较快的焊接速度再向前焊一小段,熄弧。

(4) **首尾相接** 后焊焊道的结尾与先焊焊道的起头相连接,利用结尾时的高温重复熔化先焊焊道的起头处,将焊道焊平后快速收尾。

4. 焊缝的检测

(1) **外观检查** 包括焊缝的表面、坡口尺寸、形状、位置及根部等是否符合设计图纸要求以及有无裂纹、夹渣等缺陷存在。

(2) **内部检查** 主要检查接头处母材是否与母材一致(特别是厚度方向),其材质是否符合规范的规定,有无气孔或沙眼的存在;焊接接头的强度是否满足设计要求;是否有裂缝产生等;另外还要观察接头的外观颜色是否正常。

(3) **无损检测** 采用射线照相或超声波探伤的方法对所进行的每一道工序进行严格的检验和控制,以保证工程质量符合标准要求。

此外,在日常加工制造学习中,常用的焊缝的检测方法是目测检测和磁粉检测。

(1) **目测检测法** 是最简单、直观的检测方法之一。通过肉眼观察焊缝表面,检查是否存在明显的缺陷,如气孔、裂纹、夹渣等。这种方法操作简单,成本低,但只适用于检测较大的缺陷,并且受到操作人员主观因素的影响。

(2) **磁粉检测法** 是一种利用磁性粉末检测焊缝表面和近表面缺陷的方法。首先,在焊缝表面涂覆磁性粉末,然后通过施加磁场,观察磁粉在缺陷处的聚集情况。这种方法对检测表面缺陷非常有效,但对于深层缺陷的检测能力有限。

图2-15为手持式超声波无损检测仪器和焊缝检测尺。

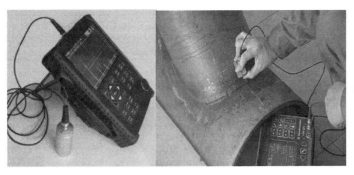
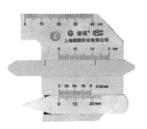

图 2-15 手持式超声波无损检测仪器和焊缝检测尺

评价反馈

采用多元评价方式，评价由学生自我评价、小组互评、教师评价组成，评价标准、分值及权重如下。

1. 按照前面各任务项目评价表中评价得分填写综合评价表，见表 2-15。

表 2-15 综合评价表

综合评价	自我评价(30%)	小组互评(40%)	教师评价(30%)	综合得分

2. 学生根据整体任务完成过程中的心得体会和综合评价得分情况进行总结与反思。

(1) 心得体会

学习收获：

存在问题:

(2) 反思改进

自我反思:

改进措施:

项目三 冷库蒸发器铜管焊接修复

职 业 名 称：建筑设备安装
典型工作任务：冷库蒸发器铜管焊接修复
建 议 课 时：14课时

设备工程公司派工单

工作任务	冷库蒸发器铜管焊接修复		
派单部门	实训教学中心	截止日期	
接单人		负责导师	
工单描述	根据任务派发清单和图纸，结合加工现场给定的具体工作条件，科学合理地设计加工工序，选择合适的材料和工具完成工件修复，并对照加工规范及标准进行评价		
任务目标	目标	正确识读图纸并根据现场实际条件正确加工出图纸要求的工件	
	关键成果	识读施工图纸	
		确定加工工序	
		完成工件焊接加工	
		依据加工规范及标准进行评价	
工作职责	识读图纸，明确相关信息，为后续焊接加工做好准备		
	根据图纸标注及现场条件科学制订加工工序		
	结合现场条件和实际情况完成焊接加工		
	结合标准规范进行验收评价		

工作任务

序号	学习任务	任务简介	课时安排	完成后打√
1	图纸识读		2	
2	材料工具选用		4	
3	焊接加工修复		8	

注意事项：
1. 严格按照派工单的内容要求进行项目实践，不得随意更改工作流程。
2. 在完成工作内容后，请进行清单自检，完成请打√。

学生签字：
日期：

模块二 焊接技术基础

背景描述

某冷库管理人员在日常巡视检查过程中发现冷库蒸发器铜管出现裂痕致使制冷剂泄漏，存在安全隐患，严重影响冷库的正常运行。现需要根据设备图纸以及实际工作环境，确定加工修复工序，选用合适的材料和工具，利用钎焊加工工艺修复损坏的铜管，保障冷库的安全运行。

任务书

【任务分工】 在明确工作任务后，进行分组，填写小组成员学习任务分配表，见表2-16。

表2-16 学习任务分配表

班级		组号		指导教师	
组长		任务分工			
组员	学号	任务分工			

学习计划

针对冷库蒸发器铜管焊接修复技术要求，梳理出学习流程（图2-16），并制订实践计划，依据该计划实施实践活动。

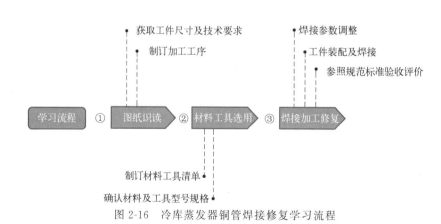

图2-16 冷库蒸发器铜管焊接修复学习流程

任务准备

1. 阅读任务书，理解工作计划中的工作要点及工作任务要求。
2. 了解加工技术人员关于钎焊作业的工作职责。
3. 借助学习网站，查看铜管钎焊加工的相关视频、文章及资讯并记录疑点和问题。

任务实施

一、图纸识读

图纸识读是开展焊接工作的首要条件,需要通过图纸获取工件的结构尺寸,了解焊接所需工艺参数及技术要求,结合图纸的尺寸位置关系以及技术要求确定相关工件的加工工序。

【实践活动】 根据加工图纸,确定加工工序。

【活动情境】 小高是某设备安装公司的技术专员,接到冷库管理员关于冷库蒸发器铜管出现裂痕致使制冷剂泄漏,存在安全隐患的报修通知。现在他需要设备出厂图纸,结合冷库现场实际条件制订焊接加工工序,修复铜管裂痕问题。

【工具/环境】 加工图纸/施工现场。

活动实施流程(图 2-17):

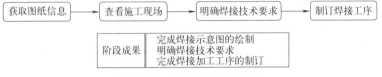

图 2-17 图纸识读实施流程

引导问题 1:识读设备装配图可以获取哪些信息?

引导问题 2:铜管钎焊的基本步骤有哪些?

引导问题 3:铜管钎焊的注意事项有哪些?

填写冷库蒸发器铜管焊接修复工序表。见表 2-17。

表 2-17 冷库蒸发器铜管焊接修复工序表

序号	工序内容	备注
1		
2		
3		
4		
5		
6		
7		
8		
9		
10		

抄绘冷库蒸发器铜管焊接修复图纸。

信息驿站

1. 装配图

装配图是表达产品中各部件之间装配关系的图纸,是产品设计和制造过程中的重要文件。它用于指导产品的组装、调试和维修等工作,对于生产效率和产品质量的提升有着至关重要的影响。

2. 装配图的表达方法

(1) **视图表达**　通过主视图、俯视图、左视图等视图方式,清晰地表达产品的结构和装配关系。

(2) **剖视图**　通过剖切产品,展示内部结构和装配关系,以便更好地理解产品的结构和功能。

(3) **局部放大图**　对关键部位进行放大,以便更好地观察和了解产品的细节。

3. 装配图的尺寸标注

(1) **总体尺寸**　标注产品的总体尺寸,以便了解产品的整体大小。

(2) **部件尺寸**　标注各部件的尺寸,以便了解部件的具体大小和形状。

(3) **装配尺寸**　标注各部件之间的装配尺寸,以便了解部件之间的相对位置和装配关系。

(4) **配合尺寸**　标注各部件之间的配合尺寸,以便了解部件之间的配合关系和精度要求。

4. 装配图的读图方法

① 先从整体到局部,逐步深入了解产品的结构和装配关系。

② 注意各部件之间的相对位置和装配关系,理解产品的整体结构和功能。

③ 注意尺寸标注和技术要求,了解产品的制造和检验要求。

④ 结合实际生产和维修经验,理解产品的实际应用和性能特点。

5. 装配图信息获取

① 部件的名称、编号、材料和数量。

② 部件之间的装配关系,包括连接方式、配合尺寸等。

③ 部件的尺寸和形状,以及各个零件的具体结构和形状。

④ 部件的性能要求、使用要求和制造要求等。

⑤ 部件的安装顺序和方法,以及在安装过程中需要注意的事项。

6. 铜管钎焊

铜管钎焊是一种焊接工艺,大致可以分为硬钎焊和软钎焊两种,适用于铜管的连接,是实际生产中常用的一种连接方法。铜管钎焊的基本步骤大致包括以下内容。

(1) **准备焊件**　将铜管接头插入到铜管中,确保接头与铜管紧密配合。

(2) **清理表面**　使用砂纸或钢丝刷等工具,清除铜管接头和铜管表面的氧化物、油污和其他杂质。

(3) **涂敷钎剂**(软)　在铜管接头和铜管的表面涂敷适量的钎剂,以确保钎料能够牢固地附着在母材上。

(4) **添加钎料**（硬） 在铜管加热的同时，将钎料添加到接头和铜管的接合处。

(5) **加热铜管** 使用火焰加热器或电加热器等工具，将铜管加热至适当的温度。

(6) **搅拌钎料** 使用适当的工具，如焊炬或刮刀等，将钎料搅拌均匀，使其充分润湿母材。

(7) **保温缓冷** 在焊接完成后，将铜管保温一段时间，然后逐渐冷却至室温。

(8) **清理残渣** 在焊接完成后，及时清理残留在接头和铜管表面的钎剂和残渣。

7. 铜管钎焊注意事项

铜管钎焊要求操作者具备一定的技术水平和对材料的深刻理解。钎焊的质量直接影响到系统的密封性和稳定性，因此遵循正确的钎焊注意事项至关重要。以下是铜管钎焊的主要注意事项。

(1) **选择焊料** 根据管道材料的特点选择正确的焊料，如铜磷焊料、银铜焊料、铜锌焊料等，以确保焊接质量。

(2) **控制火焰** 火焰的大小和温度需根据焊接材料和管径的不同进行调整，常用的火焰类型包括炭化焰、中性焰和氧化焰。

(3) **清理表面** 将要焊接的铜管接头部分用砂纸打磨干净，并用干布擦干净，以保证焊料流动及焊接质量。

(4) **预热铜管** 在焊接前对铜管进行预热，以促进焊料的流动，保证焊接效果。

(5) **使用钎剂** 在需要的情况下，正确使用钎剂，注意在焊接中控制钎剂的融化状态，以便于焊接并防止水分进入系统。

(6) **避免氧化物** 尽量缩短焊接时间或者充注保护性气体，如氮气，防止管道内生成过多的氧化物，这些氧化物可能会引起系统内部堵塞或损坏压缩机。

(7) **冷却处理** 焊接完成后，应让焊件自然冷却，避免使用水或其他低温物质快速降温。

(8) **检查质量** 焊接后，检查焊接处的密封性是否良好，确保无泄漏。

(9) **注意安全** 对于充有冷媒的系统，不可在未排净的情况下进行焊接，以防制冷剂遇到明火产生有毒气体或发生爆炸。

(10) **处理缺陷** 对于焊接缺陷，应根据具体情况决定是否补焊，并严格遵守补焊的技术要求。

二、材料工具选用

焊接工具材料的选用，需要综合考虑相关因素，不同类型的焊接需要选择不同类型的焊接设备、焊接母材、焊接方法等。本次焊接修复的铜管为空调专用铜管，采用钎焊方法进行焊接加工。

【实践活动】 根据安装图纸和制订的加工工序编写工具材料清单。

【活动情境】 小高在完成识读图纸、确定加工工序后，需要填写材料工具清单，申领相关劳保用品，并按照清单核对相关工具材料规格及数量，为后续焊接修复工作做好准备。

【工具/环境】 加工图纸/加工现场。

活动实施流程（图 2-18）：

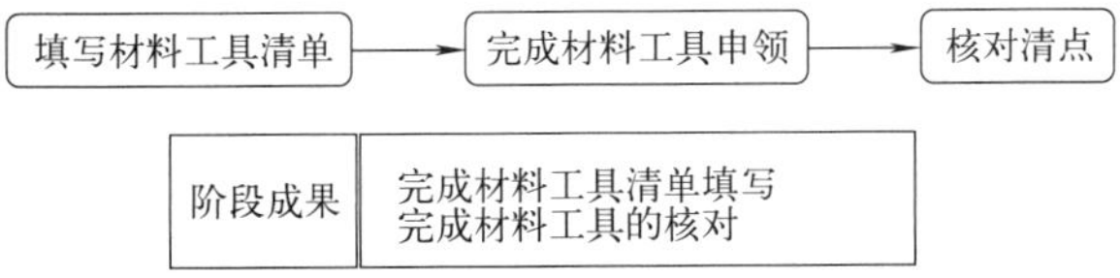

填写材料工具清单 → 完成材料工具申领 → 核对清点

阶段成果：完成材料工具清单填写 完成材料工具的核对

图 2-18 材料工具选用实施流程

引导问题 4：铜管钎焊和普通手工焊条电弧焊在工具上有何异同？

_____

引导问题 5：铜管钎焊中常用的焊条有哪几种？有何差异？

_____

引导问题 6：铜管钎焊中助焊剂的作用是什么？

_____

填写冷库蒸发器铜管焊接修复材料工具清单，见表 2-18。

表 2-18 冷库蒸发器铜管焊接修复材料工具清单

序号	材料工具名称	规格	单位	数量	备注	是否申领（申领后打√）
1						
2						
3						
4						
5						
6						
7						
8						
9						
10						
11						
12						

信息驿站

1. 钎焊工具

（1）**焊炬** 焊炬是铜管钎焊的主要工具，用于提供热量，使钎料熔化并润湿母材。常用的焊炬有氧-乙炔焊炬（图 2-19）、液化气焊炬、氩弧焊炬和曼普气焊枪（图 2-20）等。

焊炬的作用是将乙炔和氧气按一定比例均匀混合，由焊嘴喷出，点火燃烧，产生气体火焰。各种型号的焊炬均配备 3～5 个大小不同的焊嘴，以便焊接不同厚度的焊件时使用。

焊接操作时，不同的焊接材料、不同的管径所需的焊炬大小和火焰温度的高低有所不同。焊接时火焰的大小可通过焊炬上的两个针形阀进行控制调整，火焰的调整根据氧、乙炔气体体积比例不同可分为炭化焰、中性焰和氧化焰三种。

图 2-19 氧-乙炔焊炬

图 2-20 曼普气焊枪

(2) **夹具** 夹具用于固定铜管和接头，保证其在焊接过程中不会移动或变形。常用的夹具有机械夹具和手动夹具等，例如台虎钳、水泵钳等。

(3) **减压器** 减压器是将高压气体降为低压气体的调节装置。对不同性质的气体，必须选用符合各自要求的专用减压器。通常，气焊时所需的工作压力一般都比较低，如氧气压力一般为 0.2~0.4MPa，乙炔压力最高不超过 0.15MPa。必须将气瓶内输出的气体压力降压后才能使用。减压器的作用是降低气体压力，并使输送给焊炬的气体压力稳定不变，以保证火焰能够稳定燃烧。减压器在专用气瓶上应安装牢固。各种气体专用的减压器，禁止换用或替用。

(4) **回火保险器** 正常气焊时，火焰在焊炬的焊嘴外面燃烧，但当气体供应不足、焊嘴阻塞、焊嘴太热或焊嘴离焊件太近时，火焰会沿乙炔管路往回燃烧。这种火焰进入喷嘴内逆向燃烧的现象称为回火。如果回火蔓延到乙炔瓶，就可能引起爆炸事故。回火保险器的作用就是截留回火气体，保证乙炔瓶的安全。

2. 钎焊材料

(1) **铜基钎料** 铜基钎料是铜管钎焊的主要材料，具有良好的导热性和导电性，同时与铜具有良好的润湿性和焊接性。常用的铜基钎料有紫铜、黄铜和青铜等。

(2) **合金钎料** 合金钎料可以改善铜与铜之间的润湿性和焊接性，提高焊接强度和耐腐蚀性。常用的合金钎料有银基、镍基和锡基等。

硬钎焊常用银-铜焊条和磷-铜焊条两种。

银-铜焊条是一种含有铜元素的焊接材料，具有较好的润湿性和流动性。在铜管硬钎焊中，银-铜焊条主要用于焊接铜合金管路，它能够保证焊接接头的强度和密封性，同时提高焊接接头的耐腐蚀性。

磷-铜焊条是一种含有磷元素的焊接材料，具有较好的润湿性和流动性。在铜管硬钎焊中，磷-铜焊条主要用于焊接铜合金管路，它能够保证焊接接头的强度和密封性，同时提高焊接接头的耐腐蚀性。同时，磷-铜焊条还具有较好的抗气孔性能，能够减少焊接过程中产生的气孔。

铜与铜的钎焊可选用磷-铜焊料或含银量低的磷-铜焊料，如 2% 或 5% 的银基焊料。这种焊料价格较为便宜，且有良好的熔融液，采用填缝和润湿工艺，不需要焊剂。

铜与钢或铜与铝的焊接可选用银-铜焊料和适当的焊剂，焊后必须将焊口附近的残留焊剂用热水或水蒸气刷洗干净，防止产生腐蚀。在使用焊剂时最好用酒精稀释成糊状，涂于焊口表面，焊接时酒精易迅速蒸发而形成平滑薄膜不易流失，同时还可避免水分浸入制冷系统。

铜与铁的焊接可选用磷-铜焊料或黄铜条焊料，但还需使用相应的焊剂，如硼砂、硼酸或硼酸的混合焊剂。

（3）**助焊剂**　焊接铜管通常需要使用氧化剂、助焊剂和焊接材料。焊接铜管需要使用助焊剂主要是因为铜在露出空气后会很快被氧化，形成的氧化物通常非常致密，会堵塞焊接物质的通道，导致焊接难度加大，同时还会使得焊接质量下降。助焊剂可以在焊接铜管时迅速将氧化物和腐蚀清除掉，从而提高焊接的效果和质量。

选择和使用助焊剂时需要考虑到铜管的材质、焊接的方式和要求、助焊剂的成分和质量等因素。

3. 焊接气体

（1）**氧气**　氧气是用于氧-乙炔焊接中提供氧气燃烧所需的助燃物，同时也有助于氧化去除杂质和提高焊接质量。

氧气瓶容积 40L，工作压力 15MPa，外表天蓝色，黑漆"氧气"。保管和使用时应防止沾染油污。放置时必须平稳可靠，不应与其他气瓶混在一起。不许暴晒、火烤及敲打，以防爆炸。使用氧气时，不得将瓶内氧气全部用完，最少应留 100~200kPa，以便在再装氧气时吹除灰尘和避免混进其他气体。

（2）**乙炔**　乙炔是用于氧-乙炔焊接中提供氧气燃烧所需的可燃物，通过与氧气的反应产生大量的热量。

乙炔瓶容积 40L，工作压力 1.5MPa，外表白色，红漆"乙炔""不可近火"。在瓶体内装有浸满丙酮的多孔性填料，可使乙炔稳定而又安全地贮存在瓶内。使用乙炔瓶时，除应遵守氧气瓶使用要求外，还应该注意：瓶体的温度不能超过 30~40℃。搬运、装卸、存放和使用时都应竖立放稳，严禁在地面上卧放并直接使用，一旦要使用已卧放的乙炔瓶，必须先直立后静止 20min，再连接乙炔减压器后使用；不能遭受剧烈的震动等。

（3）**氮气**　氮气具有良好的稳定性，在铜管焊接中保护焊接环境，防止焊接过程中发生氧化反应，此外还可以减少氢气生成从而保证无焊口开裂或变形。

4. 清洁剂

清洁剂用于清洗铜管接头和表面的氧化物、油污和其他杂质，提高焊接质量和润湿性。常用的清洁剂有酒精、丙酮等。

5. 焊接注意事项

① 将要焊接管件表面清洁或扩口，扩完的喇叭口应光滑、圆正、无毛刺和裂纹，厚度均匀，用砂纸将要焊接的铜管接头部分打磨干净，最后用干布擦干净以免影响焊料流动及焊接质量。

② 对将要焊接的铜管互相重叠插入（注意尺寸）并对准圆心。

③ 焊接时，必须对被焊件进行预热。将火焰烤热铜管焊接处，当铜管受热至紫红色时，移开火焰后将焊料靠在焊口处，使焊料熔化后流入焊接的铜件中，受热后可通过颜色来反映温度的高低。

6. 铜管焊接与手工焊条电弧焊的区别

铜管焊接与手工焊条电弧焊是两种常见的金属连接技术，分别应用在不同的专业领域，铜管焊接在特定的应用场景下（如制冷行业）有其独特优势，具体体现在如下方面。

（1）**焊接原理**　铜管焊接通常采用气焊或者高频感应焊等方式，利用外部热源加热铜管至一定温度，使铜管接合部位达到熔化状态，通过填充材料或直接加压实现金属的熔合；手工焊条电弧焊是以手工操作的焊条和被焊接工件作为两个电极，利用焊条与焊件之间的电弧热量熔化金属进行焊接的方法。

（2）**操作灵活性**　铜管焊接对操作环境有一定要求，如需要避免风速过大影响火焰特性等；手工焊条电弧焊设备简单，操作灵活方便，能进行全位置焊接，适合焊接多种材料，尤其适用于户外或条件较差的环境。

（3）**生产效率**　铜管焊接若使用自动化焊接设备，生产效率相对较高，但设备成本也较高；手工焊条电弧焊生产效率相对较低，劳动强度大，适合于小批量生产或修复工作。

（4）**应用领域**　铜管焊接广泛应用于制冷空调系统中的铜管连接，也可用于其他类型的管材焊接；手工焊条电弧焊可焊接工业应用中的大多数金属和合金，如碳钢、低合金结构钢、不锈钢等。

（5）**焊缝质量**　铜管焊接如果操作得当，可以获得良好的焊缝质量，但对于操作者的技术要求较高；手工焊条电弧焊焊缝质量受到焊工技能的影响较大，可能会出现焊接缺陷。

（6）**适用材料**　铜管焊接主要用于铜及铜合金材料的焊接；手工焊条电弧焊能够焊接的材料种类更广泛，包括铸铁、铜合金、镍合金等。

三、焊接加工修复

焊接加工修复的实施大致分为焊接加工前的材料预处理、焊接加工过程以及焊接加工完成后的焊缝检测三个环节。要求焊接加工人员遵照相关规范及要求，使用规定的工具材料，根据事先制订的工序严格进行生产加工。

【**实践活动**】　根据图纸完成铜管焊接工作，并进行质量检测。

【**活动情境**】　小高在完成工序制订和材料工具申领后，需要按照加工图纸正确实施焊接加工操作，并在焊接加工完成后，参照相应的标准进行检测。焊接质量符合相关要求后才能够进行预定的安装。

【**工具/环境**】　加工图纸、焊接工具/加工现场。

活动实施流程（图 2-21）：

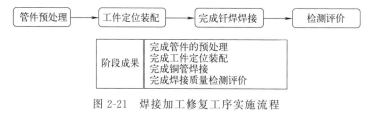

图 2-21　焊接加工修复工序实施流程

引导问题 7：举例说明铜管的连接方式有哪些？

引导问题 8：简述铜管杯型口的制作与操作流程。

引导问题 9：铜管钎焊的主要操作步骤有哪些？

填写冷库蒸发器铜管焊接修复评价表，见表 2-19。

表 2-19 冷库蒸发器铜管焊接修复评价表

评价指标	评价项目	配分	评价标准	得分
专业能力	工具使用	10	选择合适的工具，使用方法正确，出现 1 次错误扣 2 分，扣完为止	
	切断和扩管	10	切割端口平顺、扩管无变形，出现 1 次不合格扣 2 分，扣完为止	
	插接头装配	10	插接前没有预组划线 1 次扣 2 分，插接不到位 1 次扣 5 分，扣完为止	
	表面处理	10	紫铜管钎焊部位未按照要求使用砂纸去除表面氧化物或氧化物处理不完全，出现 1 处扣 2 分，扣完为止	
	焊接操作	10	焊炬组装不正确扣 10 分，压力调节不合适 1 次扣 5 分，关闭顺序错误扣 5 分，扣完为止	
	焊缝质量	10	焊缝饱满、顺滑、无缺陷，出现 1 次不合格扣 2 分，扣完为止	
	焊接钎料	10	钎料饱满无溢出，出现 1 次不合格扣 2 分，扣完为止	
工作过程	操作规范	10	未按照焊接规范进行做错 1 次扣 2 分，暴力操作 1 次扣 5 分，损坏工具 1 次扣 10 分，扣完为止	
	安全操作	10	未正确穿戴使用安全防护用品 1 次扣 5 分，未安全使用工具 1 次扣 2 分，扣完为止	
工作素养	环境整洁	10	地面随意乱扔工具材料 1 次扣 2 分，安装结束未清扫整理工位 5 分，扣完为止	
	工作态度	10	无故迟到早退 1 次扣 2 分，旷课 1 节扣 5 分，扣完为止	
团队素养	团结协作	10	小组分工不合理扣 5 分，出现非正常争吵 1 次扣 5 分，扣完为止	
	计划组织	10	工作计划不合理扣 5 分，现场组织混乱扣 5 分，扣完为止	
情感素养	项目参与	10	不主动参与项目论证 1 次扣 2 分，不积极参加实践安装 1 次扣 2 分，扣完为止	
	体会反思	10	每天课后填写的学习体会和活动反思缺 1 次扣 2 分，扣完为止	

说明：本评价表中最终得分按照表格中得分总和除以配分总和后进行百分制换算。

信息驿站

1. 常见的铜管连接方式

铜管的连接方式包括机械连接、焊接连接、压力接头等。这些方法各有特点和适用场景，具体连接方式如下。

（1）**机械连接**　机械连接是一种简便快捷的铜管连接方式，不需要焊接，而是通过各种机械装置实现连接。常见的机械连接方式包括非加工压紧式连接、加工压紧式连接、法兰式与沟槽式连接、插接式连接以及压接式连接。这些方法在操作上相对简单，但需要确保管子切口端面与轴线垂直，并且清理干净切口处的毛刺，以保证连接的严密性。

（2）**焊接连接**　焊接连接是利用熔点低于母材金属的钎料，在不熔化母材的前提下，通过加热使钎料熔化并借助毛细作用填充到母材之间的缝隙中，从而实现铜管的连接。钎焊具有加热温度低、焊件组织与性能变化小、接头平整光滑且变形不大的特点。钎焊广泛应用于铜管施工中，尤其适用于连接不同材料的情况。

（3）**压力接头**　压力接头是通过压制或挤压的方式将两段铜管连接在一起的方法。这种连接方式适用于特殊环境和工程，能够提供快速、便捷的连接和拆卸方式，但必须严格按照使用说明进行操作。

2. 铜管加工常用工具

（1）**割管器**（图2-22）　用于切割铜管，可以根据需要选择合适的切割方式和切割工具。

图2-22　割管器

图2-23　倒角器

（2）**倒角器**（图2-23）　用于处理铜管的切割表面，使其光滑、平整，以便后续加工。

（3）**扩管器**（图2-24）　用于为铜管扩喇叭口，以便通过配管将分体式空调器室内外机组连接起来。此外还有专门扩杯口的扩管器。

（4）**弯管器**（图2-25）　用于改变铜管的形态，将铜管加工成所需要的形状。

（5）**测量工具**　例如卷尺、钢直尺等用于测量铜管的尺寸和形状，以确保加工的准确性和精度。

3. 铜管焊接的主要步骤

① 在进行铜管焊接前，需要准备铜管焊炬、铜管切割器、铜管扩口器、焊丝、清

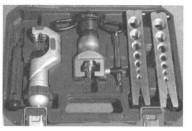

图 2-24　扩管器

图 2-25　弯管器

洁剂、手套和防护眼镜等工具和材料。

② 开始焊接前，需要对铜管进行检查，确保铜管没有缺陷或损坏。需要检查的内容包括铜管是否平整，保证没有弯曲或变形；铜管是否有裂纹、砂眼等缺陷；铜管的尺寸是否符合要求。

③ 在进行焊接前，需要将铜管清洁干净，以防止杂质影响焊接质量。可以使用清洁剂擦拭铜管内部和外部，去除油脂、污垢等杂质。

④ 在进行焊接前，需要对铜管进行预热，将铜管加热到一定的温度，以增加铜管的韧性，提高焊接质量。

⑤ 在进行焊接时，需要将焊炬火焰对准焊接位置持续加热，将焊丝熔化并填充到铜管的焊接部位。

图 2-26 为钎焊焊接示意。在焊接过程中需要注意保持焊丝与铜管紧密贴合，控制好焊接速度，避免过快或过慢影响焊接质量。注意保护好自己的眼睛和皮肤，避免被飞溅的焊渣烫伤。

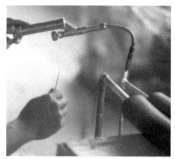

图 2-26　钎焊焊接

⑥ 在完成焊接后，需要对焊接质量进行检查，确保焊接部位没有缺陷或漏焊。需要检查的内容包括焊接部位是否平整，是否出现凸起或凹陷。焊接部位是否紧密，是否存在缝隙或漏焊。焊接部位的颜色是否均匀，是否出现变色或氧化现象。

⑦ 在完成所有焊接工作后，需要将工具和材料整理好，清理工作现场。同时还需要对完成的铜管进行检查和测试，确保焊接质量和安全性。

4. 铜管杯型口的制作

杯型口通常用于特定的连接方式，例如某些机械连接或者是特定应用的焊接连接，主要操作步骤包括材料准备、材料处理（清洁表面、去除毛刺、油污杂质等）、切割铜管、标记位置、扩管成形、检查质量。

评价反馈

采用多元评价方式，评价由学生自我评价、小组互评、教师评价组成，评价标准、分值及权重如下。

1. 按照前面各任务项目评价表中评价得分填写综合评价表，见表 2-20。

表 2-20 综合评价表

综合评价	自我评价(30%)	小组互评(40%)	教师评价(30%)	综合得分

2. 学生根据整体任务完成过程中的心得体会和综合评价得分情况进行总结与反思。

（1）心得体会

学习收获：

存在问题：

（2）反思改进

自我反思：

改进措施：

模块三
白铁加工基础

项目一 矩形通风管制作

职 业 名 称：建筑设备安装
典型工作任务：矩形通风管制作
建 议 课 时：10课时

设备工程公司派工单

工作任务	矩形通风管制作			
派单部门	实训教学中心		截止日期	
接单人			负责导师	
工单描述	根据派工单位给定的学校地下停车场通风系统中的一段矩形通风管道的施工平面图,结合施工人员勘察现场所了解的原有管道布局等具体施工条件,对现场实际情况进行综合分析,确定施工工序,绘制展开图,选用合适的材料和工具设备完成矩形风管的替换任务并结合施工验收规范进行验收评价			
任务目标	目标	根据施工平面图,结合施工现场实际条件,选择合适的工具材料完成矩形通风管道的制作		
	关键成果	绘制下料展开图		
		确定加工工序		
		完成通风系统中一段矩形通风管道的制作		
		依据规范标准进行验收评价		
工作职责	识读施工图纸,绘制放样图纸,为后续施工做好铺垫			
	根据不同功能和加工工艺安排科学合理的施工工序			
	结合验收规范进行相关制作			
	结合标准规范进行验收评价			

工作任务

序号	学习任务	任务简介	课时安排	完成后打√
1	识图放样		3	
2	剪切下料		2	
3	咬口加工		3	
4	拼装修整		2	

注意事项：
1. 严格按照派工单的内容要求进行项目实践，不得随意更改工作流程。
2. 在完成工作内容后，请进行清单自检，完成请打√。

学生签字：
日期：

模块三　白铁加工基础

背景描述

某学校地下停车场通风管道在例行检查中发现有一节矩形通风管道出现破损变形情况，需要进行更换。现需要维修人员根据学校后勤管理部门提供的通风管道施工图纸，结合现场实际情况进行综合分析，确定施工工序，绘制放样图，选用合适的材料和工具设备完成矩形风管的制作任务，并完成项目验收。

任务书

【任务分工】 在明确工作任务后，进行分组，填写小组成员学习任务分配表，见表3-1。

表3-1　学习任务分配表

班级		组号		指导教师	
组长		任务分工			
组员	学号	任务分工			

学习计划

针对矩形通风管道的制作，梳理出学习流程（图3-1），并制订实践计划，可依据该计划实施实践活动。

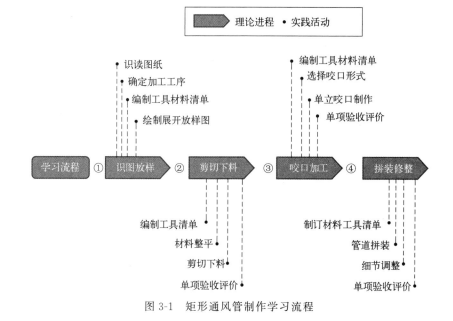

图3-1　矩形通风管制作学习流程

任务准备

1. 阅读任务书，理解工作计划中的工作要点及工作任务要求。

2. 了解施工技术人员关于通风工作的工作职责；

3. 借助学习网站，查看金属薄板加工的相关视频、文章及资讯，并记录疑点和问题。

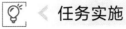 任务实施

一、识图放样

准确识读图纸是进行通风管道加工的首要条件，需要通过施工图纸获取地下车库的建筑结构尺寸，了解需要更换的那一段矩形通风管道的具体尺寸和接口状态，确定通风管道的加工工序。图纸放样是矩形通风管道加工中重要的环节，需要根据加工平面图的尺寸和白铁加工工艺在展开图的基础上绘制出下料放样尺寸，以确保材料的准确使用和成本效益。

【实践活动】 根据施工图纸和施工现场原有条件，确定施工工序，绘制展开放样图。

【活动情境】 小高是某设备安装公司施工部门的技术专员，将要带领施工团队完成某学校地下停车库一段损坏的矩形通风管道的加工安装。现在需要根据设计部门给定的施工图纸，结合图纸中需要更换的矩形通风管道的尺寸、安装位置确定加工安装工序，绘制展开放样图。

【工具/环境】 通风管道施工图纸/通风管道实训车间。

活动实施流程（图3-2）：

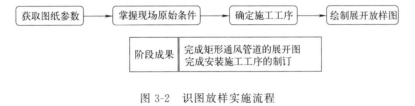

图3-2 识图放样实施流程

引导问题1：展开放样图的含义是什么？为什么认为它是白铁加工下料的第一道工序？

引导问题2：如果正在为一个机器零件制作绘图，而该零件的实际尺寸长为50mm，希望图纸上的尺寸长为100mm，那么应该选择什么样的绘图比例？

引导问题3：尺寸线界限可以有哪些形式？在什么情况下可以采用箭头形式，而在

模块三　白铁加工基础

什么情况下可以采用斜线形式？

_____
_____

引导问题 4：在编制施工现场工具材料清单时，为什么要考虑安全因素，并特别注明安全相关的工具和材料？

_____
_____

引导问题 5：在施工现场编制工具材料清单时，为什么需要详细列出所有工具和材料的品牌、型号、规格和数量？

_____
_____

引导问题 6：编制工具材料清单是否要考虑应急准备？如何制订应对工具故障或缺失的应急方案？如何确保关键工具有足够的备用或替代品？

_____
_____

填写矩形风管制作设备及主材清单表，见表 3-2。

表 3-2　矩形风管制作设备及主材清单

序号	设备及主材名称	规格	单位	数量	备注	是否申领（申领后打√）
1						
2						
3						
4						
5						
6						
7						
8						
9						
10						
11						
12						

填写矩形风管制作工序表，见表 3-3。

表 3-3　矩形风管制作工序表

序号	工序内容	备注
1		
2		
3		

续表

序号	工序内容	备注
4		
5		
6		
7		
8		
9		
10		

矩形风管展开图绘制。

信息驿站

1. 展开图

展开图是指将制件的表面按一定顺序而连续地摊平在一个平面上所得到的图样。这种图样在造船、航空、机械、化工、电力、建筑、轻纺、食品等工业部门都得到广泛的应用。展开图画得是否准确，直接关系到制件质量、生产效率、产品成本等问题。

展开图的立体表面可看作由若干小块平面组成，将表面沿适当位置裁开，按每小块平面的实际形状和大小，无褶皱地摊开在同一平面上，称为立体表面展开，展开后所得的图形称为展开图，工作过程俗称放样，其主要目的是为下料做准备，常用的展开作图有平行线法，放射线法和三角形法等。使用哪种方法做展开图恰当，应视构件表面形状而定。

钣金展开在机械制造部门有着广泛的应用，依靠施工图把工件的实际大小和形状画到施工板料或纸板上的过程叫放样。放样室施工下料的第一道工序，与钣金展开、下料有着极其密切的关系。

2. 绘图比例

绘图比例是图形绘制中一个重要的概念，它表示图形尺寸与实际尺寸之间的比例关系，比值1∶1称原值比例，比值<1为缩小比例，比值>1为放大比例。

① 2∶1 表示图上距离是实际距离的 2 倍。
② 3∶1 表示图上距离是实际距离的 3 倍。
③ 4∶1 表示图上距离是实际距离的 4 倍。
④ 1∶2 则表示图上距离是实际距离的 0.5，即二分之一。
⑤ 1∶4 则表示图上距离是实际距离的 0.25，即四分之一。

3. 尺寸标注

图样除了画出物体及其各部分的形状外，还必须准确地、详尽地和清晰地标注尺寸。尺寸标注示例见图 3-3。

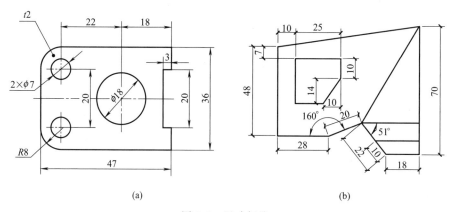

图 3-3 尺寸标注

图样上的尺寸由尺寸界线、尺寸线、尺寸起止符号和尺寸数字组成。

（1）**尺寸数字** 线性尺寸的数字一般应注写在尺寸线的上方，也允许注写在尺寸线的中断处。线性尺寸数字的方向,一般应采用第一种方法注写。在不会引起误解时,也允许采用第二种方法。但在一张图样中,应尽可能采用同一种方法。

方法 1:数字应尽可能避免在图示 30°范围内标注尺寸。

方法 2:对于非水平方向的尺寸,其数字可水平地注写在尺寸线的中断处。角度的数字一律写成水平方向,一般注写在尺寸线的中断处。尺寸数字不可被任何图线所通过,否则必须将该图线断开。

通常来说,图样上标注的尺寸,除标高及总平面图以米(m)为单位外,其余一律以毫米(mm)为单位,图上尺寸数字都不再注写单位。文字和止插图中的数字,如没有特别注明单位的,也一律以毫米为单位。图样上的尺寸,应以所注尺寸数字为准,不得从图上直接量取。

(2)**尺寸线** 尺寸线用细实线绘制,其起止符号可以有下列两种形式。①箭头,箭头的形式如图 3-3(a)所示,适用于各种类型的图样;②斜线,斜线用中粗短斜线绘制,其方向和画法如图 3-3(b)所示。当尺寸线的终端采用斜线形式时,尺寸线与尺寸界线必须相互垂直。其倾斜方向应与尺寸界线成顺时针 45°角,长度宜为 2~3mm。当尺寸线与尺寸界线相互垂直时,同一张图样中只能采用一种尺寸线起止符号。当采用箭头时,在位置不够的情况下,允许用圆点或斜线代替箭头。标注线性尺寸时,尺寸线必须与所标注的线段平行。尺寸线不能用其他图线代替,一般也不得与其他图线重合或画在其延长线上。标注角度时,尺寸线应画成圆弧,其圆心是该角的顶点。当对称机件的图形只画出一半或略大于一半时,尺寸线应略超过对称中心线或断裂处的边界线,此时仅在尺寸线的一端画出箭头。

(3)**尺寸界线** 尺寸界线用细实线绘制,一般应与被注长度垂直,其一端应离开图样轮廓线不小于 2mm,另一端宜超出尺寸线 2~3mm。并应由图形的轮廓线、轴线或对称中心线处引出。也可利用轮廓线、轴线或对称中心线作尺寸界线。当表示曲线轮廓上各点的坐标时,可将尺寸线或其延长线作为尺寸界线。尺寸界线一般应与尺寸线垂直,必要时才允许倾斜。在光滑过渡处标注尺寸时,必须用细实线将轮廓线延长,从它们的交点处引出尺寸界线。标注角度的尺寸界线应从径向引出。标注弦长或弧长的尺寸界线应平行于该弦的垂直平分线,当弧度较大时,可沿径向引出。

4. 编制工具材料清单

需要确保所有的工具都被准确列出,并且满足项目的需求。以下是一些编制工具清单的技巧和注意点。

(1)**详细性与准确性** 清单应详细列出所有需要的工具和材料,包括品牌、型号、规格、数量等。确保信息的准确性,避免采购错误或遗漏。

(2)**分类与排序** 将工具和材料按照使用频率、重要性或加工阶段进行分类和排序。这有助于工人快速找到所需的物品,提高工作效率。

(3)**考虑安全因素** 在清单中特别注明安全相关的工具和材料,如安全帽、手套、防护眼镜等。确保这些安全用品的数量充足,并定期检查其质量。

(4)**考虑环境因素** 根据施工现场的具体环境(如气候、地形等)和特殊要求(如防水、防腐等),选择合适的工具和材料。

(5) **预留备用材料** 对于一些易损或难以预测消耗速度的材料，建议在清单中预留一定比例的备用材料，以应对不可预见的情况。

(6) **及时更新** 随着工程的进展和变更，清单需要及时更新。确保新加入的材料和工具得到记录，不再需要的物品从清单中移除。

(7) **审批与签字** 清单编制完成后，需要经过项目负责人或工程师的审批和签字。这有助于确保清单的准确性和适用性。

(8) **存储与共享** 将清单妥善存储，并确保施工现场的所有人员都能方便地参考。同时，定期与团队成员分享清单的更新情况，确保信息得到及时沟通。

(9) **遵守法规与标准** 在编制清单时，确保所有工具和材料都符合国家和地方的安全法规、质量标准和环保要求。

二、剪切下料

剪切下料是白铁加工工艺中制作矩形通风管的重要工序，需要按照展开放样时所得的加工形状，在板材上进行1∶1划线、裁剪的过程，剪切有手剪、电动剪、剪板机等形式。本方案选择手剪形式下料。

【实践活动】 根据展开放样图完成矩形通风管的划线、下料操作，为后续的加工奠定基础。

【活动情境】 小高在完成展开放样图的绘制后，需要编制材料工具清单，将放样图按照1∶1的比例在待加工白铁上进行划线，结合白铁加工工艺中的剪切下料技术，完成材料的剪切下料。

【工具/环境】 展开放样图、划针、白铁手工剪/加工现场。

活动实施流程（图3-4）：

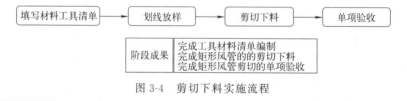

图3-4 剪切下料实施流程

引导问题7：请描述白铁手工剪切过程中的关键步骤，并说明为什么这些步骤是重要的。

引导问题8：简述划针的使用过程及技巧。

引导问题9：在进行白铁手工剪切时，有哪些常见的错误或问题需要注意？如何避免这些错误或问题？

填写剪切下料材料工具清单，见表 3-4。

表 3-4　剪切下料材料工具清单

序号	材料工具名称	规格	单位	数量	备注	是否申领(打√)
1						
2						
3						
4						
5						
6						
7						
8						

填写剪切下料评价表，见表 3-5。

表 3-5　剪切下料评价表

评价指标	评价项目	配分	评价标准	得分
专业能力	下料平面度	10	剪切后的铁皮应保持平整,1处明显的弯曲或变形扣2分,扣完为止	
	划线质量	10	划线不清晰1处扣2分,有断线1处扣1分,线条重叠1处扣1分,扣完为止	
	剪切工艺	10	剪切切口有毛刺1处扣2分,扣完为止	
		10	剪切边缘不流畅,有尖角,1处扣2分,扣完为止	
		10	剪切切口出现扎刀有"豁口",1处扣2分,扣完为止	
		10	剪切后能看见线条,1处扣1分,扣完为止	
	材料使用	10	因操作错误额外领取材料1次扣5分,扣完为止	
	材料工具清单填写	10	材料工具清单中主材缺失1项扣2分,主要工具缺失1项扣2分,辅材缺失1项扣2分,材料工具数量错误1项扣2分,扣完为止	
工作过程	操作规范	10	未能按规范要求选择合适剪刀、反拿剪刀、乱抛剪刀工具等1次扣2分,暴力操作1次扣5分,损坏工具1次扣10分,扣完为止	
	安全操作	10	未正确穿戴使用安全防护用品1次扣5分,未安全使用工具1次扣5分,扣完为止	
工作素养	环境整洁	10	地面随意乱扔工具材料1次扣2分,安装结束未清扫整理工位5分,扣完为止	
	工作态度	10	无故迟到早退1次扣2分,旷课1节扣5分,扣完为止	
团队素养	团结协作	10	小组分工不合理扣5分,出现非正常争吵1次扣5分,扣完为止	
	计划组织	10	工作计划不合理扣5分,现场组织混乱扣5分,扣完为止	
情感素养	项目参与	10	不主动参与项目论证1次扣2分,不积极参加实践安装1次扣2分,扣完为止	
	体会反思	10	每天课后填写的学习体会和活动反思缺1次扣2分,扣完为止	

说明：本评价表中最终得分按照表格中得分总和除以配分总和后进行百分制换算。

信息驿站

1. 划线

在金属加工中,划线是一种常见的预处理步骤,用于在金属材料上标记出切割线或加工区域。以下是使用划针进行划线的基本步骤和注意事项。

(1) **准备工具与材料** 选择合适的划针,划线操作通常使用尖錾。选择待划线的金属材料,如镀锌白铁皮。

(2) **设计划线位置** 使用尺子和记号笔在铜皮上标记出需要划出的线条,确保线条直且准确。

(3) **固定材料** 将铜皮固定在工作台或钳口上,确保在划线过程中材料稳定不动。

(4) **划线操作** 将划针的尖端沿着预先标记的线放置好。使划针沿着标记线划出浅槽。力度需要适中,既不能太轻以至于看不到线,也不能太重以至于损伤材料。保持划针的角度和力度一致,以确保划出的线整齐且深度一致。常见划线工具、量具如图3-5所示。

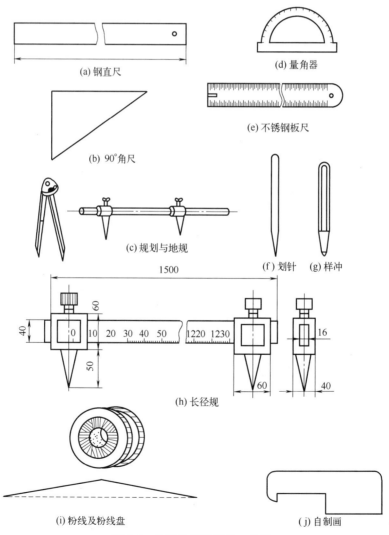

图3-5 常见的划线工具、量具

（5）**检查与修正** 在划线过程中定期检查所划的线是否符合要求，如果有任何偏差，及时调整。

（6）**完成处理** 划线完成后，根据后续加工需求，可能需要用锉刀或砂纸轻轻打磨线条周围的毛刺，使边缘平滑。

（7）**安全与维护** 确保在操作过程中佩戴适当的防护装备，如护目镜，以防金属屑飞溅入眼。定期检查和维护錾子，保持其尖端的锋利度。

2. 板材的剪切下料

（1）**金属剪切工具** 有手工剪（图3-6）、电动剪、剪板机（图3-7）等。

图3-6 手工剪　　　　　　　　　图3-7 脚踏式剪板机

（2）**手剪的分类** 手剪根据剪切要求的不同分为用来剪切直线和外圆弧的直剪（图3-8）、剪切内圆弧的弯剪（图3-9）。根据使用人的习惯，手剪分为左剪和右剪（图3-10）。

图3-8 直剪　　　　　　　　　　图3-9 弯剪

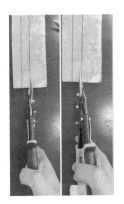

图3-10 左剪、右剪

（3）**手剪的剪切厚度** 取决于人的力量，因此一般剪切板材厚度不能超过1.2mm。不同规格的剪刀，最大剪切厚度有所不同。

笔记

（4）**剪刀使用** 见图 3-11。

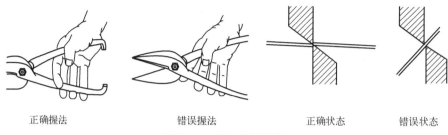

图 3-11 剪刀使用示意

① 用手剪进行直线剪切时，剪刀刃口要张开 3/4 的刃长，沿划好的线剪切。

② 剪切时，剪刀的上、下两剪刃应彼此紧密贴靠才能把板材剪开。

③ 右手握持剪刀的操作要领是：用中指、无名指和小拇指控制剪刀下柄尽量用力往右拉，而用大拇指与虎口控制剪刀上下柄向左推，此时两剪刃就能紧密贴靠，两刃间隙消除，顺利剪切板料。如果剪刃有间隙，会出现飞边毛刺或者板材夹在上下剪刃之间的情况，不能顺利剪开。

④ 右手握剪剪切，左手翻卷板料，并用右脚踩踏板料的右半边，这样做利于剪刀的插入与移动。

⑤ 剪切时，剪切刀口应与板料垂直。如果不垂直，会使得所剪切的板料扭曲变形，影响剪切质量。

⑥ 当剪切短直料时，被剪去的部分一般需放置于剪刀的右边，当剪切长直料时，被剪去的部分则放置在左边，大块料放置于右边，较小块料放置左边，向上翻卷容易且省力（图 3-12）。

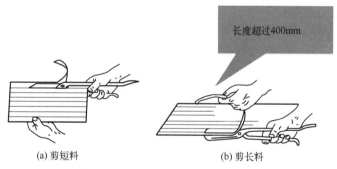

图 3-12 长短料剪切

⑦ 在使用直把剪或弯剪实施剪切时，加力一定不要过猛，将剪刀刃口完全闭合，俗称"扎刀"，这样会咬伤板边，使被剪切的板边出现诸多疵口，给下道工序制作咬口带来困难。解决的方法是，每次施力剪切时剪刃只闭合约 3/4，留约 1/4 刃长时就应向前移动剪刀。

三、咬口加工

咬口加工是将两块需相互接合的板材用手工和机械方法折成能互相咬合的各种钩

形，钩挂后压紧打实折边，以形成咬合的一种连接方式。常见的咬口形式有单咬口、立咬口、联合角咬口、转角咬口以及按扣式咬口五种。本方案选择单咬口形式进行加工。

【实践活动】 将剪切下料的加工件进行矩形风管的咬口拼接。

【活动情境】 小高在完成材料的剪切下料后，需要结合通风工相关知识，填写材料工具清单，选择合适的咬口形式，完成矩形风管单独组件的制作，并按照风管验收规范进行验收评价。

【工具/环境】 木方尺、垫铁/加工现场。

活动实施流程（图3-13）：

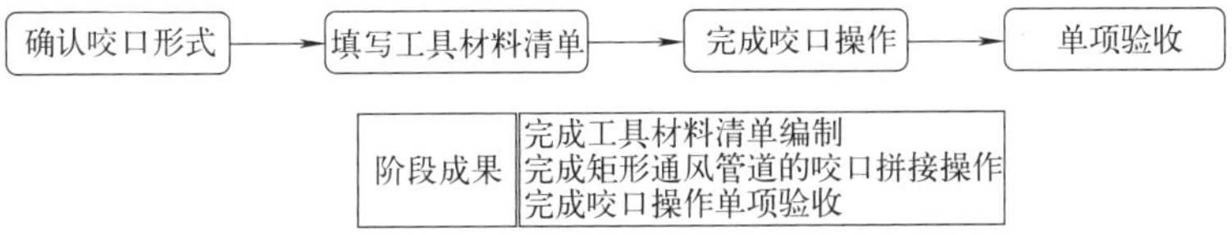

确认咬口形式 → 填写工具材料清单 → 完成咬口操作 → 单项验收

阶段成果：
完成工具材料清单编制
完成矩形通风管道的咬口拼接操作
完成咬口操作单项验收

图3-13 咬口加工实施流程

引导问题10：金属通风管道最常用的连接方式是什么？其优点有哪些？

引导问题11：单咬口连接方式适用范围是什么？

引导问题12：A、B两块厚度0.5mm的镀锌白铁皮，采用单平咬口拼接成一整块，拼接后需要长度达到200mm，先已知A料长度为80mm，B板料需要的长度为多少（宽度不计）？

填写咬口加工材料工具清单，见表3-6。

表3-6 咬口加工材料工具清单

序号	材料工具名称	规格	单位	数量	备注	是否申领（申领后打√）
1						
2						
3						
4						
5						
6						
7						
8						
9						

填写咬口加工评价表，见表3-7。

表3-7 咬口加工评价表

评价指标	评价项目	配分	评价标准	得分
专业能力	严密性	10	咬口缝有缝隙,1处扣1分,扣完为止	
	咬口宽度	10	咬口宽度±5mm,超过误差1mm,扣1分,扣完为止	
	角度	10	折角平直,1处弯曲扣2分,扣完为止	
	圆弧	10	圆弧均匀圆滑,有"死弯"角,1处扣2分,扣完为止	
	平行度	10	两端面平行,两端尺寸误差±5mm,得5分	
	扭曲变形	10	无明显扭曲与翘角得5分	
	平整度	10	表面平整,凹凸不大于10mm得5分	
	无损伤	10	镀锌层无破损,1处破损扣3分,扣完为止	
	牢固度性	10	咬口牢固不松动,1处松动扣3分,扣完为止	
	材料使用	10	因操作错误额外领取材料1次扣5分	
工作过程	操作规范	10	未能按规范要求选择合适木方尺、乱抛工具等1次扣2分,暴力操作1次扣5分,损坏工具1次扣10分,扣完为止	
	安全操作	10	未正确穿戴使用安全防护用品1次扣5分,未安全使用工具1次扣5分,扣完为止	
工作素养	环境整洁	10	地面随意乱扔工具材料1次扣2分,安装结束未清扫整理工位扣5分,扣完为止	
	工作态度	10	无故迟到早退1次扣2分,旷课1节扣5分,扣完为止	
团队素养	团结协作	10	小组分工不合理扣5分,出现非正常争吵1次扣5分,扣完为止	
	计划组织	10	工作计划不合理扣5分,现场组织混乱扣5分,扣完为止	
情感素养	项目参与	10	不主动参与项目论证1次扣2分,不积极参加实践安装1次扣2分,扣完为止	
	体会反思	10	每天课后填写的学习体会和活动反思缺1次扣2分,扣完为止	

说明：本评价表中最终得分按照表格中得分总和除以配分总和后进行百分制换算。

信息驿站

1. 制作金属风管、配件及部件的连接方式

主要有咬口连接、铆钉连接和焊接（电焊，气焊，氩弧焊，接触点焊和锡焊）。应用最广泛的就是咬口连接。

2. 咬口连接

咬口连接是将两块需相互接合的板材用手工和机械方法折成能互相咬合的各种钩形，钩挂后压紧打实折边，以形成咬合的一种连接方式。

3. 咬口连接的优势

（1）**连接牢固** 咬口连接形成的咬合结构能够有效地抵抗风管内外的压力，确保风管的稳定性和密封性。

（2）**操作简便** 咬口连接不需要复杂的设备和操作技术，只需使用专用的咬口工具即可完成，操作简单、方便。

（3）**适应性强** 咬口连接适用于不同尺寸和形状的风管制作，能够灵活地适应各种通风系统的需求。

4. 咬口连接的适用范围

① 厚度$\delta \leqslant 1.2$mm的普通钢板、镀锌钢板、塑料复合钢板。

② 厚度 δ≤1.0mm 的不锈钢钢板。

③ 厚度 δ≤1.5mm 的铝板。

5. 常用咬口形式及适用范围

常用咬口形式及适用范围见表 3-8。

表 3-8 常用咬口形式及适用范围

名称	形式	适用范围
单平咬口		用于板材的横接缝和圆风管的纵向缝
单立咬口		用于风管端头的环向的接缝,如圆形弯头、圆来回弯各管节间的接缝,直管的管节咬口
单角咬口		用于矩形风管及配件的纵向转角缝和矩形弯管、三通的转角缝
联合角咬口		用于矩形风管、弯管、三通与四通的转角缝,适用于有曲率的矩形弯管的角缝连接

6. 咬口宽度

咬口宽度见表 3-9。

表 3-9 咬口宽度

板厚 δ/mm	平咬口宽度 B/mm	角咬口宽度 B/mm
<0.7	6～8	6～7
0.7～0.82	8～10	7～8
0.9～1.2	10～12	9～10

7. 咬口余量

咬口余量的大小与咬口的宽度、重叠层数有关,单平咬口、单立咬口、单角咬口总余量为咬口宽度 B 的 3 倍（3B）,其中一块板材余量为咬口宽度 B,另一块余量为咬口宽度的 2 倍（2B）。联合咬口总余量为交口宽度 B 的 4 倍（4B）,其中一块板材余量为咬口宽度 B,另一块余量为咬口宽度的 3 倍（3B）。

8. 单角咬口加工过程

单角咬口加工过程见图 3-14。

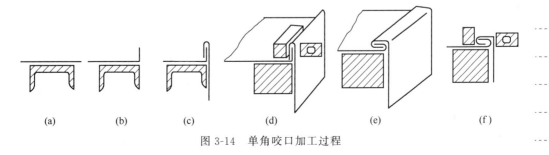

图 3-14 单角咬口加工过程

9. 木方尺

木方尺也称拍板、打板，以硬木制成，规格为 45mm×35mm×450mm，用于手工制作咬口折边的拍制、单平咬口的咬合及联合角咬口、按扣式咬口包边咬合等场合。常见木方尺见图 3-15，常见手工加工咬口工具见图 3-16。

图 3-15 常见木方尺

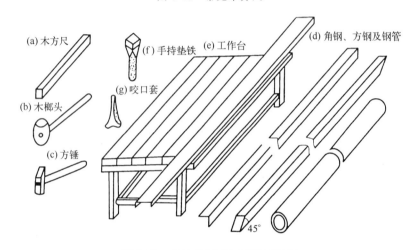

图 3-16 常见的手工加工咬口工具

四、拼装修整

通风管道可将数节构造一致、尺寸相同的通风管道部件借助精确的拼装连接工艺进行紧密拼装，使之融合为一个整体以实现通风换气功能。拼装连接的形式有扣式连接、密封式连接、法兰式连接、无法兰式连接以及单立角咬口连接等多种形式。本方案选择单立角咬口的形式进行拼装加工。

【实践活动】 矩形通风管道的拼接及修整。

【活动情境】 小高完成单节矩形通风管道的制作后，现需要填写工具清单，将加工好的通风管和原破损管道进行替换，拼装，并结合评价标准完成验收工作。

【工具/环境】 木方尺、垫铁/施工现场。

活动实施流程（图 3-17）：

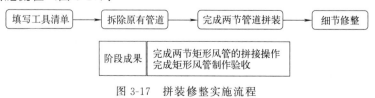

图 3-17 拼装修整实施流程

引导问题 13：简述金属风管之间最常用的连接方式。

引导问题 14：简述共板法连接方式的优点。

引导问题 15：简述法兰弹簧夹连接方式的用途和优点。

填写拼装修整材料工具清单，见表 3-10。

表 3-10 拼装修整材料工具清单

序号	设备及工具名称	规格	单位	数量	备注	是否申领(申领后打√)
1						
2						
3						
4						
5						
6						
7						
8						
9						
10						

填写拼装修整验收评价表，见表 3-11。

表 3-11 拼装修整评价表

评价指标	评价项目	配分	评价标准	得分
专业能力	长度	10	±5mm，1处2分，扣完为止	
	宽度	10	误差±5mm，1处2分，扣完为止	
	高度	10	误差±5mm，1处2分，扣完为止	
	直线度	10	风管整体直线度良好，无扭曲、变形现象，1处不合格扣3分，扣完为止	
	风管间连接	10	咬口紧密，宽度一致，无开裂、脱落现象，1处不合格扣3分，扣完为止	
	表面平整度	10	风管表面平整，无凹凸不平、划伤等现象，1处不合格扣2分，扣完为止	
	材料使用	10	因操作错误额外领取材料1次扣5分，扣完为止	
工作过程	操作规范	10	未能按规范要求选择合适木方尺、乱抛工具等1次扣2分，暴力操作1次扣5分，损坏工具1次扣10分，扣完为止	
	安全操作	10	未正确穿戴使用安全防护用品1次扣5分，未安全使用工具1次扣2分，扣完为止	

续表

评价指标	评价项目	配分	评价标准	得分
工作素养	环境整洁	10	地面随意乱扔工具材料1次扣2分,安装结束未清扫整理工位扣5分,扣完为止	
	工作态度	10	无故迟到早退1次扣2分,旷课1节扣5分,扣完为止	
团队素养	团结协作	10	小组分工不合理扣5分,出现非正常争吵1次扣5分,扣完为止	
	计划组织	10	工作计划不合理扣5分,现场组织混乱扣5分,扣完为止	
情感素养	项目参与	10	不主动参与项目论证1次扣2分,不积极参加实践安装1次扣2分,扣完为止	
	体会反思	10	每天课后填写的学习体会和活动反思缺1次扣2分,扣完为止	

说明：本评价表中最终得分按照表格中得分总和除以配分总和后进行百分制换算。

信息驿站

1. 镀锌风管的连接方式

（1）扣式连接 扣式连接是镀锌风管连接中最常见的一种方式。它依靠的是风管自身的力量作用，将多个风管连接起来。具体操作时，只需要将两个风管的连接口重叠在一起，再用铆钉或螺钉将它们固定住即可。此种连接方式简单方便，且不用额外的密封材料，安装起来也比较容易。

（2）密封式连接 密封式连接比较适用于需要高精度密封的场合，如一些高洁净度要求的场所。它使用三元密封垫材料，将两个连接口之间的三元面进行粘合，从而实现连接的密封。此种连接方式连接口密封性好，不易渗漏，但它的缺点是连接耗时较长。

（3）法兰式连接 法兰式连接是另一种常见的连接方式。它采用法兰板进行连接。风管两端各装一个法兰板，通过螺栓和垫圈将其连接在一起，并在法兰板上加密封胶圈，从而实现风管连接的密封。这种连接方式连接力矩比较大，适用于连接口直径较大的风管，如角钢法兰。

角钢法兰是一种由角钢制成的通风管道连接件。角钢法兰用于连接管道的末端，通常与螺栓和螺母一起使用，通过螺栓将角钢法兰和管道紧密地固定在一起。角钢法兰具有强度高、连接稳固的特点，适用于需要承受较大压力和振动的通风系统。

（4）无法兰连接 如C型插条、法兰弹簧夹、共板法兰等。

① C型插条（图3-18）：C型插条是一种用于连接通风管道的金属条。它通常呈C形，可以插入到管道的连接缝中，通过紧固螺钉或其他方式将管道固定在一起。C型插条连接简单快捷，适用于一些临时或不需要高强度连接的场合。

② 法兰弹簧夹（图3-19）：法兰弹簧夹是一种用于固定法兰连接通风管道的装置。它通常由弹簧和夹片组成，可以夹住法兰边缘并通过弹簧的张力保持连接的紧密性。法兰弹簧夹适用于需要快速安装和拆卸的通风管道连接，它们提供了良好的密封性和紧固性。

③ 共板法兰（图3-20）：是一种不需要额外法兰板的通风管道连接方式。在这种连接方式中，管道的两端通过特殊的加工工艺制成翻边或锁口，然后将两个管道端部直接插接或锁接在一起。这种连接方式省去了法兰板的制作和安装，简化了施工流程，提高

了连接效率。无法兰连接具有密封性好、安装简便的优点,适用于一些对气密性要求较高的通风系统。

图 3-18 C 型插条

图 3-19 法兰弹簧夹

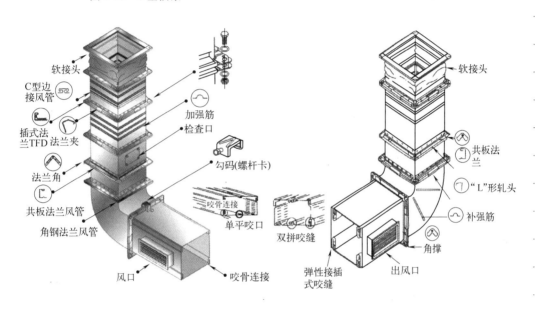

图 3-20 共板法兰

2. 单立咬口

主要适用于圆形弯管或直管的管节咬口,见图 3-21。

3. 风管制作与安装施工

对于风管制作与安装施工,《通风与空调工程施工质量验收规范》(GB 50243—2016)有如下规定。风管板材拼接的咬口缝应错开,不得有十字形拼接缝。中、低压系统风管法兰的螺栓及铆钉孔的孔距不得大于 150mm;高压系统风管不得大于 100mm。矩形风管法兰的四角部应设有螺孔。管道

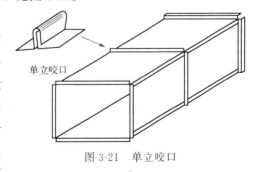

图 3-21 单立咬口

支、吊、托架的构造正确,埋设平整、牢固,排列整齐,采用压制弯头要求与管道同径。

评价反馈

采用多元评价方式,评价由学生自我评价、小组互评、教师评价组成,评价标准、分值及权重如下。

1. 按照前面各任务项目评价表中评价得分填写综合评价表,见表3-12。

表3-12 综合评价表

综合评价	自我评价(30%)	小组互评(40%)	教师评价(30%)	综合得分

2. 学生根据整体任务完成过程中的心得体会和综合评价得分情况进行总结与反思。

(1) 心得体会

学习收获:

存在问题:

(2) 反思改进

自我反思:

改进措施:

项目二　虾壳弯制作

职　业　名　称：建筑设备安装
典型工作任务：虾壳弯制作
建　议　课　时：14课时

设备工程公司派工单

工作任务	虾壳弯制作		
派单部门	实训教学中心	截止日期	
接单人		负责导师	
工单描述	根据派工单位给定的学校食堂排烟管道的施工平面图,结合维修人员在现场了解的原有管道布局等的具体施工条件,进行综合分析,确定施工工序,绘制放样图,选用合适的材料和工具设备完成虾壳弯的替换任务		
任务目标	目标	根据施工平面图,结合现场实际情况,制作虾壳弯并替换	
	关键成果	绘制下料展开图	
		确定加工工序	
		编制工具材料清单	
		完成排烟系统中虾壳弯的制作	
		依据规范标准进行验收评价	
工作职责	识读施工图纸,绘制放样图纸、为后续施工做好铺垫		
	根据不同功能和加工工艺安排科学合理的施工工序		
	结合验收规范进行相关制作		
	结合标准规范进行验收评价		

工作任务

序号	学习任务	任务简介	课时安排	完成后打√
1	识图放样		4	
2	剪切下料		2	
3	卷圆咬口		4	
5	拼装修整		4	

注意事项：
1. 严格按照派工单的内容要求进行项目实践,不得随意更改工作流程。
2. 在完成工作内容后,请进行清单自检,完成请打√。

学生签字：

日期：

模块三 白铁加工基础

背景描述

某学校食堂排烟管道在例行检查中发现一节排烟管道中转弯处虾壳弯（90°弯头）有破损变形情况，需要进行更换。现需要根据技术人员测量绘制的施工平面图纸，结合现场实际情况进行综合分析，确定施工工序，绘制放样图，选用合适的材料和工具设备完成虾壳弯的替换任务。

任务书

【任务分工】 在明确工作任务后，进行分组，填写小组成员学习任务分配表，见表 3-13。

表 3-13 学习任务分配表

班级		组号		指导教师	
组长		任务分工			
组员	学号	任务分工			

学习计划

针对镀锌薄钢板材质的虾壳弯制作的技术要求，梳理出学习流程（图 3-22），并制订实践计划，同学们可依据该计划实施实践活动。

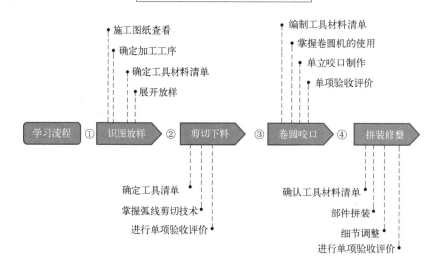

图 3-22 虾壳弯制作学习流程

任务准备

1. 阅读任务书,理解工作计划中的工作要点及工作任务要求。
2. 了解施工技术人员关于通风工作的工作职责。
3. 借助学习网站,查看虾壳弯加工的相关视频、文章及资讯并记录疑点和问题。

任务实施

一、识图放样

准确识读图纸是进行通风管道加工的首要条件,需要通过施工图纸获取食堂的建筑结构尺寸,了解需要更换的那一段排烟管道中虾壳弯的具体尺寸和接口状态,确定虾壳弯的加工工序。图纸放样是虾壳弯制作加工中重要的环节,需要根据加工平面图的尺寸和白铁加工工艺在展开图的基础上绘制出下料放样尺寸,以确保材料的准确使用和成本效益。

【实践活动】 根据施工图纸和施工现场原有条件,确定施工工序,绘制虾壳弯展开图及放样图。

【活动情境】 小高是某设备安装公司施工部门的技术专员,下周要带领施工团队完成某学校食堂排烟管道中损坏的虾壳弯的加工安装。现在需要根据设计部门给定的施工图纸,结合图纸中需要更换的虾壳弯的尺寸、安装位置确定加工安装工序,绘制展开放样图。

【工具/环境】 绘图工具/通风管道实训车间。

活动实施流程(图 3-23):

图 3-23 识图放样实施流程

引导问题 1:虾壳弯又叫虾米弯,其用途是什么?

引导问题 2:虾壳弯的扇区数越大越容易带来什么影响?

引导问题 3:绘制虾壳弯展开图需要哪些参数?

填写虾壳弯制作参数收集表,见表3-14。

展开图的绘制是虾壳弯制作的首要条件,需要通过参数的收集,了解其材质、半径、弯曲半径、节数等,完成展开图的绘制。

表3-14 虾壳弯制作参数收集表

序号	名称	参数	备注
1	镀锌薄钢板厚度 S		
2	外径 D		
3	弯曲半径 R		
4	分区数 N		
5	角度 α		
6	单平咬口(留量 B)		
7	单立咬口(留量 B)		

填写虾壳弯制作所需设备及主材清单表,见表3-15。

表3-15 虾壳弯制作设备及主材清单

序号	设备及主材名称	规格	单位	数量	备注	是否申领(申领后打√)
1						
2						
3						
4						
5						
6						
7						
8						
9						
10						
11						
12						

填写虾壳弯制作工序表,见表3-16。

表3-16 虾壳弯制作工序表

序号	工艺流程内容	备注
1		
2		
3		
4		
5		
6		
7		
8		

虾壳弯展开图绘制。

信息驿站

1. 虾壳弯

（1）概念　**虾壳弯**（图3-24），也被称为虾米弯或弯头，是通风管道系统中用于改变气流方向的一种部件。它的外形类似于虾壳的弯曲形状。虾壳弯在风管系统中起到了关键的作用。

图 3-24　虾壳弯

（2）用途　虾壳弯广泛应用于各种通风管道系统中，如建筑、工业、船舶等领域的空调、通风和排风系统。它能够有效地改变气流的方向，满足系统布局和设计的需求。

（3）特点

① **减小阻力**：虾壳弯的设计能够减小气流通过弯头时的阻力。通过优化弯头的曲率和内部结构，可以降低气流的湍流程度，从而减少能量损失，提高系统的通风效率。

② **降低噪音**：虾壳弯的流线型设计有助于降低气流通过弯头时产生的噪音。相比其他类型的弯头，虾壳弯能够更有效地减少气流冲击和涡流产生的噪声，为室内提供更加宁静的环境。

③ **易于安装**：虾壳弯的结构设计合理，使其在安装过程中更加方便快捷。它可以与风管系统的其他部件轻松连接，减少安装难度和时间成本。

④ **美观实用**：虾壳弯的外观整洁美观，可以提升整个通风管道系统的美观度。同时，它还具有很好的实用性，能够满足各种复杂布局和设计需求。

2. 展开图与放样的关系

（1）**展开图**　是将三维弯头形状展开成二维平面图形的过程。这有助于制造者理解弯头的整体结构，明确每一片铁皮的形状和尺寸。通过展开图，可以精确计算出所需材料的大小和数量，从而优化材料的使用，减少浪费。对于复杂或非标准的弯头设计，展开图提供了一个清晰的模板，帮助制造者避免在直接加工过程中可能犯的错误。

（2）**放样**　是基于展开图进行的，它涉及将展开图中的二维图形转换为实际的铁皮材料上的标记。这一步骤需要高度精确，以确保最终弯头的质量和性能。

在放样过程中，制造者需要考虑材料的物理特性，如厚度和弯曲半径，确保弯头在安装和使用中的稳定性和耐久性。放样也涉及到对加工工具和设备的校准，确保切割和弯曲的精度。

3. 名词解读

（1）**外径、内径、中径**　外径＝内径＋2×壁厚，中径＝内径＋壁厚。

（2）**弯曲半径**　虾壳弯的弯曲半径也叫中心半径，虾壳弯的规格可以很大，其弯曲半径一般为管道直径的1倍左右，不是非常圆顺。弯曲半径不是算出来的，是根据实际需要设计出来的。通常根据设计要求，弯头的弯曲半径取管径的1～2倍，具体因设计要求而定，弯曲半径越大管道通畅度越高。

（3）**弯头分区数**　是弯头弯曲部分的中心线的曲率半径。用来加工弯头的管材外径 D，若 $D=100$mm，那么根据中心线曲率半径 $R=1.5D$，R 就是150mm。

弯曲部分最小和最大曲率半径分别是就是（150－100）÷2 和（150＋100）÷2。

弯头的节数跟弯头的度数有关，90°弯头，若分三节，则有两节 22.5°，一节 45°，若分四节，则有两节 15°，两节 30°。

4. 虾壳弯放样

虾壳弯弯头的画法（以 90°为例，其他角度相同）中需标注的名词如下。

虾壳弯放样时首先要明确有关虾壳弯的名词（图 3-25），要画出虾壳弯，至少要有直径（$\phi 377$）、弯曲半径（$R500$）、弯头角度数（$B=90°$）、弯头节数 4 个参数。

5. 虾壳弯画图步骤

① 以 O 点为起点，先画出弯头角度数 $B=90°$（2 条射线），然后以 O 点为圆心，按弯曲半径画圆弧相交两射线于 A 点和 B 点，再分别按各节角度画射线，如图 3-26。

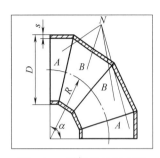

图 3-25　虾壳弯名词对照

S—厚度；D—外径；N—分区数；

R—弯曲半径；α—角度

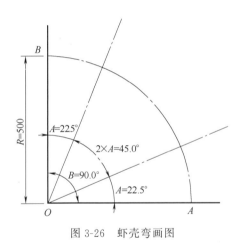

图 3-26　虾壳弯画图

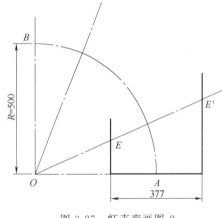

图 3-27　虾壳弯画图-2

第一节的夹角 $A=22.5°$的计算公式：$A=B/2\times(n-1)=90°/2\times(3-1)=22.5°$，其中 n 为节数；

虾壳弯弯头各节的角度不是总角度除以节数，这是错误的，不论多少节的虾壳弯弯头都应这样分节：第一节和最后一节的角度是中间节角度的一半，因此可推导出上面的公式。

② 以 A 点为中点，画出弯头的直径，并在两端点画垂直于直径线的 2 条线；相交于第一节的"节线"于 E 和 E'点，如图 3-27。

③ 同样步骤画出第三节，并连接各个交点，完成弯头的尺寸图，如图 3-28。

④ 如果是 3 节以上的弯头（图 3-29），中间节角度必定是第一节和最后一节角度的 2 倍。然后以 OE 和 OE'为半径截取各个角度的射线，连接各个交点，即可画出完整的虾壳弯弯头。

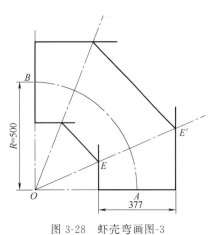

图 3-28 虾壳弯画图-3

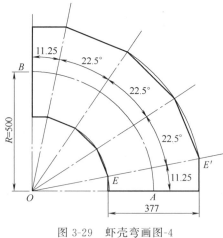

图 3-29 虾壳弯画图-4

6. 展开

展开，通俗讲就是将一个空间面"拍平"为一个平面（图 3-30）。将左面黄线部分的空间曲面"拍平"后成为右边的平面。

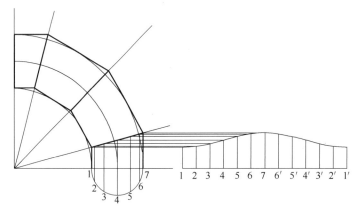

图 3-30 虾壳弯展开图-1

虾壳弯弯头各节经过扭转对齐后可组成一个直管（图 3-31），由于第一节、最后一节是中间节的一半，所以只需展开第一节就可以了。

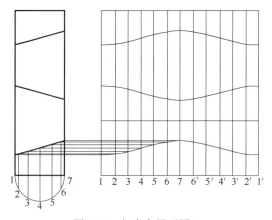

图 3-31 虾壳弯展开图-2

从点 1 处将第一节"剪开""拍平"后，其长度为 377×3.1416＝1184.38，等分为 12 等份（图上只画出一半），向上画 12 条垂直线，其高度从左面第一节各个点量出后，在对应的垂线上截取。平滑连接得到的各个点，完成展开图。

有的放样展开如图 3-32 的形状，其实只是剖切的点不同，图 3-30、图 3-31 的剖切点在第一节的最短处（1 点），图 3-32 的剖切点在点 4 处

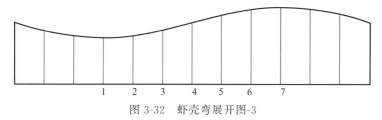

图 3-32　虾壳弯展开图-3

7. 放样

在放样过程中，需要考虑材料的物理特性，如厚度和弯曲半径，确保弯头在安装和使用中的稳定性和耐久性。放样也涉及到对加工工具和设备的校准，确保切割和弯曲的精度。需要将根据实际情况，将咬口余量也绘制其中。放样过程见图 3-33。

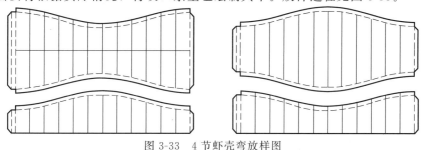

图 3-33　4 节虾壳弯放样图

二、剪切下料

剪切下料是白铁加工工艺中制作虾壳弯的重要工序，需要按照展开放样时所得的加工形状，在板材上进行 1∶1 划线、裁剪的过程，剪切有手剪、电动剪、剪板机等形式。本方案选择手剪形式下料。

【实践活动】　根据施工工序完成虾壳弯材料的剪切下料操作。

【活动情境】　小高在完成展开放样图的绘制后，需要编制材料工具清单，将放样图按照 1∶1 的比例在待加工白铁上进行划线，结合白铁加工工艺中的剪切下料技术，完成材料的剪切下料。

【工具/环境】　加工图纸、划针、白铁手工剪/加工现场。

活动实施流程（图 3-34）：

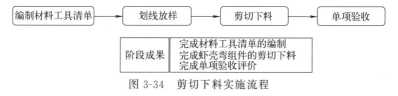

图 3-34　剪切下料实施流程

模块三 白铁加工基础

引导问题 4： 剪切白铁时外圆弧什么情况下顺时针剪切？什么情况下逆时针剪切？

_____

_____

引导问题 5： 木锤和橡胶锤常用的规格有哪些？

_____

_____

引导问题 6： 手工整平的步骤有哪些？

_____

_____

填写剪切下料材料工具清单，见表 3-17。

表 3-17 剪切下料材料工具清单

序号	材料工具名称	规格	单位	数量	备注	是否申领（申领后打√）
1						
2						
3						
4						
5						
6						
7						
8						
9						
10						

填写剪切下料评价表，见表 3-18。

表 3-18 剪切下料评价表

评价指标	评价项目	配分	评价标准	得分
专业能力	下料平面度	10	剪切后的铁皮应保持平整，1处明显的弯曲或变形扣2分，扣完为止	
	划线质量	10	划线不清晰1处扣2分，有断线1处扣1分，线条重叠1处扣1分，扣完为止	
	剪切工艺	10	剪切切口有毛刺1处扣2分，扣完为止	
		10	剪切边缘不流畅，有尖角，1处扣2分，扣完为止	
		10	剪切切口出现扎刀有"豁口"，1处扣2分，扣完为止	
		10	剪切后能看见线条，1处扣1分，扣完为止	
	材料使用	10	因操作错误额外领取材料1次扣5分，扣完为止	
	材料工具清单填写	10	材料工具清单中主材缺失1项扣2分，主要工具缺失1项扣2分，辅材缺失1项扣2分，材料工具数量错误1项扣2分，扣完为止	
工作过程	操作规范	10	未能按规范要求选择合适剪刀、反拿剪刀、乱抛剪刀工具等1次扣2分，暴力操作1次扣5分，损坏工具1次扣10分，扣完为止	
	安全操作	10	未正确穿戴使用安全防护用品1次扣5分，未安全使用工具1次扣5分，扣完为止	

续表

评价指标	评价项目	配分	评价标准	得分
工作素养	环境整洁	10	地面随意乱扔工具材料1次扣2分,安装结束未清扫整理工位扣5分,扣完为止	
	工作态度	10	无故迟到早退1次扣2分,旷课1节扣5分,扣完为止	
团队素养	团结协作	10	小组分工不合理扣5分,出现非正常争吵1次扣5分,扣完为止	
	计划组织	10	工作计划不合理扣5分,现场组织混乱扣5分,扣完为止	
情感素养	项目参与	10	不主动参与项目论证1次扣2分,不积极参加实践安装1次扣2分,扣完为止	
	体会反思	10	每天课后填写的学习体会和活动反思缺1次扣2分,扣完为止	

说明:本评价表中最终得分按照表格中得分总和除以配分总和后进行百分制换算。

信息驿站

1. 白铁皮的特点

白铁皮指的是一种较硬但较薄的金属材料板,通常用于制作工业设备和车辆的表面。由于其较硬的特性,需要使用适合的剪刀进行切割。

2. 适合剪刀的选择

对于白铁皮来说,一般需要使用硬度较高的剪刀才能够轻易地将其切割。以下是几种适合的剪刀类型。

(1) **手工铁剪**　手工铁剪是一种适用于切割薄金属板的工具,其刀口呈直角,能够提供较好的力量。

(2) **草剪**　草剪是一种典型的园艺工具,但是也可以用于切割剪刀白铁皮。草剪有两个不同尺寸的刀口,可以轻松地让双手穿过铁皮进行切割。

(3) **剪切机**　如果需要切割大量的白铁皮,直接使用剪切机是最为适合的。剪切机具有直角刀口和高强度的压力,可以轻松地切割牢固的板材。

3. 注意事项

在使用剪刀时,需要注意以下几点。

(1) **保持剪刀干燥和清洁**　剪刀的生锈和污渍会严重影响其功能和使用寿命,因此需要定期清洁,保持干燥。

(2) **使用安全**　剪刀是一种锋利的工具,在使用过程中要注意安全。在使用前要检查剪刀刃口是否损坏,以免造成危险。

(3) **合理存放**　剪刀在存放时,应该避免与其他硬物接触。长时间的挤压或摩擦会影响剪刀的使用寿命。

(4) **剪切的过程中需要注意控制好剪切的角度和深度**　确保剪切出的白铁皮边缘平整,无毛刺。

4. 剪切方向

剪切外圆弧时应顺时针方向,剪切内圆弧线时应逆时针方向(图3-35)。

5. 材料整平基本步骤

使用木锤整平白铁皮的技巧在于温和且均匀地敲打,以避免对材料造成损伤。具体

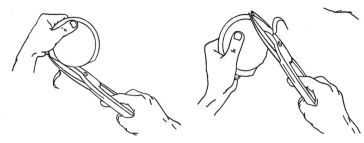

图 3-35 顺时针、逆时针剪切外圆弧

步骤如下。

（1）**准备工作** 在开始之前，确保工作台和铁皮表面清洁，以免有杂质或碎片影响整平效果。

（2）**定位凹凸处** 检查白铁皮的凹凸不平部位，这通常可以通过肉眼观察或用手摸的方式来确定。

（3）**轻敲整平** 使用木锤轻轻敲击这些凹凸部位。木锤相比铁锤更柔和，可以减少对白铁皮表面的伤害。同时，力度要均匀一致，避免局部过度敲击导致变形。

（4）**逐步过渡** 从凸起的最高点开始，逐渐向周围平坦区域过渡，以确保整体平整度。

（5）**反复检查** 在整平过程中，不断检查铁皮的平整度，直到达到满意的效果为止。

6. 材料整平操作要点

（1）**保持耐心** 整平是一个需要耐心的过程，不要急于求成，否则可能会适得其反。

（2）**保护好自己** 在使用任何工具时，安全都是第一位的。确保佩戴适当的防护装备，如手套、护目镜等。

（3）**练习提高** 如果是第一次使用木锤整平白铁皮，可能需要一些时间来熟悉工具和控制力度。多练习可以提高技巧和效率。

（4）**利用其他工具辅助** 如果有必要，可以使用其他工具如橡胶锤或铁工铲等辅助整平，以达到更好的效果。

（5）**保持工具良好状态** 确保木锤本身保持良好的状态，头部无损坏，这样可以确保工作效率和效果。

（6）**了解材料特性** 不同的金属材料有不同的硬度和弹性，了解白铁皮的特性可以帮助更好地控制整平过程。

7. 整平工具

常见整平工具见图 3-36。

（1）**木锤** 规格一般通过锤头直径来确定，常见规格有 45、55、65、75、85、95（mm）。

（2）**橡胶锤** 规格一般通过锤头重量来确定，常见规格有 1.8kg、2.3kg、2.7kg、3.6kg、4.5kg、5.4kg、6.3kg、7.2kg、8.1kg。

图 3-36 木锤、橡胶锤

三、卷圆咬口加工

卷圆咬口加工是白铁加工中制作圆形管道、弯头、圆桶、罐或者其他圆形器具等部件的重要环节，需要根据设计的半径尺寸将需要加工的材料通过机械、人工的形式卷成圆筒状，并采用单平咬口、双平咬口等形式进行咬口连接。本方案选用手工卷圆机卷圆和单平咬口的形式进行加工制作。

【实践活动】 完成虾壳弯板材卷圆以及各部件咬口加工。

【活动情境】 小高在完成虾壳弯剪切下料后，需通过机械或手工方法，将板材卷制成圆筒状，采用单平咬口形式完成虾壳弯各部件制作，按照相关规范进行单项制作验收。

【工具/环境】 卷圆机、木方尺/通风管道实训室。

活动实施流程（图 3-37）。

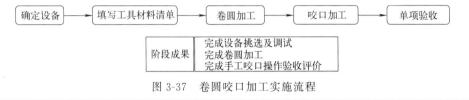

图 3-37 卷圆咬口加工实施流程

引导问题 7：手动卷圆机的工作原理是什么？描述手动卷圆机的基本构造及其如何将金属板材弯曲成圆管状的详细过程。

引导问题 8：手工卷圆时，为什么需要反复多次、小角度卷圆？

引导问题 9：简述使用卷圆机卷圆时的安全注意事项。

引导问题 10：单平咬口的使用范围是什么？虾壳弯端节和中节使用什么咬口连接？

引导问题 11：简述单平咬口加工注意事项。

模块三 白铁加工基础

笔记

填写虾壳弯卷圆咬口加工材料工具清单，见表3-19。

表3-19 虾壳弯卷圆咬口加工材料工具清单

序号	材料工具名称	规格	单位	数量	备注	是否申领(申领后打√)
1						
2						
3						
4						
5						
6						
7						
8						
9						
10						

填写虾壳弯卷圆咬口评价表，见表3-20。

表3-20 虾壳弯卷圆咬口评价表

评价指标	评价项目	配分	评价标准	得分
专业能力	严密性	10	咬口缝有缝隙，1处扣1分，扣完为止	
	咬口宽度	10	咬口宽度±5mm，超过误差1mm，扣1分，扣完为止	
	角度	10	折角平直，1处弯曲扣2分，扣完为止	
	圆弧	10	圆弧均匀圆滑，有"死弯"角，1处扣2分，扣完为止	
	平行度	10	两端面平行，两端尺寸误差±5mm，得5分	
	扭曲变形	10	无明显扭曲和翘角得5分	
	平整度	10	表面平整，凹凸不大于10mm得5分	
	无损伤	10	镀锌层无破损，1处破损扣3分，扣完为止	
	牢固度性	10	咬口牢固不松动，1处松动扣3分，扣完为止	
	材料使用	10	因操作错误额外领取材料1次扣5分	
工作过程	操作规范	10	未能按规范要求选择合适木方尺、乱抛工具等1次扣2分，暴力操作1次扣5分，损坏工具1次扣10分，扣完为止	
	安全操作	10	未正确穿戴使用安全防护用品1次扣5分，未安全使用工具1次扣5分，扣完为止	
工作素养	环境整洁	10	地面随意乱扔工具材料1次扣2分，安装结束未清扫整理工位扣5分，扣完为止	
	工作态度	10	无故迟到早退1次扣2分，旷课1节扣5分，扣完为止	
团队素养	团结协作	10	小组分工不合理扣5分，出现非正常争吵1次扣5分，扣完为止	
	计划组织	10	工作计划不合理扣5分，现场组织混乱扣5分，扣完为止	
情感素养	项目参与	10	不主动参与项目论证1次扣2分，不积极参加实践安装1次扣2分，扣完为止	
	体会反思	10	每天课后填写的学习体会和活动反思缺1次扣2分，扣完为止	

说明：本评价表中最终得分按照表格中得分总和除以配分总和后进行百分制换算。

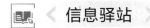
信息驿站

1. 手动卷圆机操作

手动卷圆机操作见图3-38。

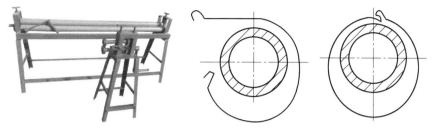

图 3-38 卷圆机操作

(1) 准备工作

① **检查设备**：确保三辊卷板机处于良好状态，所有操作部件正常工作。

② **材料准备**：根据需要卷圆的直径和长度，准备相应尺寸的金属板材。材料应清洁、无锈蚀，并符合所需的厚度和宽度。

③ **安全检查**：佩戴必要的个人防护装备，如安全眼镜、手套等，并确保工作区域安全。

(2) 操作步骤

① **调整辊轮**：根据板材的厚度和所需的卷圆半径，调整上辊和下辊的位置。通常，上辊可以上下移动，下辊可以左右移动。

② **放置板材**：将金属板材放置在上、下辊之间，确保板材的一端对齐辊轮的中心线。

③ **初次卷圆**：启动卷板机，缓慢转动上辊，使板材逐渐弯曲。在初次卷圆时，板材的一端会开始形成圆弧。

④ **调整和继续卷圆**：随着板材的弯曲，可能需要调整辊轮的位置，以确保板材均匀地卷成所需的圆筒形状。继续缓慢转动上辊，直到板材完全卷成圆筒。

⑤ **校正和精整**：卷圆完成后，检查圆筒的形状和尺寸是否准确。如有必要，进行校正和精整，以确保最终产品的质量。

⑥ **咬口处理**：如果需要，对卷好的圆筒进行咬口处理，以便于后续的连接和焊接。

(3) 注意事项

① **操作速度**：卷圆过程中，操作速度不宜过快，以免造成材料变形或损坏。

② **均匀卷圆**：确保板材在卷圆过程中均匀受力，避免局部过度弯曲或变形。

③ **安全操作**：在整个操作过程中，要时刻注意安全，避免手或其他身体部位靠近运动的部件。

2. 虾壳弯端节、中节卷圆

虾壳弯由若干个带斜截面的直管段组成，由两个端节及若干个中节组成，端节为中节的一半，根据中节数的多少，虾壳弯分为单节、两节、三节等。节数越多，弯头的外观越圆滑，对介质的阻力越小，但制作越困难。见图 3-39。

单个的端节或中节由一张镀锌白铁皮卷圆而成，接口处采用咬口连接。咬口连接是将两块需相互接合的板材用手工和机械方法折成能互相咬合的各种钩形，钩挂后压紧打实折边以形成咬合的一种连接方式。

用机械或手工的方法先将端节和中节单平咬口加工好,然后卷圆咬合,最后加工单立咬口的单双边。

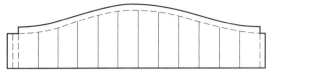

图 3-39 虾壳弯端节、中节卷圆

3. 咬口宽度

常见咬口宽度见表 3-21。

表 3-21 常见咬口宽度

板厚 δ/mm	平咬口宽度 B/mm	角咬口宽度 B/mm
<0.7	6~8	6~7
0.7~0.82	8~10	7~8
0.9~1.2	10~12	9~10

4. 咬口余量

咬口余量的大小与咬口的宽度、重叠层数有关,单平咬口、单立咬口、单角咬口总余量为咬口宽度 B 的 3 倍(3B),其中一块板材余量为咬口宽度 B,另一块余量为咬口宽度的 2 倍(2B)。联合咬口总余量为咬口宽度 B 的 4 倍(4B),其中一块板材余量为咬口宽度 B,另一块余量为咬口宽度的 3 倍(3B)。

5. 单平咬口的加工步骤

见图 3-40。

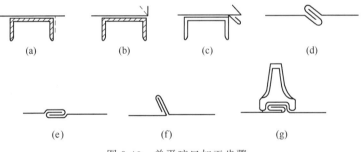

图 3-40 单平咬口加工步骤

① 利用木方尺,将伸出的铁皮拍打至 90°,如图 3-40(a)所示。
② 翻转铁皮,利用木方尺将铁皮由 90°拍打成 45°,如图 3-40(b)所示。
③ 将咬口伸出钢棱边一个咬口宽度再加 3mm 左右的宽度,用木方尺拍打成如图 3-40(c)所示的夹角(约 140°)。
④ 用相同的方法加工另一块板材,然后将两块板材互相挂钩,如图 3-40(d)所示。
⑤ 用木方尺将咬口拍实至咬口严密平直为止,如图 3-40(e)所示。
⑥ 有时为了使风管的内表面平整,常把一块板材加工成图 3-40(b)所示的折边,另一块板材加工成图 3-40(c)所示的折边,组合成图 3-40(f),最后用木方尺打实、打平,如图 3-40(g)所示。

四、拼装修整

虾壳弯的拼装修整是由一对虾壳弯端节、数个中节借助精确的拼装连接工艺进行紧密拼装，使之融合为一个整体以实现通风换气功能，拼装连接的形式有单立咬口、双立咬口等形式。本方案选择单立咬口形式进行拼装加工。

【实践活动】 完成虾壳弯组装、修整。

【活动情境】 小高在完成了虾壳弯端节、中节的加工后，需要进行组对咬合这一最关键的拼装工作，经过修整，完成虾壳弯的制作，并按照规范要求完成验收评价工作。

【工具/环境】 钣金锤、垫铁/施工现场。

活动实施流程（图3-41）：

图3-41 虾壳弯的拼装修整实施流程

引导问题12：虾壳弯端节和中节采用什么方式连接？

_____

_____

引导问题13：圆形风管单立咬口錾边失圆怎么处理？

_____

_____

引导问题14：单、双折边宽度如何确定？

_____

_____

填写虾壳弯拼装修整所需设备及主材清单表，见表3-22。

表3-22 虾壳弯拼装修整设备及主材清单

序号	设备及主材名称	规格	单位	数量	备注	是否申领（申领后打√）
1						
2						
3						
4						
5						
6						
7						
8						

笔记

填写虾壳弯制作评价表，见表3-23。

表3-23 虾壳弯评价表

评价指标	评价项目	配分	评价标准	得分
专业能力	长度	10	±5mm，1处扣2分，扣完为止	
	宽度	10	±5mm，1处扣2分，扣完为止	
	高度	10	±5mm，1处扣2分，扣完为止	
	直线度	10	虾壳弯直线度良好，无扭曲、变形现象，1处不合格扣3分，扣完为止。	
	风管间连接	10	咬口紧密，宽度一致，无开裂、脱落现象，1处不合格扣3分，扣完为止	
	表面平整度	10	风管表面平整，无凹凸不平、划伤等现象，1处不合格扣2分，扣完为止	
	材料使用	10	因操作错误额外领取材料1次扣5分，扣完为止	
工作过程	操作规范	10	未能按规范要求选择合适木方尺、乱抛工具等1次扣2分，暴力操作1次扣5分，损坏工具1次扣10分，扣完为止	
	安全操作	10	未正确穿戴使用安全防护用品1次扣5分，未安全使用工具1次扣2分，扣完为止	
工作素养	环境整洁	10	地面随意乱扔工具材料1次扣2分，安装结束未清扫整理工位扣5分，扣完为止	
	工作态度	10	无故迟到早退1次扣2分，旷课1节扣5分，扣完为止	
团队素养	团结协作	10	小组分工不合理扣5分，出现非正常争吵1次扣5分，扣完为止	
	计划组织	10	工作计划不合理扣5分，现场组织混乱扣5分，扣完为止	
情感素养	项目参与	10	不主动参与项目论证1次扣2分，不积极参加实践安装1次扣2分，扣完为止	
	体会反思	10	每天课后填写的学习体会和活动反思缺1次扣2分，扣完为止	

说明：本评价表中最终得分按照表格中得分总和除以配分总和后进行百分制换算。

信息驿站

1. 咬口余量

单、双折边宽度的确定，由于加工单、双折边需要用钣金锤加以錾折，故板材均会产生塑性形变，出现一定的伸展量。因此，单、双折边的余量都不能直接采用一倍或两倍咬口宽度，而应以上表为参照，根据板的厚度确定咬口宽度，再参考此表确定单、双折边宽度。咬口余量见表3-24。

表3-24 咬口余量

咬口宽度/mm	单边/mm	双边/mm
6	5	10
8	7	14
10	8	17

2. 单立咬口

一般情况下咬口翻边示意见图3-42。具体操作时（图3-43）按照单、双边咬口余量分别在两个圆管端划线。将被加工管端放置在型钢端头，使折线与型钢棱重合，用钣金锤的窄面均匀敲打使板材延展,同时徐徐地转动圆管,使整个圆周均匀錾出一道折印,再逐步地錾折三遍。錾折单、双边时,挥锤力量一定要均匀,转动圆管速度要合适,使板材延展率基本一致。只有这样,圆管口才会基本不失圆。用钣金锤窄面錾边时,一定要先将外缘展开,不能只錾折线处,否则就会使折线处延展,而外缘没有延展,錾折过程中咬口就会产生张裂现象。

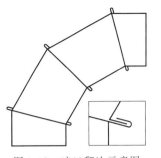

图 3-42 咬口翻边示意图

一般在第一、二遍錾边时易发生失圆现象,錾折过程中应随时修整,待第二道边錾折后,椭圆度应较小。当用方锤将折边錾平成直角后,无法再修圆。錾折双折边是在单折边上回折一半。咬合时,将单折边管端放入双折边管端内,用方锤在型钢上将两个管件紧密连接,即构成单立咬口。

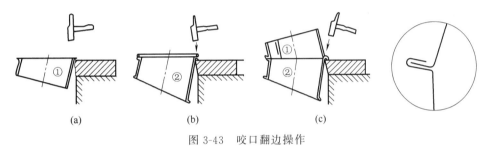

图 3-43 咬口翻边操作

评价反馈

采用多元评价方式,评价由学生自我评价、小组互评、教师评价组成,评价标准、分值及权重如下。

1. 按照前面各任务项目评价表中评价得分填写综合评价表,见表 3-25。

表 3-25 综合评价表

综合评价	自我评价(30%)	小组互评(40%)	教师评价(30%)	综合得分

2. 学生根据整体任务完成过程中的心得体会和综合评价得分情况进行总结与反思。

(1) 心得体会

学习收获:_____

笔记

存在问题：

(2) 反思改进

自我反思：

改进措施：

模块四
管道设备安装

项目一　喷淋消防系统末端管道安装

职 业 名 称：建筑设备安装
典型工作任务：喷淋消防系统末端管道安装
建议教学课时：30课时

设备工程公司派工单

工作任务	喷淋消防系统末端管道安装			
派单部门	实训教学中心		截止日期	
接单人			负责导师	
工单描述	根据派工单位给定的学校电动车充电站喷淋消防系统中一段末端管道安装平面施工图,结合施工员勘查施工现场所了解的原有管道布局等的具体施工条件,科学合理地进行可能需要的施工图变更,确定施工安装工序,选择合适的材料和工具完成系统安装,结合施工验收规范进行验收评价			
任务目标	目标	根据施工图纸,结合施工现场实际条件,选择合适的工具材料完成喷淋消防系统中一段末端管道的安装		
	关键成果	识读施工图纸		
		确定施工工序		
		完成喷淋消防系统一段末端管道的安装		
		依据规范标准进行验收评价		
工作职责	识读施工图纸,为后续施工做好铺垫			
	根据不同功能和加工工艺安排科学合理的施工工序			
	结合施工验收规范进行相关设备和管道的安装			
	结合规范标准进行验收评价			
工作任务				
序号	学习任务	任务简介	课时安排	完成后打√
1	图纸识读		4	
2	末端水平管道安装		10	
3	末端垂直支管安装		8	
4	喷淋头安装		4	
5	系统试压检漏		4	

注意事项：
1. 严格按照派工单的内容要求进行项目实践,不得随意更改工作流程。
2. 在完成工作内容后,请进行清单自检,完成请打√。

学生签字：

日期：

背景描述

某学校电动车集中充电站出于安全考虑，计划邀请专业公司设计安装一套自动喷淋消防系统用于防范意外火灾的发生。现需要根据设计师和学校后勤管理部门协商后所绘制的施工平面图，结合电动车充电站的实际布局、原有施工人员安装消防系统主管路所预留的末端支管接口等条件进行综合分析，确定需要完成的一段带有三个喷淋头的消防末端管路系统安装任务的施工工序，选用合适的材料和工具完成安装验收。

任务书

【任务分工】 在明确工作任务后，进行分组，填写小组成员学习任务分配表，见表4-1。

表 4-1 学习任务分配表

班级		组号		指导教师	
组长		任务分工			
组员	学号	任务分工			

学习计划

针对喷淋消防系统末端安装任务中的技术要求，梳理出学习流程（图4-1），并制订实践计划，可依据该计划实施实践活动。

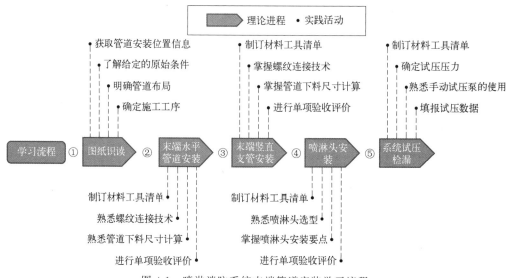

图 4-1 喷淋消防系统末端管道安装学习流程

任务准备

1. 阅读任务书，理解工作计划中的工作要点及工作任务要求。
2. 了解施工技术人员关于消防管道系统安装的工作职责。

3. 借助学习网站,查看自动喷淋消防管道系统安装的相关视频、文章及资讯并记录疑点和问题。

任务实施

一、图纸识读

准确识读图纸是开展喷淋消防系统末端管道安装的首要条件,需要通过图纸获取电动车充电站的建筑结构尺寸,了解充电站中喷淋消防主管道系统的安装情况以及预留末端管道接口状态,结合图纸中喷淋系统末端管道的设计位置确定安装工序。

> 【实践活动】 根据施工图纸和施工现场原有条件,确定施工工序。
> 【活动情境】 小高是某设备安装公司施工部门的技术专员,下周要带领施工团队完成某学校充电站喷淋消防系统中一段喷淋末端管道的安装。现在需要根据设计部门给定的施工图纸,结合图纸中喷淋系统末端管道的设计位置确定安装工序。
> 【工具/环境】 施工图纸/施工现场。
> 活动实施流程(图 4-2):
>
>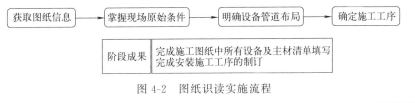
>
> 图 4-2 图纸识读实施流程

引导问题 1:管道工程中尺寸标注有哪些形式?
_____
_____

引导问题 2:从施工图纸可以识读出哪些有效的工程数据?
_____
_____

引导问题 3:建筑给排水施工图包含哪些内容?
_____
_____

填写喷淋消防系统末端管道安装所需设备及主材清单表,见表 4-2。

表 4-2 喷淋消防系统末端管道安装设备及主材清单

序号	设备及主材名称	规格	单位	数量	备注	是否申领(申领后打√)
1						
2						
3						
4						
5						
6						
7						

续表

序号	设备及主材名称	规格	单位	数量	备注	是否申领(申领后打√)
8						
9						
10						
11						
12						

填写喷淋消防系统末端管道安装施工工序表,见表 4-3。

表 4-3 喷淋消防系统末端管道安装施工工序表

序号	工艺流程内容	备注
1		
2		
3		
4		
5		
6		
7		
8		

抄绘安装施工图。

信息驿站

1. 镀锌钢管

镀锌钢管是表面有热浸镀或电镀锌层的焊接钢管。镀锌可增加钢管的抗腐蚀能力，延长使用寿命。镀锌管的用途很广，除作输水、煤气、油等一般低压力流体的管线管外，还用作石油工业特别是海洋油田的油井管、输油管，化工焦化设备的油加热器、冷凝冷却器、煤馏洗油交换器用管，以及栈桥管桩、矿山坑道的支撑架用管等。

热镀锌管是使熔融金属与铁基体反应而产生合金层，从而使基体和镀层二者相结合。热镀锌是先将钢管进行酸洗，为了去除钢管表面的氧化铁，酸洗后，在氯化铵或氯化锌水溶液或氯化铵和氯化锌混合水溶液的槽中进行清洗，然后送入热浸镀槽中。热镀锌具有镀层均匀，附着力强，使用寿命长等优点。热镀锌钢管基体与熔融的镀液发生复杂的物理、化学反应，形成耐腐蚀的结构紧密的锌-铁合金层。合金层与纯锌层、钢管基体融为一体，故其耐腐蚀能力强。

冷镀锌管就是电镀锌层与钢管基体独立分层。锌层较薄，锌层简单附着在钢管基体上，容易脱落，故其耐腐蚀性能差。在新建住宅中，禁止使用冷镀锌钢管作为给水管。

2. 管道管径

（1）De、DN、D、d、Φ 的含义　De（external diameter）主要是指管道的外径，像 PVC、PE、PPR、PERT 管等的外径，一般采用 De 来标注，均需要标注成外径×壁厚的形式，例 $De25mm\times3mm$。

DN（nominal diameter）是指管道的公称直径，既不是外径，也不是内径，而是近似普通钢管内径的一个名义尺寸。每一公称直径，对应一个外径，其内径数值随厚度不同而不同。同一公称直径的管道与管路附件均能相互连接，具有互换性。像输送水、煤气、采暖用的钢管（镀锌钢管或非镀锌钢管）、铸铁管、钢塑复合管等管材，应标注公称直径"DN"，如 $DN15$、$DN50$。

D 一般指管道内径。

d 一般指混凝土管内直径。钢筋混凝土（或混凝土）管、陶土管、耐酸陶瓷管、缸瓦管等管材，管径宜以内径 d 表示（如 $d230$、$d380$ 等）。

Φ 表示普通圆的直径，也可表示管材的外径，但此时应在其后乘以壁厚。如：$\Phi25\times3$，表示外径 25mm，壁厚为 3mm 的管材。对无缝钢管或有色金属管道，应标注"外径×壁厚"。例如 $\Phi108\times4$，Φ 可省略。中国、ISO 和日本部分钢管标准采用壁厚尺寸表示钢管壁厚系列。对这类钢管规格的表示方法为管外径×壁厚。例如 $\Phi60.5\times3.8$。

（2）管径的表述方式　水、煤气输送管钢管（镀锌或非镀锌）、铸铁管等管材，应标注公称直径"DN"（如 $DN15$、$DN50$）。

焊接钢管（直缝或螺旋缝）、钢管、不锈钢管等管材，管径宜以外径×壁厚表示（如 $De108\times4$、$De159\times4.5$ 等）。

无缝钢管或有色金属管道，应标注"外径×壁厚"。例如 $\Phi108\times4$，Φ 可省略。

钢筋混凝土（或混凝土）管、陶土管、耐酸陶瓷管、缸瓦管等管材，管径宜以内径 d 表示（如 $d230$、$d380$ 等）

塑料管材,管径宜按产品标准的方法表示,一般以外径居多。

(3) **常用管材公称直径与外径对照** 见表 4-4。

表 4-4 常用管材公称直径与外径对照表　　单位：mm

序号	镀锌钢管(DN)	UPVC 管(De)	PPR 管(De)	PB 管(De)	铝塑管(De)	HDPE 管(De)
1	15		20	20	20	
2	20		25	25	25	
3	25		32	32	32	
4	32		40	40	40	
5	40		50	50	50	
6	50	50	63	63	63	50
7	65		75	75	75	75
8	80	75	90	90	90	
9	100	110	100	100	100	110
10	125					
11	150	160				160

3. 管道标注

(1) **管道标高** 如图 4-3 所示。

室内标高一般标注的是相对标高,即相对正负零的标高。标高一般情况下是以"m"为计量单位的,写至小数点后面第三位。标高按标注位置分为顶标高、中心标高、底标高。图纸没有特别说明,一般情况下给水管标注的是管道中心标高,排水管标注的是管道底标高。

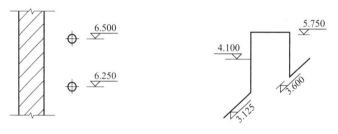

图 4-3 管道标高

(2) **管径标注** 如图 4-4 所示。

图 4-4 管径标注

(3) **管路编号** 在总平面图中,当给排水附属构筑物的数量超过 1 个时,宜进行编号。编号方法为构筑物代号－编号。给水构筑物的编号顺序宜为从水源到干管,再从干管到支管,最后到用户。排水构筑物的编号顺序宜从上游到下游,先干管后支管。

4. 建筑给排水施工图

建筑给排水施工图一般由图纸目录、主要设备材料表、设计说明、图例、平面图、系统图（轴测图）、施工详图等组成。

(1) **平面布置图** 给排水平面图主要表达给水、排水、消防管线和设备的平面布置情况。根据建筑规划，在设计图纸中，用水设备的种类、数量、位置，均要作出给水、排水、消防平面布置。各种功能管道、管道附件、卫生器具、用水设备，如消火栓箱、喷头等，均应用各种图例表示。各种横干管、立管、支管的管径、坡度等，均应标出。

平面图上管道都用单线绘出，沿墙敷设时不注管道距墙面的距离。

(2) **系统图** 也称轴测图，其绘法取水平、轴测、垂直方向，完全与平面布置图比例相同。系统图上应标明管道的管径、坡度，标出支管与立管的连接处，以及管道各种附件的安装标高，标高的±0.00应与建筑图一致。系统图上各种立管的编号应与平面布置图相一致。系统图均应按给水、排水、热水等各系统单独绘制，以便于施工安装和概预算应用。

(3) **施工详图** 平面布置图、系统图中局部构造因受图面比例限制而表达不完善或无法表达的，为使施工概预算及施工不出现失误，必须绘出施工详图。通用施工详图系列，如卫生器具安装、排水检查井、雨水检查井、阀门井、水表井、局部污水处理构筑物等，均有各种施工标准图，施工详图宜首先采用标准图。

绘制施工详图的比例以能清楚绘出构造为根据选用。施工详图应尽量详细注明尺寸，不应以比例代替尺寸。

(4) **设计施工说明及主要材料设备表** 用工程绘图无法表达清楚的给水、排水、热水、雨水等管材以及防腐、防冻、防露的做法，或难以表达的诸如管道连接、固定、竣工验收要求及施工中特殊情况技术处理措施，或施工方法要求必须严格遵守的技术规程、规定等，可在图纸中用文字写出设计施工说明。工程选用的主要材料及设备表，应列明材料类别、规格、数量，设备品种和主要尺寸。

二、末端水平管道安装

喷淋消防系统末端水平管道是指连接消防水平干管与竖直支管的一段水平管道，主要为喷淋头提供水源。喷淋消防末端水平管道一般使用大于等于$DN15$的镀锌钢管，采取螺纹连接的形式进行安装，需要根据消防水平干管预留的支管接口位置、设计图纸中消防末端管道以及喷淋头的安装位置确定管道走向，参考施工规范进行安装施工。

【实践活动】 根据施工图纸和消防系统中水平干管预留的末端支管接口位置完成水平管道安装。

【活动情境】 小高在识读施工图纸后，需要根据消防水平干管预留的支管接口的位置、设计图纸中消防末端管道以及喷淋头的安装位置确定管道走向，填写材料工具清单，带领施工人员进行水平管道系统安装，并按照施工验收规范进行验收评价。

【工具/环境】 施工图纸、镀锌钢管、套丝工具/施工现场。

活动实施流程（图4-5）：

图4-5 末端水平管道安装实施流程

引导问题 4：镀锌钢管手工套丝操作的基本步骤有哪些？

_____

_____

引导问题 5：镀锌钢管套丝时容易出现哪些丝扣质量问题？

_____

_____

引导问题 6：镀锌钢管丝扣连接的常用管件有哪些？

_____

填写末端水平管道安装材料工具清单，见表 4-5。

表 4-5 末端水平管道安装材料工具清单

序号	材料工具名称	规格	单位	数量	备注	是否申领（申领后打√）
1						
2						
3						
4						
5						
6						
7						
8						
9						
10						

填写末端水平管道安装评价表，见表 4-6。

表 4-6 末端水平管道安装评价表

评价指标	评价项目	配分	评价标准	得分
专业能力	关键尺寸 1	10	尺寸≤±2mm 得 10 分,尺寸≤±5mm 得 5 分	
	关键尺寸 2	10	尺寸≤±2mm 得 10 分,尺寸≤±5mm 得 5 分	
	关键尺寸 3	10	尺寸≤±2mm 得 10 分,尺寸≤±5mm 得 5 分	
	关键尺寸 4	10	尺寸≤±2mm 得 10 分,尺寸≤±5mm 得 5 分	
	铰扳使用	10	不能够正确更换调整板牙扣 5 分,不能够调整合适的标盘尺寸扣 5 分,螺纹出现断丝、乱丝等 1 处扣 2 分,扣完为止	
	台虎钳使用	10	正确使用台虎钳,工作过程中管道出现松动 1 次扣 2 分,扣完为止	
	螺纹质量	10	管道安装成品中螺纹外露 2~3 处丝扣,1 处不合格扣 2 分,扣完为止	
	生料带清理	10	螺纹处生料带清理不干净 1 处扣 2 分,扣完为止	
	管道表面	10	管道表面 1 处严重划痕扣 2 分,1 处中等划痕扣 1 分,扣完为止	
	横平竖直	10	管道水平度超过 3°扣 5 分,扣完为止	
	材料使用	10	因操作错误额外领取材料 1 次扣 5 分,领取 1 个辅材扣 2 分,扣完为止	
	材料工具清单填写	30	材料工具清单中主材缺失 1 项扣 5 分,主要工具缺失 1 项扣 5 分,辅材缺失 1 项扣 2 分,材料工具数量错误 1 项扣 2 分,扣完为止	

续表

评价指标	评价项目	配分	评价标准	得分
工作过程	操作规范	10	管道切割没有画标记线1次扣2分,螺纹连接没有使用生料带1次扣10分,暴力操作1次扣5分,损坏工具1次扣10分,扣完为止	
	安全操作	10	未正确穿戴使用安全防护用品1次扣5分,未安全使用工具1次扣5分,扣完为止	
工作素养	环境整洁	10	地面随意乱扔工具材料1次扣2分,安装结束未清扫整理工位扣5分,扣完为止	
	工作态度	10	无故迟到早退1次扣2分,旷课1节扣5分,扣完为止	
团队素养	团结协作	10	小组分工不合理扣5分,出现非正常争吵1次扣5分,扣完为止	
	计划组织	10	工作计划不合理扣5分,现场组织混乱扣5分,扣完为止	
情感素养	项目参与	10	不主动参与项目论证1次扣2分,不积极参加实践安装1次扣2分,扣完为止	
	体会反思	10	每天课后填写的学习体会和活动反思缺1次扣2分,扣完为止	

说明:本评价表中最终得分按照表格中得分总和除以配分总和后进行百分制换算。

信息驿站

1. 镀锌钢管加工工具

(1) **龙门钳** 龙门钳主要作用是夹持钢管,以便对钢管进行切割、套丝等加工。龙门钳分为带有三条支腿的整体式(图4-6)和需要固定在工作台上的分体式(图4-7)两种。

龙门钳的规格一般以所能夹持的钢管的公称直径范围进行划分,具体规格见表4-7。

表4-7 龙门钳规格

规格(号数)	1	2	3	4
钢管公称直径 DN/mm	10~73	10~89	10~113	10~165

(2) **管道割刀** 管道割刀是主要用于切割管壁厚度不超过5mm的金属管道以及塑料管道、复合管道的一种手工操作工具。由切割滚轮、压紧滚轮、滑动支座、滑道、螺杆、螺母和把手等组成,如图4-8所示。

图4-6 整体式龙门钳

图4-7 分体式龙门钳

图4-8 管道割刀

使用割刀时，可以转动管道手柄至恰好能够套进管道的外壁处，并将切割滚轮对准预先划好的切割标记线，然后顺时针适度转动手柄，同时紧握手柄绕管道旋转，边转动边旋转，直至将管道割开。

（3）**管钳** 管钳也称牙钳、喉钳，通常用于钢管的螺纹连接中，用于拧紧或者拆除管道和连接件的丝扣，如图4-9所示。

管钳的规格以它的全长尺寸划分，每一种规划的管钳钳口能够在一定的尺寸范围内调节。常用的规格及使用范围见表4-8。

图4-9 管钳

表4-8 管钳常用规格及使用范围

规格(管钳全长)/mm	适用范围	
	钳口宽度/mm	适用管径范围/mm
200(8英寸)	25	15～20
250(10英寸)	30	20～25
300(12英寸)	30	25～30
350(13英寸)	35	30～35
500(18英寸)	60	40～50

使用时，根据管道或管件的大小调整好钳口的宽度，然后将其卡在管道或管件上，让钳口锯齿状的表面咬紧管道表面，再向把手均匀缓慢用力，直到管道或者管件旋转。

（4）**手动套丝铰扳** 重型114型铰扳（图4-10）是管道施工中最常见的一种手动套丝工具。其所使用的板牙可以更换，可以使用三种不同规格的板牙，每种板牙可以加工两种不同尺寸规格的钢管。通过更换板牙、调整加工尺寸可以对六种不同公称直径的管道进行套丝。重型114型铰扳使用的板牙及所能够加工的外丝种类见表4-9。

图4-10 重型114型铰扳

表4-9 重型114型铰扳使用的板牙及所能够加工的外丝种类

板牙加工螺纹规格序号	公称直径DN/mm	英制尺寸/in
第1组	DN15	1/2
	DN20	3/4
第2组	DN25	1
	DN32	1¼
第3组	DN40	1½
	DN50	2

常用的手动套丝铰扳除了上述重型114型铰扳外，还有一种棘轮式套丝板（也称固定套丝板）（图4-11），其小巧轻便，易于携带。同时由于规格固定，更换板牙方便快捷，免去调节松紧操作的麻烦，对于小口径的管道套丝效率更高。

2. 套丝操作步骤

① 在选定的管材上标记切割线，并将其夹持在龙门钳中（管台钳），使得划线位置伸出台虎钳约 150mm，保证管道呈水平状态，使用管道割刀进行切割。

② 松开铰扳的板牙松紧把手，将套丝板板盘归零，按照顺序号安装好板牙，将板盘对准所需刻度，并拧紧板牙松紧把手。

图 4-11 棘轮式套丝板

③ 松开标盘固定把手，推动活动标盘，使其表面的标记位置按所加工管道的公称直径对准固定标盘上的刻度值后锁定标盘固定把手。

④ 旋转后卡爪手柄使得三个后爪回缩，将套丝板轻轻套入管道，再次反方向旋转后卡爪手柄使三个后爪伸出夹住管道，确保其松紧适中。

⑤ 左手推动套丝板，右手顺时针转动铰扳手柄，逐渐带上 2～3 扣。

⑥ 站在侧面握住套丝板手柄，均匀用力地按顺时针方向连续转动。为了润滑和冷却板牙，要间断地向切削位置滴入机油。

⑦ 当丝扣即将套成时，轻轻松开松紧把手，旋转后卡爪手柄，使三个后卡爪松开钢管，退出铰扳。

3. 套丝质量缺陷

（1）**螺纹不正** 其产生的主要原因是套丝铰扳卡子未卡紧，手动套丝时两臂用力不均匀以及管道端头切割不正等。

（2）**断丝缺扣** 其产生的主要原因是由于套丝时板牙进刀量太大、板牙质量不好以及清除铁渣不及时等。

（3）**乱丝细丝** 其产生的主要原因是板牙安装时顺序错乱、板牙间隙太大、二次套丝未对准等。

4. 常用填料

螺纹连接的两连接面间一般要加填充材料，填充材料有填充螺纹间的空隙以增加管螺纹接口的严密性以及保护螺纹表面不被腐蚀两个作用。

（1）**生料带** 又称水胶布、生胶带、科学名称聚四氟乙烯带。由于其无毒、无味，有着优良的密封性、绝缘性、耐腐蚀性以及具有韧性好、纵向强度高、横向易变形的特点，被广泛应用于水处理、天然气、化工、塑料、电子工程等领域，是液体管道安装中常用的一种辅助用品，用于管件连接处，增强管道连接处的密闭性。

（2）**麻丝** 是一种常见的密封管道螺纹接口的材料，通常是由天然麻绳或人造纤维制成。其特点是质地柔软，易于搓合，密封效果好，但使用寿命有一定限制。一般是配合厚白漆一起使用。

5. 常用镀锌钢管管件

常用镀锌钢管管件见图 4-12。

（1）**管箍** 管箍为一段短管，其两端的连接口均为内螺纹，可以与管道端部的外螺纹相配合。管箍通常在两根管道需要对接时使用，或者管道末端出现内丝接口时使用。管箍按照两个内螺纹口直径的不同可以分为等径管箍和异径管箍两种。

(2) **弯头** 弯头两端口径一致的称为等径弯头，用于连接两根管径相同的管道。弯头两端口径不一致的称为异径弯头，用于连接两根管径不同的管道。弯头根据弯曲角度的不同可以分为90°弯头、45°弯头等。

(3) **三通** 三通主要用于一根管道需要连接另外一根与之相垂直的管道或者一根管道中间需要设置一个开口安装水龙头、压力表等情况。一般情况下三通的三个端口均为内丝接口。当三个接口口径一致时称为等径三通。在一条直线上的两个端口一致，与之垂直的第三个端口较小的称之为异径三通。

(4) **四通** 四通主要用于同一平面上两根互相垂直管道的交叉连接。四通根据四个端口口径尺寸分为等径四通和异径四通两种。

(5) **过桥弯** 过桥弯也称为抱弯，两端口为内丝口，一般用于同一平面内出现两根不同管道交叉，需要互相避让的情况。

(6) **丝堵** 丝堵是管道末端进行封堵时使用的管件，也称为堵头。堵头的表面为外丝，一般与管箍、弯头等配合使用。与之作用类似的管件是管帽，可以直接与管道的外螺纹配合用于封堵管道末端。

(7) **补芯** 补芯为一个同时具有内丝和外丝两层丝扣，并有一个六角帽作为夹持的管件。一般与三通、弯头、管箍等配合使用，用于连接两个不同管径的管道或者安装水龙头、压力表等附件。

(8) **活接头** 活接头，又叫由壬或由任，是一种能方便安装拆卸的常用管道连接件，主要由螺母、云头、平接三部分组成。螺纹活接头使管道的连接变得更简单，拆卸更换也更容易，大大节省了管道连接的成本。

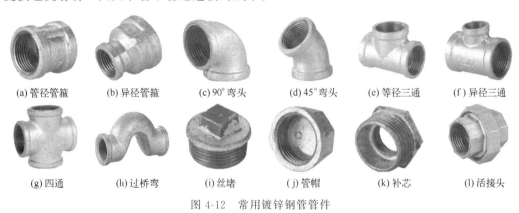

(a) 管径管箍　　(b) 异径管箍　　(c) 90°弯头　　(d) 45°弯头　　(e) 等径三通　　(f) 异径三通

(g) 四通　　(h) 过桥弯　　(i) 丝堵　　(j) 管帽　　(k) 补芯　　(l) 活接头

图 4-12　常用镀锌钢管管件

三、末端垂直支管安装

喷淋消防系统末端垂直支管是指连接末端水平管道和喷淋头之间的一段管道，一般与水平支管垂直。末端垂直支管选用 $DN15$ 的镀锌钢管，采用螺纹连接的形式进行安装。需要施工人员根据施工图纸，结合施工现场实际建筑结构和后续建筑顶部装修的实际需要确定末端垂直支管的实际走向及喷淋头的安装标高，参照施工规范进行末端垂直支管的安装。

项目一 喷淋消防系统末端管道安装

【实践活动】 根据施工图纸和喷淋头位置完成末端垂直支管安装。

【活动情境】 小高在完成喷淋消防系统末端水平管道安装后,需要施工人员根据施工图纸,结合施工现场实际建筑结构和后续建筑顶部装修的实际需要,确定末端垂直支管走向和具体尺寸,填写材料工具清单,带领施工人员进行管道安装,并按照施工验收规范进行验收评价。

【工具/环境】 施工图纸、镀锌钢管、套丝工具/施工现场。

活动实施流程(图4-13):

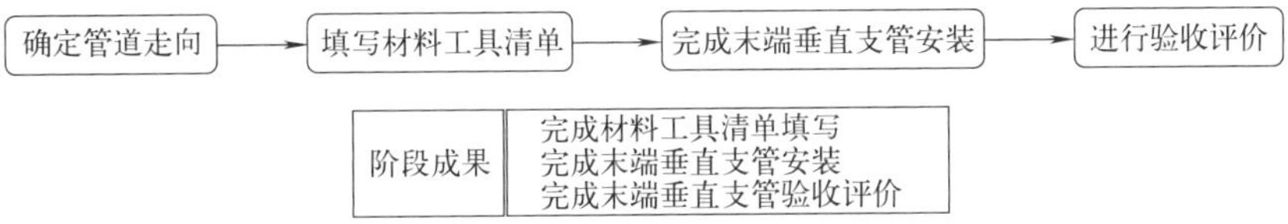

确定管道走向 → 填写材料工具清单 → 完成末端垂直支管安装 → 进行验收评价

| 阶段成果 | 完成材料工具清单填写
完成末端垂直支管安装
完成末端垂直支管验收评价 |

图4-13 末端垂直支管安装实施流程

引导问题7:如何计算镀锌钢管安装的下料尺寸?

引导问题8:使用生料带做填料时有哪些注意事项?

引导问题9:简要说出机械套丝的操作步骤。

填写末端垂直支管安装材料工具清单,见表4-10。

表4-10 末端垂直支管安装材料工具清单

序号	材料工具名称	规格	单位	数量	备注	是否申领(申领后打√)
1						
2						
3						
4						
5						
6						
7						
8						
9						

填写末端垂直支管安装评价表,见表4-11。

表4-11 末端垂直支管安装评价表

评价指标	评价项目	配分	评价标准	得分
专业能力	关键尺寸1	10	尺寸≤±2mm得10分,尺寸≤±5mm得5分	
	关键尺寸2	10	尺寸≤±2mm得10分,尺寸≤±5mm得5分	

续表

评价指标	评价项目	配分	评价标准	得分
专业能力	关键尺寸3	10	尺寸≤±2mm得10分,尺寸≤±5mm得5分	
	关键尺寸4	10	尺寸≤±2mm得10分,尺寸≤±5mm得5分	
	机械套丝机	10	不能够准确调整机械套丝机扣5分,不能够正确使用机械套丝机扣5分,扣完为止	
	填料填充	10	缠绕生料带操作不规范1次扣2分,扣完为止	
	螺纹质量	10	管道安装成品中螺纹外露2~3处丝扣,1处不合格扣2分,扣完为止	
	生料带清理	10	螺纹处生料带清理不干净1处扣2分,扣完为止	
	管道表面	10	管道表面1处严重划痕扣2分,1处中等划痕扣1分,扣完为止	
	横平竖直	10	管道垂直度超过3°,1处扣5分,扣完为止	
	材料使用	10	因操作错误额外领取材料1次扣5分,领取1次辅材扣2分,扣完为止	
	材料工具清单填写	30	材料工具清单中主材缺失1项扣5分,主要工具缺失1项扣5分,辅材缺失1项扣2分,材料工具数量错误1项扣2分,扣完为止	
工作过程	操作规范	10	管道切割没有画标记线1次扣2分,螺纹连接没有使用生料带1次扣10分,暴力操作1次扣5分,损坏工具1次扣10分,以上扣完为止	
	安全操作	10	未正确穿戴使用安全防护用品1次扣5分,未安全使用工具1次扣2分,扣完为止	
工作素养	环境整洁	10	地面随意乱扔工具材料1次扣2分,安装结束未清扫整理工位扣5分,扣完为止	
	工作态度	10	无故迟到早退1次扣2分,旷课1节扣5分,扣完为止	
团队素养	团结协作	10	小组分工不合理扣5分,出现非正常争吵1次扣5分,扣完为止	
	计划组织	10	工作计划不合理扣5分,现场组织混乱扣5分,扣完为止	
情感素养	项目参与	10	不主动参与项目论证1次扣2分,不积极参加实践安装1次扣2分,扣完为止	
	体会反思	10	每天课后填写的学习体会和活动反思缺1次扣2分,扣完为止	

说明:本评价表中最终得分按照表格中得分总和除以配分总和后进行百分制换算。

信息驿站

1. 下料计算

两管件(或阀门)中心线之间的长度称为**构造长度**(L),管段中管道的实际长度称为**下料长度**(S)。下料计算见图4-14。

将两管件(或阀门)按构造长度(L)摆在相应的位置,测出两管件(或阀门)端面间的距离(A或B),然后加上管道拧入两管件(或阀门)的长度(图4-14中a、b、b'、c)即为所需的管子实际下料长度。

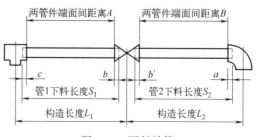

图4-14 下料计算

实际下料长度 $S_1 = A + c + b$

实际下料长度 $S_2 = B + a + b'$

管道拧入管件的螺纹长度见表 4-12。施工时因管道直径及螺纹的松紧不同，具体拧入长度与表中数值会有出入。

表 4-12 管道拧入管件的螺纹长度

管道公称直径		螺纹最大长度/mm		管件内螺纹长度/mm
DN/mm	in	一般连接	长螺纹连接	
15	1/2	14	45	12
20	3/4	16	50	13.5
25	1	18	55	15
32	1¼	20	65	17
40	1½	22	70	19
50	2	24	75	21

2. 填料操作要点

① 连接前清除外螺纹管端上的污染物、铁屑等，根据输送的介质、施工成本选择合适的填料。

② 当选用水胶布或麻丝时，应注意缠绕的方向必须与管道（或内螺纹）的拧入方向相反（或人对着管口时沿顺时针方向）。缠绕量要适中，过少起不了密封作用，过多则造成浪费，缠绕前在螺纹上涂上一层铅油可以较好地保护螺纹不锈蚀。

③ 缠绕（或涂抹）填料后，先用手将管道（或管件、阀门等）拧入连接件中 2～3 圈，再用管钳等工具拧紧。如果是三通、弯头、直通之类的管件拧劲可稍大，但阀门等控制件拧劲不可过大，否则极易将其胀裂。

④ 连接好的部位一般不要回退，否则容易引起渗漏。

3. 电动套丝机

（1）**结构组成** 电动套丝机可进行管道的切断、套丝和扩口。不同厂家、不同规格的机器在结构和外观上会略有不同，但主要的功能是一样的。见图 4-15。

（2）**操作注意事项**

① 机器必须安放稳固，以确保机器不会翻倒伤人。

② 必须使用有接地的三芯电源插座和插头，现场电源与机器标牌上指明的电源一致；维修机器时应断开电源。

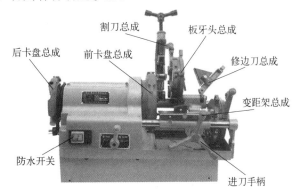

图 4-15 电动套丝机

③ 每天开机前先检查油箱中的润滑油是否足够，并用油壶给机身上的两个油孔注入 3～4 滴机油以润滑主轴。

④ 严禁戴手套操作机器，头发长的操作者应戴上工作帽，操作时避免穿太宽松的衣服。

⑤ 不可在潮湿的环境或雨中作业。

(3) 操作方法

① 管道的装夹和拆卸。在进行管道切断、扩口、套丝操作前，必须将管道先夹紧在套丝机上，操作完毕再把管道拆卸下来。

a. 松开前后卡盘，从后卡盘一端将管道穿入（管道较短时也可从前卡盘穿入）使管道伸出适当的长度。

b. 用右手抓住管道，使管道大约处于三个卡爪的中心，用左手朝身体方向转动捶击盘捶击直至将管道夹紧（也可在夹住管道后，换用右手转动捶击盘将管道夹紧），若管道较长还需旋紧后卡盘。

c. 拆卸管道时，朝相反方向转动捶击盘和后夹盘。

② 管道切断方法如下。

a. 若板牙头、倒角器、割刀器不在空闲位置，则将它们扳起至空闲位置。

b. 按前述方法将管道夹紧在卡盘上。

c. 放下割刀器，用手拉动割刀器手柄使管道位于割刀与滚子之间，若割刀器开度太小，则转动割刀器手柄增大其开度。

d. 转动滑架手轮移动割刀器，使割刀刃对准需切断的位置，并转动割刀器手柄使割刀与管道接触。

e. 启动机器，用双手同时转动割刀器手柄使割刀切入管道直至切断为止。转动割刀器手柄的力不能过猛，否则将会造成割刀崩刃和管道变形。

f. 完成切断后，反方向转动割刀器手柄增大其开度，并将割刀器扳至空闲位置。若无须进行其他操作，则关闭机器，拆下管道。

③ 管端扩口操作方法。一般情况下管道切断后接着对管口进行倒角扩口。

a. 扳下倒角器至工作位置，将倒角杆推向管口，转动倒角杆手柄使其上的销子卡进槽内。

b. 启动机器，转动滑架手轮将倒角器的刀口压向管口，将管口内因切断时受挤压缩小的部分切去并倒出一小角。

c. 完成倒角后，转动滑架手轮使倒角器的刀口离开管口，转动倒角杆手柄使其上的销子从槽内退出，同时拉出倒角杆，将倒角器扳起至空闲位置，接着进行套丝（或停机）。

④ 套丝操作如下。

a. 检查板牙头上所装的板牙及所调的位置是否与管道大小相符，丝长控制盘的刻度是否与管道大小相对应，否则需要先调整好。

b. 放下板牙头使滚子与仿形块接触。

c. 启动机器，转动滑架手轮将板牙头压向管口直至板牙头在管道上套出 2～3 扣螺纹后松手，此时机器自动套丝。当板牙头的滚子超过仿形块时，板牙头会自动落下而张开板牙，结束套丝。

d. 停机，退回滑架直至整个板牙头全部退出管道，然后一手拉出板牙头锁紧销，一手扳起板牙头至空闲位置。

4. 链钳

链钳（图 4-16）主要运用于大口径管道、圆柱形设备的连接安装。当施工场地受限制用张开式管钳旋转不开时，如在地沟中操作或所安装的管道离墙面较近时，也使用链钳。高空作业时采用链钳较安全，便于操作。

链钳的使用方法是把链条穿过管道并箍紧管道后卡在链钳另一侧上，转动手柄使管道转动即可拧紧或松开管道的连接。

图 4-16　链钳

四、喷淋头安装

喷淋头是发生火灾时消防水可以均匀洒出，对一定区域的火势起到控制的部件，是喷淋消防灭火系统中比较重要的组成部分。一般分为下垂型洒水喷头、直立型洒水喷头、边墙型洒水喷头等。本方案选用下垂型和直立型两种喷头，采用螺纹连接的方式进行安装。需要根据设计图纸中喷淋头的安装位置，参考已安装的喷淋末端垂直支管实际安装位置以及施工规范进行安装施工，并进行安装验收评价。

【实践活动】　根据施工图纸上标定的位置完成喷淋头的安装。

【活动情境】　小高在完成消防末端垂直支管安装后，需要按照施工图中喷淋头的安装位置，参考已安装的喷淋末端垂直支管实际安装位置，确定喷淋头安装步骤，填写材料工具清单，带领施工人员进行喷淋头安装，并按照施工验收规范进行验收评价。

【工具/环境】　施工图纸、喷淋头/施工现场。

活动实施流程（图 4-17）：

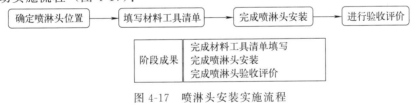

图 4-17　喷淋头安装实施流程

引导问题 10：常见的喷淋头有哪些类型？

_____

_____

引导问题 11：喷淋头的安装需要考虑哪些要素？

_____

_____

引导问题 12：喷淋头安装的基本步骤有哪些？

_____

_____

填写喷淋头安装材料工具清单，见表 4-13。

表 4-13 喷淋头安装材料工具清单

序号	材料工具名称	规格	单位	数量	备注	是否申领（申领后打√）
1						
2						
3						
4						
5						
6						
7						
8						
9						
10						

填写喷淋头安装评价表，见表 4-14。

表 4-14 喷淋头安装评价表

评价指标	评价项目	配分	评价标准	得分
专业能力	关键尺寸 1	10	尺寸≤±2mm 得 10 分，尺寸≤±5mm 得 5 分	
	关键尺寸 2	10	尺寸≤±2mm 得 10 分，尺寸≤±5mm 得 5 分	
	关键尺寸 3	10	尺寸≤±2mm 得 10 分，尺寸≤±5mm 得 5 分	
	关键尺寸 4	10	尺寸≤±2mm 得 10 分，尺寸≤±5mm 得 5 分	
	喷淋头选型	10	喷淋头选型错误 1 处扣 5 分，扣完为止	
	管道清洗	10	安装喷淋头前没有进行管道清洗扣 10 分	
	喷淋头安装	10	喷淋头安装垂直，出水口垂直向上或者向下，1 处不达标扣 5 分，扣完为止	
	生料带清理	10	喷淋头螺纹处生料带清理不干净 1 处扣 5 分，扣完为止	
	成品保护	10	喷淋头表面 1 处严重划痕扣 10 分，1 处中等划痕扣 5 分，扣完为止	
	横平竖直	10	喷淋头垂直度超过 1°扣 5 分，扣完为止	
	材料使用	10	因操作错误额外领取材料 1 次扣 5 分，扣完为止	
	材料工具清单填写	30	材料工具清单中主材缺失 1 项扣 5 分，主要工具缺失 1 项扣 5 分，辅材缺失 1 项扣 2 分，材料工具数量错误 1 项扣 2 分，扣完为止	
工作过程	操作规范	10	喷淋头螺纹连接没有使用生料带 1 次扣 10 分，暴力操作 1 次扣 5 分，损坏工具 1 次扣 10 分，以上全扣完为止	
	安全操作	10	未正确穿戴使用安全防护用品 1 次扣 5 分，未安全使用工具 1 次扣 2 分，扣完为止	
工作素养	环境整洁	10	地面随意乱扔工具材料 1 次扣 1 分，安装结束未清扫整理工位扣 5 分，扣完为止	
	工作态度	10	无故迟到或早退 1 次扣 2 分，旷课 1 节扣 2 分，扣完为止	
团队素养	团结协作	10	小组分工不合理扣 5 分，出现非正常争吵 1 次扣 5 分，扣完为止	
	计划组织	10	工作计划不合理扣 5 分，现场组织混乱扣 5 分，扣完为止	
情感素养	项目参与	10	不主动参与项目论证 1 次扣 2 分，不积极参加实践安装 1 次扣 2 分，扣完为止	
	体会反思	10	每天课后填写的学习体会和活动反思缺 1 次扣 2 分，扣完为止	

说明：本评价表中最终得分按照表格中得分总和除以配分总和后进行百分制换算。

信息驿站

1. 喷淋头

喷淋头结构（图 4-18）主要包括洒水器、充液的热敏玻璃球、水管塞子和水管等。其中，热敏玻璃球中存放着煤油、乙醚等溶液。各类颜色温度为红色 68℃、黄色 79℃、绿色 93℃、蓝色 141℃，而红色则是人们生活中最常用的喷淋头。

一般情况下，消防喷头安装在墙壁或天花板上，与充满压力的水网管道相连，或者沿着管道安装个别喷头，以保护它们下面的区域。其工作原理是发生火灾时，喷头中的玻璃球受到高温后，内部的液体就会开始膨胀，当超过了设定的膨胀温度后，液体就会将玻璃球挤破。水管里的水就会流出灭火。喷头在火焰上方持续喷水，在大多数情况下会完全浇灭火源，或者至少控制热量，限制有毒烟雾的产生，直到消防队到达。

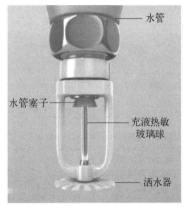

图 4-18　喷淋头结构

2. 喷淋头类型

喷淋头类型见图 4-19。

（1）**下垂型**　下垂型喷头是使用最广泛的一种喷头，下垂安装于末端支管上，洒水的形状为抛物体型，将总水量的 80%～100% 喷向地面。

（2）**直立型**　直立型喷头直立安装在末端支管上，洒水形状为抛物体型，将总水量的 80%～100% 向下喷洒，同时还有一部分喷向吊顶。适宜安装在移动物较多，易发生撞击的场所如仓库，还可以暗装在房间吊顶夹层中的屋顶处以保护易燃物较多的吊顶顶棚。

（3）**边墙型**　边墙型喷头靠墙安装，适用于空间布管较难的场所，主要用于办公室、门厅、休息室、走廊、客房等建筑物的轻危险部位。

（4）**暗装型**　暗装型喷淋头适用于高档酒店、住宅、剧院等需要保证天花板具有平整整洁效果的地方。隐蔽式喷淋的盖子是用易熔金属焊接在螺纹上的，熔化点是 57℃。在发生火灾时，温度上升先使盖子脱落，温度再上升至 68℃ 时，一般喷淋头的玻璃管易爆裂，水流喷出。

(a) 下垂型　　　　(b) 直立型　　　　(c) 边墙型　　　　(d) 暗装型

图 4-19　喷淋头类型

3. 喷淋头安装尺寸

喷淋头安装尺寸见图 4-20。

① 直立型喷头安装距楼板顶部距离为规范要求的 75～150mm。

② 有吊顶的下垂型喷头安装喷头根部应与吊顶平齐，下喷头与水平支管之间的长度不宜超过 150mm。

③ 边墙型喷头安装离墙距离为 50～100mm。

④ 无吊顶时设置上喷头，有吊顶时设置下喷头。当吊顶上方闷顶的净空高度超过 800mm，且其内部有可燃物时，要求设置上喷头。

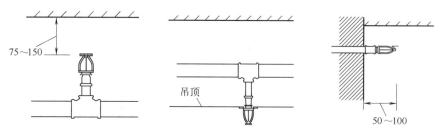

图 4-20　喷淋头安装尺寸

⑤ 喷头在系统冲洗试压合格后安装。

⑥ 当喷淋末端垂直支管高度大于 1000mm 时，应设横向加强支架。

⑦ 喷淋系统末端水平管应采用梯形防晃支架，末端支架与末端垂直支管之间的距离为 400mm。

⑧ 当梁、通风管道、排管、桥架宽度大于 1.2m 时，增设的喷头应安装在其腹面以下部位。

4. 安装步骤

在安装喷淋头之前，需要准备好所需的工具和材料，包括扳手、生料带等。

① 喷淋头螺纹段缠绕适量生料带。

② 将喷淋头顺时针旋入末端支管。

③ 用扳手拧紧喷淋头。

④ 调整喷淋头角度使之达到平直标准。

五、系统试压检漏

消防喷淋系统末端安装结束后需要选择合适的试压设备进行管道系统试压检漏，以保障后期运行的安全性。本方案选用手动试压泵，按照消防工程安装技术规范的要求对所安装的喷淋消防系统末端进行试压检漏。

【实践活动】　根据技术规范完成喷淋消防系统末端管道试压检漏。

【活动情境】　小高在完成喷淋头安装后，需要选用手动试压泵按照消防工程安装技术规范的要求对所安装的喷淋消防系统末端进行试压检漏，以消除系统后期运行的安全隐患。

【工具/环境】　施工图纸、手动试压泵/施工现场。

活动实施流程（图 4-21）：

项目一 喷淋消防系统末端管道安装

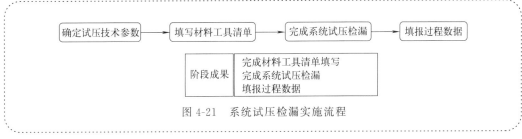

图 4-21 系统试压检漏实施流程

引导问题 13：喷淋消防系统试压压力一般取值是多少？

引导问题 14：管道试压的基本操作步骤是什么？

引导问题 15：手动试压泵的操作注意事项有哪些？

填写系统试压检漏材料工具清单，见表 4-15。

表 4-15 系统试压检漏材料工具清单

序号	材料工具名称	规格	单位	数量	备注	是否申领（申领后打√）
1						
2						
3						
4						
5						
6						
7						
8						
9						
10						
11						
12						

填写消防管道水压试验记录表，见表 4-16。

表 4-16 消防管道水压试验记录表

工程名称				试验日期		___年__月__日
试验地址						
管道编号				管道位置		
管道材质				连接方式		
工作压力		___MPa		试验压力		___MPa
允许压降		___MPa		试压设备		
试验方法	注水法	次数	开始保压时间	保压结束时间	保压时长	是否合格
		1				
		2				
		3				
管道外观						
试压结论						
参加单位				监理单位		
参加人员姓名				施工方		

填写系统试压检漏评价表，见表 4-17。

表 4-17 系统试压检漏评价表

评价指标	评价项目	配分	评价标准	得分
专业能力	试压泵连接	10	准确组装试压泵各个部件，做到连接紧密、软管不缠绕。错误1处扣5分，扣完为止	
	试压压力	10	试压压力选择错误扣10分	
	数据记录	10	数据记录错误1处扣3分，扣完为止	
	泄漏处置	20	出现泄漏后不能够正确处置扣20分，操作不规范1次扣10分，扣完为止	
	材料使用	10	因操作错误额外领取材料1次扣5分，扣完为止	
	材料工具清单填写	30	材料工具清单中主材缺失1项扣5分，主要工具缺失1项扣5分，辅材缺失1项扣2分，材料工具数量错误1项扣2分，扣完为止	
工作过程	操作规范	10	试压泵须均匀下压，暴力操作1次扣5分，损坏工具1次扣10分，以上扣完为止	
	安全操作	10	未正确穿戴使用安全防护用品1次扣5分，未安全使用工具1次扣2分，扣完为止	
工作素养	环境整洁	10	地面随意乱扔工具材料1次扣2分，安装结束未清扫整理工位扣5分，扣完为止	
	工作态度	10	无故迟到早退1次扣2分，旷课1节扣5分，扣完为止	
团队素养	团结协作	10	小组分工不合理扣5分，出现非正常争吵1次扣5分，扣完为止	
	计划组织	10	工作计划不合理扣5分，现场组织混乱扣5分，扣完为止	
情感素养	项目参与	10	不主动参与项目论证1次扣2分，不积极参加实践安装1次扣2分，扣完为止	
	体会反思	10	每天课后填写的学习体会和活动反思缺1次扣2分，扣完为止	

说明：本评价表中最终得分按照表格中得分总和除以配分总和后进行百分制换算。

信息驿站

1. 技术规范

（1）消火栓系统为设计工作压力的 1.5 倍。

（2）喷淋系统设计压力小于或等于 1.0MPa 时试验压力为 1.5 倍（不得低于 1.4MPa），设计压力高于 1.0MPa 时试压压力为工作压力加 0.4MPa。

（3）强度试验为 30 分钟应无渗漏、无变形且压力降不大于 0.05MPa。

（4）严密性试验为设计压力 24 小时无渗漏，即为合格。

2. 试压泵

试压水泵用于各类压力容器、锅炉、管道、阀门、钢瓶、消防器材进行水压试验。有手动试压泵（图 4-22）和电动试压泵（图 4-23）两类。

（1）**手动试压泵** 是由水箱、水箱盖、吸水管、吸入阀、泵体、柱塞、手柄、压力表、排出阀、泄荷阀等组成。

手动试压泵工作原理是柱塞通过手柄上提时，泵体内产生真空，进水阀开启，水经进水滤网、进水管进入泵体。手柄施力下压时进水阀关闭，出水阀顶开，输出压力水，并进入被测器件。如此往复进行工作，直到达到规定压力的试压。

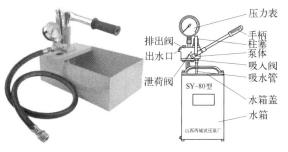

图 4-22 手动试压泵　　　　图 4-23 电动试压泵

（2）**电动试压泵**　由泵体、开关、压力表、水箱、电机等组成，图 4-22 属于往复式柱塞泵，电机驱动柱塞，带动滑块运动进而将水注入被试压物体，使压力逐渐上升以达到试压压力。

3. 试压步骤

（1）**连接试压泵**　试压泵通过连接软管从室内给水管道较低的管道出水口接入室内给水管道系统。

（2）**向管道注水**　打开进户总水阀向室内给水管系统注水，同时打开试压泵卸压开关，待管道内注满水并通过试压泵水箱注满水后，立即关闭进户总水阀和试压泵卸压开关。

（3）**向管道加压**　按动试压泵手柄向室内给水管系统加压，至试压泵压力表指示压力达到试验压力时停止加压。

（4）**排出管道空气**　缓慢拧松各出水口堵头，待听到空气排出或有水喷出时立即拧紧堵头。

（5）**继续向管道加压**　再次操作试压泵手柄向室内给水管系统加压，至试压泵压力表指示压力达到试验压力时停止加压。然后按规定的检验方法完成室内给水管系统压力试验。

（6）**试压结束**　试验完成后，打开试压泵卸压开关卸去管道内压力。

评价反馈

采用多元评价方式，评价由学生自我评价、小组互评、教师评价组成，评价标准、分值及权重如下。

1. 按照前面各任务项目评价表中评价得分填写综合评价表，见表 4-18。

表 4-18　综合评价表

综合评价	自我评价（30%）	小组互评（40%）	教师评价（30%）	综合得分

2. 学生根据整体任务完成过程中的心得体会和综合评价得分情况进行总结与反思。

（1）心得体会

学习收获：

存在问题：

(2) 反思改进

自我反思：

改进措施：

项目二　家庭卫浴系统安装

职　业　名　称：建筑设备安装
典型工作任务：家庭卫浴系统安装
建议教学课时：30 课时

设备工程公司派工单

工作任务	家庭卫浴系统安装		
派单部门	实训教学中心	截止日期	
接单人		负责导师	
工单描述	根据派工单位给定的某家庭卫生间卫浴系统安装平面施工图，结合施工员勘查施工现场所了解的原有管道布局等的具体条件，科学合理地完成可能需要的施工图变更，确定施工安装工序，选择合适的材料和工具完成系统安装，结合施工验收规范进行验收评价		
任务目标	目标	根据施工图纸，结合施工现场实际条件完成一套具有冷热水供应、能够满足家庭功能需求的卫生间卫浴系统安装	
	关键成果	识读施工图纸	
		确定施工工序	
		完成管道及卫浴设备安装	
		依据规范标准进行验收评价	
工作职责	识读施工图纸，为后续施工做好铺垫		
	根据不同功能和加工工艺安排科学合理的施工工序		
	结合验收施工规范进行相关设备和管道的安装		
	结合标准规范进行验收评价		

工作任务

序号	学习任务	任务简介	课时安排	完成后打√
1	图纸识读		4	
2	冷水管道安装		8	
3	生活热水管道安装		6	
4	洗脸盆安装		4	
5	淋浴器安装		4	
6	坐便器安装		4	

注意事项：

1. 严格按照派工单的内容要求进行项目实践，不得随意更改工作流程。
2. 在完成工作内容后，请进行清单自检，完成请打√。

学生签字：

日期：

模块四 管道设备安装

背景描述

某家庭需要在卫生间里安装洗脸盆、淋浴器和坐便器，并且洗脸盆和淋浴器需要有冷热水供应，以满足日常生活中的卫生洗漱等基本需求。现需要根据设计师和业主协商后绘制的施工平面图，结合客户家庭卫生间实际平面布局、冷热水管的预设位置进行综合分析，确定施工工序，选用合适的材料和工具完成系统安装。

任务书

【任务分工】 在明确工作任务后，将学生进行分组，填写小组成员学习任务分配表，见表4-19。

表4-19 学习任务分配表

班级		组号		指导教师	
组长		任务分工			
组员	学号	任务分工			

学习计划

针对家庭卫生间卫浴系统安装技术要求，梳理出学习流程（图4-24），并制订实践计划，可依据该计划实施实践活动。

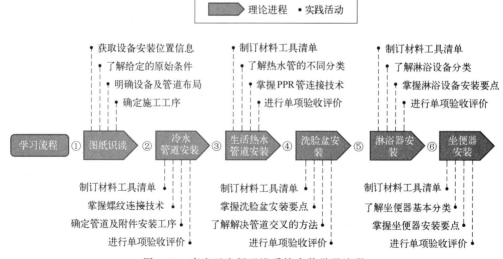

图4-24 家庭卫生间卫浴系统安装学习流程

任务准备

1. 阅读任务书，理解工作计划中的工作要点及工作任务要求。
2. 了解施工技术人员关于卫浴系统安装的工作职责。
3. 借助学习网站，查看卫浴系统安装的相关视频、文章及资讯并记录疑点和问题。

项目二 家庭卫浴系统安装

任务实施

一、图纸识读

图纸识读是开展卫浴系统安装的首要条件,需要通过图纸获取建筑物的结构尺寸,了解客户家中原有自来水管道、集中生活热水管道、排水管道的位置,结合图纸中洗脸盆、淋浴器、坐便器的设计位置确定相关管道的安装工序。

【实践活动】 根据施工图纸和施工现场原有条件,确定施工工序。

【活动情境】 小高是某设备公司施工部门的技术专员,计划带领施工团队完成一套家庭卫浴系统的安装。现在需要根据设计部门给定的施工图纸,结合客户家中施工现场原有自来水管道、集中生活热水管道、排水管道的原始条件制订施工工序。

【工具/环境】 施工图纸/施工现场。

活动实施流程(图4-25):

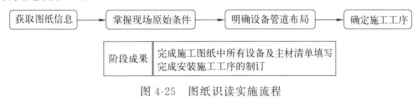

图4-25 图纸识读实施流程

引导问题1: 识读施工平面图的基本顺序是什么?

引导问题2: 结合施工现场,能否从施工平面图和系统图中获得有效数据?

引导问题3: 确定卫浴工程施工工序时需要考虑哪些因素?

填写家庭卫浴系统安装所需设备及主材清单表,见表4-20。

表4-20 家庭卫浴系统安装所需设备及主材清单

序号	设备及主材名称	规格	单位	数量	备注	是否申领(申领后打√)
1						
2						
3						
4						
5						
6						
7						
8						
9						
10						
11						
12						

填写家庭卫浴系统安装施工工序表,见表 4-21。

表 4-21 家庭卫浴系统安装施工工序表

序号	工艺流程内容	备注
1		
2		
3		
4		
5		
6		
7		
8		

抄绘安装施工图。

信息驿站

1. 卫浴工程施工图识读

（1）**熟悉、核对施工图纸**　了解工程名称、图纸内容、图纸数量、设计日期等，对照图纸目录检查图纸是否完整，确认无误后再正式识读。

（2）**阅读施工图设计与施工说明**　通过阅读文字说明，了解工程概况，有助于读图过程中理解图纸中无法表达的设计意图和设计要求。

（3）**以系统为单位进行识读**　识读时必须分清冷水系统、生活热水系统、排水系统等不同系统，同一系统按照水流方向识读，也可以按照从主管到支管的顺序识读，先看总管，再看支管。

（4）**平面图与系统图对照识读**　识读时应将平面图与系统图对应起来看，以便相互补充和相互说明，建立全面、完整、细致的工程形象，全面掌握设计意图。

（5）**细看安装大样图**　安装大样图可以准确指导安装施工，大多选用全国通用标准安装图集，也可以单独绘制。对于单独绘制的大样图也应将平面图与系统大样图对照识读。

2. 卫浴系统施工图尺寸标注

卫浴安装施工图和系统图分为水平尺寸标注和标高标注两种形式。水平尺寸标注一般就是建筑物的平面尺寸、管道的水平间距、卫浴设备的水平位置等，一般用毫米（mm）表示。柱的尺寸、墙体的尺寸、纵轴与横轴之间的距离也是用毫米标注。标高尺寸一般是楼层的高度、管道的中心线高度、卫浴设备的安装高度等，一般用米（m）表示。

3. 卫浴系统安装施工工序

① 依据施工平面图和系统图，结合施工现场确定设备安装位置和管道走向。

② 明确设备、管道的安装层次，确定管道交叉的解决方案。

③ 按照先下后上、先里后外、从总管到设备的原则确定管道安装顺序。

④ 卫浴设备可以预先安装，也可以预先确定安装位置，在管道系统安装完成后再进行安装。

4. 图纸变更

施工员在施工前期进行施工现场勘查时，可能会发现施工设计图纸与施工现场存在一定的差异，并且这种差异会直接影响到后续的工程施工，需要联系设计单位对原有的施工图进行必要的变更。

二、冷水管道安装

冷水管道系统主要为洗脸盆冷热水混水龙头、淋浴器混水阀、坐便器等设备提供冷水水源。冷水管道系统一般使用镀锌钢管、PPR管、HDPE管、紫铜管、不锈钢管等，本方案选用镀锌钢管，采取螺纹连接的形式进行安装，需要根据家庭原有自来水立管位置、设计图纸中洗脸盆、淋浴器、坐便器等卫浴设备的安装位置确定管道走向，参考施工规范进行安装施工。

【实践活动】 根据施工图纸和原有自来水管位置完成冷水管道系统安装。

【活动情境】 小高在识读施工图纸后,需要按照施工图中洗脸盆、淋浴器、坐便器等卫浴设备的安装位置,结合客户家庭中原有自来水管道的位置确定管道走向,填写材料工具清单,带领施工人员进行冷水管道系统安装,并按照施工验收规范进行验收评价。

【工具/环境】 施工图纸、镀锌钢管、套丝工具/施工现场。

活动实施流程(图4-26):

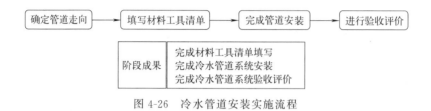

图4-26 冷水管道安装实施流程

引导问题4:冷热水管道设置中有哪些要求?

引导问题5:冷热水管道安装时有哪些注意事项?

引导问题6:冷热水管道安装时管道间距有哪些规定?

填写冷水管道系统安装材料工具清单,见表4-22。

表4-22 冷水管道系统安装材料工具清单

序号	材料工具名称	规格	单位	数量	备注	是否申领(申领后打√)
1						
2						
3						
4						
5						
6						
7						
8						
9						
10						
11						
12						

填写冷水管道系统安装评价表，见表 4-23。

表 4-23 冷水管道系统安装评价表

评价指标	评价项目	配分	评价标准	得分
专业能力	关键尺寸 1	10	尺寸≤±2mm 得 10 分，尺寸≤±5mm 得 5 分	
	关键尺寸 2	10	尺寸≤±2mm 得 10 分，尺寸≤±5mm 得 5 分	
	关键尺寸 3	10	尺寸≤±2mm 得 10 分，尺寸≤±5mm 得 5 分	
	关键尺寸 4	10	尺寸≤±2mm 得 10 分，尺寸≤±5mm 得 5 分	
	抱弯安装	10	抱弯朝向不正确 1 处扣 5 分，扣完为止	
	管卡固定	10	管卡设置长度超过 50cm 或者在弯头、三通附近没有设置管卡 1 处扣 2 分，管卡出现 1 处松动扣 1 分，扣完为止	
	螺纹质量	10	螺纹外露 2~3 处丝扣，1 处不合格扣 1 分，扣完为止	
	生料带清理	10	螺纹处生料带清理不干净 1 处扣 2 分，扣完为止	
	管道表面	10	管道表面 1 处严重划痕扣 2 分，1 处中等划痕扣 1 分，扣完为止	
	横平竖直	10	管道水平度或垂直度超过 3°扣 2 分，扣完为止	
	材料使用	10	因操作错误额外领取材料 1 次扣 5 分，领取 1 个辅材扣 2 分，扣完为止	
	材料工具清单填写	30	材料工具清单中主材缺失 1 项扣 5 分，主要工具缺失 1 项扣 5 分，辅材缺失 1 项扣 2 分，材料工具数量错误 1 项扣 2 分，扣完为止	
工作过程	操作规范	10	管道切割没有画标记线 1 次扣 2 分，螺纹连接没有使用生料带 1 次扣 10 分，暴力操作 1 次扣 5 分，损坏工具 1 次扣 10 分，扣完为止	
	安全操作	10	未正确穿戴使用安全防护用品 1 次扣 5 分，未安全使用工具 1 次扣 2 分，扣完为止	
工作素养	环境整洁	10	地面随意乱扔工具材料 1 次扣 1 分，安装结束未清扫整理工位扣 5 分，扣完为止	
	工作态度	10	无故迟到早退 1 次扣 2 分，旷课 1 节扣 5 分，扣完为止	
团队素养	团结协作	10	小组分工不合理扣 5 分，出现非正常争吵 1 次扣 5 分，扣完为止	
	计划组织	10	工作计划不合理扣 5 分，现场组织混乱扣 5 分，扣完为止	
情感素养	项目参与	10	不主动参与项目论证 1 次扣 2 分，不积极参加实践安装 1 次扣 2 分，扣完为止	
	体会反思	10	每天课后填写的学习体会和活动反思缺 1 次扣 2 分，扣完为止	

说明：本评价表中最终得分按照表格中得分总和除以配分总和后进行百分制换算。

信息驿站

1. 冷热水管设置要求

① 在施工之前最好根据设计图纸在墙面上进行冷热水管道放样布局，以预知管道安装过程中存在的交叉等问题。

② 冷热水管之间的间距不能过近，按照国标规范一般不少于 10cm。施工中可以根据实际用途确定标准尺寸，洗手盆冷热水管间距为 10cm，淋浴花洒冷热水管的间距为 15cm，厨房洗菜盆冷热水管的间距为 20cm。

③ 冷热水管竖直布置一般左边为热水管、右边为冷水管，水平布置时上面为热水、

下面为冷水（即左热右冷、上热下冷）。管道的线路设计应避免弯曲，尽可能远离电路。

④ 管卡的位置、坡度等也应符合需求，每个阀门要安装平整，方便日后的使用和维护。

⑤ 安装混水龙头时，冷热水管的出口需保证水平，弯头与墙面垂直，间距与混水龙头间距保持一致。采用 PPR 等塑料管材作为冷热水管道时，可以选择使用管件连体成品配件（图 4-27）。

2. 卫生间冷热水管安装注意事项

① 管材和管件应存放在通风良好的库房或简易棚内，不得露天存放，防止阳光直射，注意防火安全，距离热源不得小于 1m。

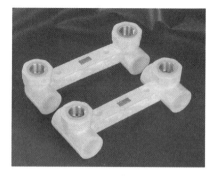

图 4-27　管件连接成品

② 管材应水平堆放在平整的地上，避免弯曲，堆置高度不得超过 2.0m。管件应逐层堆码，不宜叠得过高。

③ 搬运管材和管件时，应小心轻放，避免油污，严禁剧烈撞击、与尖锐物品碰触以及抛、摔、滚、拖。

④ 不得用硬物敲打管材与管件，尤其在较低温度时。必须沿与管材轴向垂直的方向切割管材，并保持切开干净平整。

⑤ 热熔连接应严格按照规定的熔接深度、熔接时间进行连接。

⑥ 管材弯曲时，弯曲半径不得小于管材直径的八倍，严禁用明火加热弯曲。

⑦ 金属螺纹在设计时采用锥形螺纹，连接时可使用麻丝或生料带密封，不可拧得过紧。

⑧ 两根管道交叉重叠时，必须使用抱弯解决（详见本书家庭采暖系统安装项目三中冷水管道安装的相关内容）。

⑨ 直埋暗管封闭后，应在墙面或地面标明管道的位置和走向，严禁在管道上冲击或钉金属等尖锐物体。

3. 卫浴设备冷热水支管预留高度

（1）浴盆　混水龙头一般距浴盆上平面 150mm。

（2）坐便器　进水角阀中心距地面 250mm。

（3）洗脸盆　进水角阀中心距地面（450±20）mm。

（4）淋浴器　混水龙头一般距地面 800mm。

（5）拖把池　进水龙头距地面 500mm。

（6）洗衣机　进水龙头距地面 1500mm。

三、生活热水管道安装

生活热水管道主要为家庭中的洗脸盆、淋浴器等卫浴设备提供不高于 60℃ 的热水。生活热水管道系统一般使用 PPR 管、紫铜管、铝塑复合管等，本方案选用 PPR 管，采用热熔的连接形式进行安装。需要根据施工设计图纸中洗脸盆、淋浴器等卫浴设备的安装位置确定管道走向，参考施工规范进行安装施工。

【实践活动】 根据施工图纸和洗脸盆位置完成热水系统管道安装。

【活动情境】 小高在完成冷水系统管道安装后,需要按照施工图中洗脸盆、淋浴器、坐便器等卫浴设备的安装位置,确定生活热水管道走向,填写材料工具清单,带领施工人员进行生活热水系统管道安装,并按照施工验收规范进行验收评价。

【工具/环境】 施工图纸、PPR管、热熔工具/施工现场。

活动实施流程(图4-28):

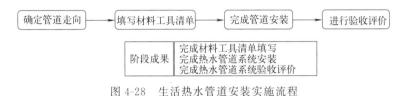

图4-28 生活热水管道安装实施流程

引导问题7:PPR管连接形式有哪些?

引导问题8:PPR管采用热熔连接时有哪些注意事项?

引导问题9:PPR(polypropylene random)管,又称_____、_____,是一种采用_____为原料的管材,具有节能节材、环保、_____、耐腐蚀、内壁_____、施工和维修_____、使用寿命____等优点。

填写生活热水管道系统安装材料工具清单,见表4-24。

表4-24 生活热水管道系统安装材料工具清单

序号	材料工具名称	规格	单位	数量	备注	是否申领(申领后打√)
1						
2						
3						
4						
5						
6						
7						
8						
9						
10						
11						
12						

填写生活热水管道系统安装评价表，见表4-25。

表4-25 生活热水管道系统安装评价表

评价指标	评价项目	配分	评价标准	得分
专业能力	关键尺寸1	10	尺寸≤±2mm得10分，尺寸≤±5mm得5分	
	关键尺寸2	10	尺寸≤±2mm得10分，尺寸≤±5mm得5分	
	关键尺寸3	10	尺寸≤±2mm得10分，尺寸≤±5mm得5分	
	关键尺寸4	10	尺寸≤±2mm得10分，尺寸≤±5mm得5分	
	管道设置	10	没有按照左热右冷、上热下冷的原则敷设，1处不合格扣5分，扣完为止	
	管卡固定	10	管卡设置长度超过50cm或者在弯头、三通附近没有设置管卡1处扣2分，管卡出现1处松动扣1分，扣完为止	
	热熔质量	10	焊接表面光滑、不结瘤、无虚熔点，1处不合格扣2分，扣完为止	
	热熔设置	10	热熔时没有根据管径、季节等因素设置合适的温度，出现即扣除10分	
	管道表面	10	管道表面1处严重划痕扣2分，1处中等划痕扣1分，扣完为止	
	横平竖直	10	管道水平度或垂直度超过3°扣2分，扣完为止	
	材料使用	10	因操作错误额外领取管材1次扣5分，领取辅材1次扣2分，扣完为止	
	材料工具清单填写	30	材料工具清单中主材缺失1项扣5分，主要工具缺失1项扣5分，辅材缺失1项扣2分，材料工具数量错误1项扣2分，扣完为止	
工作过程	操作规范	10	管道切割没有画标记线1次扣2分，热熔时停留时间过少或者过多1次扣2分，热熔连接插入时没有画标记线1次扣2分，暴力操作1次扣5分，损坏工具1次扣10分，扣完为止	
	安全操作	10	未正确穿戴使用安全防护用品1次扣5分，未安全使用工具1次扣2分，扣完为止	
工作素养	环境整洁	10	地面随意乱扔工具材料1次扣1分，安装结束未清扫整理工位扣5分，扣完为止	
	工作态度	10	无故迟到早退1次扣2分，旷课1节扣5分，扣完为止	
团队素养	团结协作	10	小组分工不合理扣5分，出现非正常争吵1次扣5分，扣完为止	
	计划组织	10	工作计划不合理扣5分，现场组织混乱扣5分，扣完为止	
情感素养	项目参与	10	不主动参与项目论证1次扣2分，不积极参加实践安装1次扣2分，扣完为止	
	体会反思	10	每天课后填写的学习体会和活动反思缺1次扣2分，扣完为止	

说明：本评价表中最终得分按照表格中得分总和除以配分总和后进行百分制换算。

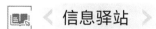

信息驿站

1. PPR管材

（1）**概念** PPR（polypropylene random）管又称三丙聚丙烯管、无规共聚聚丙烯管或PPR管，是一种采用无规共聚聚丙烯为原料的管材。

（2）**特点** PPR管材与传统的铸铁管、镀锌钢管、水泥管等管道相比，具有节能节材、环保、轻质高强、耐腐蚀、内壁光滑不结垢、施工和维修简便、使用寿命长等优点。

(3) **应用** 广泛应用于建筑给排水,城乡给排水,城市燃气、电力和光缆护套,工业流体输送,农业灌溉等建筑业、市政、工业和农业领域。

(4) **颜色** 市场上的PPR管主要有白色、灰色、绿色和咖喱色等,主要是添加的色母料不同造成的。一般建议购买白色的PPR管,因为极少数厂家会使用回收料生产PPR管,通过添加色母料来掩盖原料不纯造成的瑕疵。

(5) **管径** PPR管的管径(按照外径)可以从20mm到160mm,家装中用到的主要是20mm(PPR为4分管,与镀锌管有区别)、25mm(PPR为6分管)两种,其中20mm用到的更多些。

2. 加工安装注意事项

① PPR管较金属管硬度低、刚性差,在搬运、施工中应加以保护,避免不适当外力对其造成机械损伤。在暗敷后要标出管道位置,以免二次装修破坏管道。

② PPR管在5℃以下存在一定低温脆性。冬季施工要当心,切管时要用锋利刀具缓慢切割。对已安装的管道不能重压、敲击,必要时对易受外力部位覆盖保护物。

③ PPR管长期受紫外线照射易老化降解,安装在户外或阳光直射处必须包扎深色防护层。

④ PPR管的线膨胀系数较大(0.15mm/m·℃),在明装或非直埋暗敷布管时必须采取防止管道膨胀变形的技术措施。

⑤ 管道安装后在封管(直埋)及覆盖装饰层(非直埋暗敷)前必须试压。冷水管试压压力为系统工作压力的1.5倍,但不得小于1MPa。热水管试压压力为工作压力的2倍,但不得小于1.5MPa。

3. PPR管材的连接

(1) **热熔连接方式** 是指用一样型号的热塑性的管件、管材连接的时候,用专门的加热工具对连接部位进行加热,使它熔化,再压起来连接在一起的连接方式。

(2) **电熔连接** 是指在型号一样的热塑性管材连接的时候,在上面套上专用的电熔管件,把电熔管件通电,利用电熔管件里面的电阻丝产生的热量对其进行熔接,冷却后,管件和电熔管件就会连接成一个整体的连接方式。

(3) **法兰连接** 是指把法兰连接件和法兰盘组成活套法兰的连接方式。法兰连接件和管材可以用热熔连接或粘接。

(4) **机械式连接** 是指用金属材料或者是强度比较高的塑料制作管件的时候,用专门的工具通过机械方式对它进行紧固和密封,使它和管件紧紧连接在一起的连接方式。

(5) **卡套连接** 是指用螺帽和管件组成的专门用的接头进行连接的方式。

4. PPR管热熔连接注意事项

(1) **管材要干净** 熔接PPR管前,首先要保证管材洁净、干燥,管表面不能有油渍、灰尘、杂质等脏污,否则热熔时,脏污和熔接管材部分熔化在一起,可能会留下空隙,或者流至管材内壁,污染水质。

(2) **切口要平** PPR管的切口,要平整、干净、无毛边。如果管材切口歪斜,熔接时管材、管件容易不在一条直线上,焊接出的PPR管道就会不直。同时会出现接头内PPR管材、管件的重合长度不一致,水流经过时,就会对热熔接头产生一定的冲击,减短接头寿命。

（3）**热熔机温度要够**　PPR 管材热熔时，温度要达到。合格的 PPR 管材，其原材料纯净而单一，热熔温度通常在 260℃ 左右。在夏季 PPR 管材热熔比较容易。在寒冷的冬季，热熔温度可视实际情况适当增加。比如南方地区，PPR 管材热熔温度可增加 5℃，北方地区增加 10～15℃，以保证最好的熔接效果。

（4）**热熔时间要合适**　PPR 管材的热熔时间，要控制在合理的范围内。热熔时间过短，管材、管件加热不够，熔化不完全，看似熔接好了，其实很可能是虚焊，甚至没有焊接牢固，通水时容易漏水。热熔时间过长，稍微一用力就焊接得很牢固，但就是接头处容易太厚，使管材缩径，减小水流量。

（5）**对接时不能旋转**　接 PPR 管材时，最好不要旋转。旋转有可能会破坏 PPR 材料的分子构成，降低 PPR 管材的功能性，甚至缩减管材使用寿命。

5. PPR 热熔连接流程

PPR 热熔连接流程如图 4-29 所示。

①准备热熔工具，包括热焊机加热套、剪刀、尺、笔。

②将与被焊接管材尺寸相配套的加热头装配到焊接机器，连接电源调节加热头到达最佳温度 260℃ 左右。

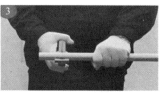
③使用专用剪刀垂直切割管材，切口应平整，无毛刺。

④清洁管材与管件的焊接部位，避免沙子灰尘等损害接头质量。

⑤用笔在产品上标记焊接深度。

⑥同时将管材与管件插入熔接器内，按规定时间进行加热。

⑦加热完毕，无旋转取出管材与管件，立即无旋转地直线均匀插入到所标深度，使熔接的结合面有一均匀熔接圈。

⑧连接完毕，必须双手紧握管材与管件，保持足够的冷却时间，并检查熔接效果。

图 4-29　PPR 管热熔连接流程示意

四、洗脸盆安装

洗脸盆是家庭卫浴系统中用来盛水洗手、洗脸的盆具，是人们日常生活中不可缺少的洁具。本方案选用挂墙式洗脸盆，采用挂墙的形式进行安装。需要根据设计图纸中洗脸盆的安装位置、参考已安装的冷热水管道支管确定具体安装位置,参考施工规范进行安装施工,并进行安装验收评价。

【实践活动】 根据施工图纸上标定的位置完成洗脸盆的安装。

【活动情境】 小高在完成冷热水系统管道安装后,需要按照施工图中洗脸盆的安装位置,确定洗脸盆安装步骤,填写材料工具清单,带领施工人员进行洗脸盆安装,并按照施工验收规范进行验收评价。

【工具/环境】 施工图纸、洗脸盆、角阀、编织软管/施工现场。

活动实施流程(图4-30):

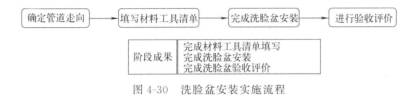

图4-30 洗脸盆安装实施流程

引导问题10:常见的洗脸盆有哪些类型?

引导问题11:选择洗脸盆时需要考虑哪些要素?

引导问题12:安装洗脸盆的基本步骤有哪些?

填写洗脸盆安装材料工具清单,见表4-26。

表4-26 洗脸盆安装材料工具清单

序号	材料工具名称	规格	单位	数量	备注	是否申领(申领后打√)
1						
2						
3						
4						
5						
6						
7						
8						
9						
10						
11						
12						

填写洗脸盆安装评价表，见表 4-27。

表 4-27 洗脸盆安装评价表

评价指标	评价项目	配分	评价标准	得分
专业能力	关键尺寸 1	10	尺寸≤±2mm 得 10 分,尺寸≤±5mm 得 5 分	
	关键尺寸 2	10	尺寸≤±2mm 得 10 分,尺寸≤±5mm 得 5 分	
	关键尺寸 3	10	尺寸≤±2mm 得 10 分,尺寸≤±5mm 得 5 分	
	关键尺寸 4	10	尺寸≤±2mm 得 10 分,尺寸≤±5mm 得 5 分	
	挂板固定	10	挂板固定牢固,水平度＜10.5°,固定松动扣 10 分,水平度不达标扣 10 分	
	角阀安装	10	角阀安装平直,出水口垂直向上,冷热水角阀间距与冷热水管间距一致,1 处不达标扣 2 分,扣完为止	
	生料带清理	10	冷热水角阀螺纹处生料带清理不干净 1 处扣 5 分,扣完为止	
	洗脸盆表面	10	洗脸盆表面 1 处严重划痕扣 10 分,1 处中等划痕扣 5 分,扣完为止	
	编织软管安装	10	安装编织软管后混水龙头的冷热水与冷热水管对应,错误 1 处扣 10 分	
	下水器安装	10	下水器安装没有装垫圈扣 10 分	
	存水弯安装	10	没有安装存水弯扣 10 分	
	横平竖直	10	洗脸盆水平度或垂直度超过 1°扣 5 分,扣完为止	
	材料使用	10	因操作错误额外领取材料 1 次扣 5 分,扣完为止	
	材料工具清单填写	30	材料工具清单中主材缺失 1 项扣 5 分,主要工具缺失 1 项扣 5 分,辅材缺失 1 项扣 2 分,材料工具数量错误 1 项扣 2 分,扣完为止	
工作过程	操作规范	10	角阀螺纹连接没有使用生料带 1 处扣 10 分,暴力操作 1 次扣 5 分,损坏工具 1 次扣 10 分,扣完为止	
	安全操作	10	未正确穿戴使用安全防护用品 1 次扣 5 分,未安全使用工具 1 次扣 2 分,扣完为止	
工作素养	环境整洁	10	地面随意乱扔工具材料 1 次扣 1 分,安装结束未清扫整理工位扣 5 分,扣完为止	
	工作态度	10	无故迟到早退 1 次扣 2 分,旷课 1 节扣 5 分,扣完为止	
团队素养	团结协作	10	小组分工不合理扣 5 分,出现非正常争吵 1 次扣 5 分,扣完为止	
	计划组织	10	工作计划不合理扣 5 分,现场组织混乱扣 5 分,扣完为止	
情感素养	项目参与	10	不主动参与项目论证 1 次扣 2 分,不积极参加实践安装 1 次扣 2 分,扣完为止	
	体会反思	10	每天课后填写的学习体会和活动反思缺 1 次扣 2 分,扣完为止	

说明：本评价表中最终得分按照表格中得分总和除以配分总和后进行百分制换算。

信息驿站

1. 洗脸盆概述

洗脸盆是家庭卫浴系统中用来盛水、洗手和洗脸的盆具，是人们日常生活中不可缺少的洁具。

洗手盆材料种类有陶瓷、钢化玻璃、金属、人造石等。陶瓷是最常见的洗手盆材料，陶瓷的选择取决于其釉料和吸水力，陶瓷洗手盆越光滑和吸水力越低，代表材质越好。钢化玻璃大多用作台上盆，可以在玻璃上雕花，耐热能力比其他材料低。金属大多用作厨房洗手盆，因采用金属电镀或不锈钢等工艺，价格比其他材料稍贵。人造石比其他材料坚硬和耐污，可以配合不同设备风格，可塑性高，适合用作台下盆的台面，耐热能力比其他材料低。

2. 陶瓷洗脸盆指标

陶瓷洗脸盆具有耐高温、耐湿、易清洁、表面坚硬耐磨、耐老化的特点。

陶瓷洗脸盆重要的参考指标是釉面光洁度、亮度和陶瓷的吸水率。

① 光洁度高的产品，颜色纯正，不易挂脏，易清洁，自洁性好，判定时可选择在较强光线下，从侧面仔细观察产品表面的反光，以表面没有细小沙眼和麻点，或沙眼和麻点很少的为好，也可以用手在表面轻轻抚摸，感觉非常平整细腻的为好。

② 亮度指标高的产品采用了高质量的釉面材料和非常好的施釉工艺，对光的反射性好，均匀，从而使视觉效果好。

③ 吸水率指标是指陶瓷产品对水有一定的吸附渗透能力，吸水率越低产品越好。水如果被吸进陶瓷后，陶瓷会产生一定的膨胀，容易使陶瓷表面的釉面因受胀而龟裂，尤其对于座厕，吸水率高的产品，容易将水中的脏物和异味吸入陶瓷，使用久以后就会产生无法去除的异味。依据规定，吸水率低于3%的卫生陶瓷即为高档陶瓷。

3. 洗脸盆分类

（1）**台上盆** 洗手盆安装在洗手盆柜面上。造型可塑性高，而且容易安装。具有占用空间较多（不过洗手盆下的柜可作收纳空间）、台面有死角位较难打理等特点。

（2）**台下盆（下嵌式洗手盆）** 洗手盆嵌入洗手盆柜，如台面下安装洗手盆。具有外表平坦简洁，较容易清洁打理，洗手盆旁边有较大的空间摆放物品，安装程序较复杂，安装师傅的手艺要求更高等特点。

（3）**挂墙式洗手盆** 洗手盆如悬挂在墙身一样，安装时可自行调整位置和高度。具有安装方法简单，较容易清洁，较节省空间，适合面积较小的单位，但水管外露不美观等特点。

（4）**立柱盆** 因洗手盆有支柱支撑而得名。具有安装方法简单，较容易清洁，洗手时水花较易四溅等特点。

4. 洗脸盆安装步骤

（1）**选择安装位置** 选择靠近水源且有排水条件的墙面，空间要考虑盆体尺寸及使用空间。墙面要平整无裂缝，负重要适宜。

（2）**准备安装工具** 准备电钻、六角扳手、水平尺、娃娃头等工具。娃娃头用于墙面粗糙面修平。电钻用于预钻安装孔。

（3）**测量安装尺寸** 使用开口尺测量洗脸盆底面尺寸，在墙面上画好外廓。使用水平尺标注排水管中心，并在地面上预先修建一定高度的排水槽。

（4）**墙面预处理** 使用娃娃头修平墙面，然后在外廓范围内涂刷浆液，增强与墙体的结合力。在中心标记点预留排水管孔洞。

（5）**吊装洗脸盆** 指需要两个人提起的洗脸盆，一般挂在墙上的挂件上。调整位置使其水平放置并紧贴墙面。使用扳手锁紧螺栓，拧紧4～6圈即可。

（6）**连接水管** 将进水软管与洗脸盆进水接口连接，将洗脸盆下水器、存水弯、排水软管依次连接后放入排水支管中，检查各接口连接是否密封，确保安装正确无误后使用。

5. 洗脸盆安装高度

洗脸盆的安装高度要适合，过高会感到手酸，过矮会感到腰椎不舒服。洗脸盆安装高度成人一般是 80cm，儿童一般 50cm。但是可以根据客户的实际情况调整，如果客户家里人的平均身高都比较高的话，就要设计得高一点。

不同款式洗脸盆，安装高度也不同，如台上盆 85cm，台下盆 750cm。

6. 存水弯

（1）**概念**　存水弯指在卫生器具内部或器具排水管段上设置的一种内有水封的配件。

（2）**分类**　存水弯分 S 形存水弯、P 形存水弯、U 形存水弯三种。S 形存水弯用于卫生器具竖向排水管与排水横管垂直连接的场所。P 形存水弯用于卫生器具竖向排水管与排水立管连接的场所。U 形存水弯用于卫生器具横向排水管支管与排水横管连接的场所。

7. 水封破坏

因静态和动态原因造成存水弯内水封高度减少，不足以抵抗管道内允许的压力变化值时（一般为 ±25mmH$_2$O），管道内气体进入室内的现象叫水封破坏。在排水系统中，只要有一个水封破坏，整个排水系统的平衡就被打破。如图 4-31 所示。

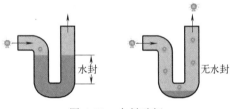

图 4-31　水封破坏

8. 水封破坏的原因

（1）**自虹吸损失**　卫生设备在瞬时大量排水的情况下，存水弯自身因充满而形成虹吸，排水结束后，存水弯内水封实际高度低于应有的高度。这种情况多发生在卫生器具底盘坡度较大呈漏斗状，存水弯管径小，无延时供水装置，采用 S 形存水弯或连接排水横支管较长（大于 0.9m）的 P 形存水弯。

（2）**诱导虹吸损失**　卫生器具不排水时，其存水弯内水封高度符合要求，但若管道系统内其他卫生器具大量排水时，引起系统内压力变化，使该存水弯内的水上下波动形成虹吸，引起水量损失。

（3）**静态损失**　是因卫生器具较长时间不使用造成的水量损失。在水封流入端，水封水面会因自然蒸发而降低，造成水量损失。在流出端，因存水弯内壁不光滑或粘有油脂，会在管壁上积存较长的纤维和毛发，产生毛细作用，造成水量损失。蒸发和毛细作用造成的水量减少属于正常水量损失，损失量大小与室内温度、湿度及卫生器具使用情况有关。

五、淋浴器安装

淋浴器是通过减少流量、延长使用寿命、定量给水等方式实现节水效果的淋浴设备。本方案选用传统手持式淋浴器，采用壁挂的形式进行安装。需要根据设计图纸中淋浴器的安装位置、参考已安装的冷热水管道支管确定具体安装位置,参考施工规范进行安装施工,并进行安装验收评价。

> 【实践活动】 根据施工图纸和淋浴器位置完成淋浴器的安装。
> 【活动情境】 小高在完成冷热水系统管道安装后,需要按照施工图中淋浴器的安装定位尺寸,结合冷热水出口位置,填写材料工具清单,带领施工人员进行淋浴器的安装,并按照施工验收规范进行验收评价。
> 【工具/环境】 施工图纸、手持式淋浴器/施工现场。
> 活动实施流程(图4-32):
>
>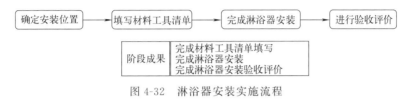
>
> 图4-32 淋浴器安装实施流程

引导问题13:淋浴器的安装流程是什么?

_____

_____

引导问题14:淋浴器有哪些安装要点?

_____

_____

引导问题15:淋浴器安装时有哪些注意事项?

_____

_____

填写淋浴器安装材料工具清单,见表4-28。

表4-28 淋浴器安装材料工具清单

序号	材料工具名称	规格	单位	数量	备注	是否申领(申领后打√)
1						
2						
3						
4						
5						
6						
7						
8						
9						
10						
11						
12						

填写淋浴器安装评价表,见表4-29。

表4-29 淋浴器安装评价表

评价指标	评价项目	配分	评价标准	得分
专业能力	关键尺寸1	10	尺寸≤±2mm得10分,尺寸≤±5mm得5分	
	关键尺寸2	10	尺寸≤±2mm得10分,尺寸≤±5mm得5分	
	关键尺寸3	10	尺寸≤±2mm得10分,尺寸≤±5mm得5分	
	关键尺寸4	10	尺寸≤±2mm得10分,尺寸≤±5mm得5分	
	淋浴器定位	10	淋浴器固定件打孔安装前须使用马克笔在墙面做好标记,未作标记扣10分	
	安装稳固性	10	淋浴器安装稳固不松动,出现松动扣10分	
	混水阀安装	10	混水阀安装平正,装饰盖贴紧墙面,不平正1处扣5分,不贴墙1处扣5分,扣完为止	
	成品保护	10	淋浴器及其附件表面须做好保护,不能够出现划痕,出现1处扣2分,扣完为止	
	紧固件表面	10	紧固件表面1处严重划痕扣5分,1处中等划痕扣2分,扣完为止	
	横平竖直	10	淋浴器挂件水平度或垂直度超过3°扣2分,扣完为止	
	材料使用	10	因操作错误额外领取材料1次扣5分,扣完为止	
	材料工具清单填写	30	材料工具清单中主材缺失1项扣5分,主要工具缺失1项扣5分,辅材缺失1项扣2分,材料工具数量错误1项扣2分,扣完为止	
工作过程	操作规范	10	混水阀安装前没有预组扣5分,暴力操作1次扣5分,损坏工具1次扣10分,扣完为止	
	安全操作	10	未正确穿戴使用安全防护用品1次扣5分,未安全使用工具1次扣2分,扣完为止	
工作素养	环境整洁	10	地面随意乱扔工具材料1次扣2分,安装结束未清扫整理工位扣5分,扣完为止	
	工作态度	10	无故迟到早退1次扣2分,旷课1节扣5分,扣完为止	
团队素养	团结协作	10	小组分工不合理扣5分,出现非正常争吵1次扣5分,扣完为止	
	计划组织	10	工作计划不合理扣5分,现场组织混乱扣5分,扣完为止	
情感素养	项目参与	10	不主动参与项目论证1次扣2分,不积极参加实践安装1次扣2分,扣完为止	
	体会反思	10	每天课后填写的学习体会和活动反思缺1次扣2分,扣完为止	

说明:本评价表中最终得分按照表格中得分总和除以配分总和后进行百分制换算。

信息驿站

1. 淋浴器分类

(1)**传统淋浴器** 通常是单一的花洒喷头,通过连接冷热水管,根据需要调节水温和出水量。优点是方便操作、价格便宜。缺点是功能单一,只能满足最基本的淋浴需求,高度不能调节,容易藏积细菌、水垢,影响健康。

(2)**整体淋浴器、淋浴房** 通常由两个花洒、数个喷头、龙头组合而成,连接冷热水管,根据需要调节水温、出水量和淋浴方式。优点是功能选择较多,节省空间,高度可自由调节。缺点是操作稍微复杂、清洁麻烦。

(3)**体位式花洒** 通过入墙的设计或者作为组合淋浴器的一部分,以数个小喷头出水，为用户提供按摩式的身体淋浴。优点是进一步完善淋浴功能，提供更舒适的淋浴享受。缺点是清洁、维护麻烦，容易漏水。

（4）**多功能淋浴器** 主要是针对淋浴器花洒喷头的出水方式而言，一般具有按摩、涡轮、强束三种不同的出水方式。结构一般为整体淋浴器，根据不同水阀转换不同的出水方式。优点是功能选择多、淋浴感觉更舒适。缺点是水阀需要经常转换，如果金属配件质量不过硬很容易损坏。

2. 淋浴器安装流程

① 安装前准备好电钻、旋具、钢卷尺、锤子等工具。

② 打开包装盒，从里面拿出曲角弯头，徒手旋入到墙面预留的冷热水弯头中和混水阀组进行预组，使得混水阀组水平、紧贴墙面，并使用水性马克笔做好标记。

③ 在曲角弯头细的一端缠上生料带 10 圈以上。

④ 将曲角弯头拧进预留的冷热水水孔里，用扳手把曲角弯头拧紧，最后旋转到预先标记的位置的部位。

⑤ 把混水阀组装在曲角弯头上，用手轻轻地拧螺母，然后再用扳手拧紧螺母。

⑥ 用笔标出手持喷头固定座安装位置上需要打孔的位置，用冲击电钻钻孔。

⑦ 塞入膨胀塞后把固定座放在墙上，然后用旋具拧紧螺钉。

⑧ 用软管将手持喷头与混水阀组件连接。

3. 淋浴器的安装要点

① 淋浴器的花洒和龙头都是配套安装使用，龙头距离地面 70～80cm，淋浴柱高为 1.1m，龙头与淋浴柱接头长度为 10～20cm，花洒距地面高度在 2.1～2.2m。也可以根据客户的个性需求和卫生间的实际情况进行适当调整。

② 冷、热水供水管切勿装反。一般情况下，面对龙头左边为热水供水管，右边为冷水供水管。有特殊标识除外。

③ 安装进水软管时，不要缠密封胶带，不要用扳手，直接用手拧紧即可，否则会破坏软管垫圈。挂墙式龙头根据需要确定弯头露出长度，否则弯头露出墙面太多，影响美观。

④ 安装完毕后，拆下起泡器、花洒等易堵塞配件，让水流出，将管道中杂质完全冲出，再原样装回。

⑤ 一般家庭选择手持花洒、升降杆、软管和明装挂墙式淋浴龙头的组合式淋浴器较经济，既可以搭配淋浴房，也可以搭配浴缸。安装升降杆的高度，其上端的高度比人身高多出 10cm 即可。淋浴器的软管长度选择也因人而异，一般情况下 125cm 就完全够用。

4. 淋浴器安装注意事项

① 在安装淋浴器前，确保已经阅读了淋浴器的安装说明书。

② 在淋浴器底座打孔时，要确定下墙上的水电走向，以免打穿墙内的水管。

③ 在安装淋浴器时，确保所有连接处都紧固可靠，避免出现漏水现象。

④ 在测试淋浴器时，一定要注意安全。避免触电或其他危险。

5. 淋浴器安装示意图

淋浴器安装示意见图 4-33。

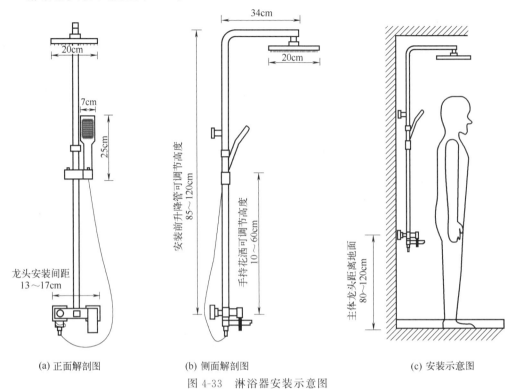

(a) 正面解剖图　　(b) 侧面解剖图　　(c) 安装示意图

图 4-33　淋浴器安装示意图

六、坐便器安装

坐便器俗称马桶，是一种使用时以人体取坐式为特点的便器，是建筑给排水领域的一种卫生器具。本方案选用连体直冲下排式坐便器，采取落地的形式进行安装。需要根据设计图纸中坐便器设计的安装位置、冷水管道的安装位置以及排水管的实际位置确定具体安装位置，参考施工规范进行安装施工。

【实践活动】　根据施工图纸、施工现场实际情况完成坐便器的安装

【活动情境】　小高在完成洗脸盆、淋浴器安装后，需要安装设计施工图纸，参考已安装的冷水管道、预留的坐便器排水口等实际情况最终确定坐便器的安装位置，填写材料工具清单，带领施工人员进行坐便器安装，并按照施工验收规范进行验收评价。

【工具/环境】　施工图纸、坐便器、角阀、编织软管/施工现场。

活动实施流程（图 4-34）：

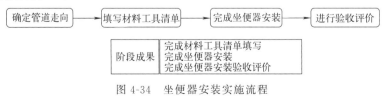

图 4-34　坐便器安装实施流程

引导问题 16：选择坐便器有哪些注意事项？

引导问题 17：安装坐便器的基本步骤是什么？

引导问题 18：虹吸式坐便器和直冲式坐便器有何差异？

填写坐便器安装材料工具清单，见表 4-30。

表 4-30 坐便器安装材料工具清单

序号	材料工具名称	规格	单位	数量	备注	是否申领（申领后打√）
1						
2						
3						
4						
5						
6						
7						
8						
9						
10						

填写坐便器安装评价表，见表 4-31。

表 4-31 坐便器安装评价表

评价指标	评价项目	配分	评价标准	得分
专业能力	关键尺寸 1	10	尺寸≤±2mm 得 10 分，尺寸≤±5mm 得 5 分	
	关键尺寸 2	10	尺寸≤±2mm 得 10 分，尺寸≤±5mm 得 5 分	
	关键尺寸 3	10	尺寸≤±2mm 得 10 分，尺寸≤±5mm 得 5 分	
	关键尺寸 4	10	尺寸≤±2mm 得 10 分，尺寸≤±5mm 得 5 分	
	坐便器定位	10	坐便器地脚螺钉打孔安装前须使用马克笔在墙面做好标记，未作标记扣 10 分	
	法兰圈	10	坐便器排污口安装法兰圈不平正扣 5 分，没安装扣 10 分	
	底部玻璃胶	10	坐便器底部玻璃胶涂抹均匀，出现空缺 1 处扣 5 分，不均匀扣除 5 分，扣完为止	
	角阀安装	10	角阀安装平正，不平正 1 处扣 5 分，扣完为止	
	编织软管安装	10	编织软管安装平顺不扭曲，出现扭曲扣 5 分	
	安装稳固性	10	坐便器安装稳固不松动，出现松动扣 10 分	
	成品保护	10	坐便器及其附件表面须做好保护，不能够出现划痕，出现 1 处扣 2 分，扣完为止	
	横平竖直	10	坐便器水平度或垂直度超过 1°扣 5 分，扣完为止	
	材料使用	10	因操作错误额外领取材料 1 次扣 5 分，扣完为止	
	材料工具清单填写	30	材料工具清单中主材缺失 1 项扣 5 分，主要工具缺失 1 项扣 5 分，辅材缺失 1 项扣 2 分，材料工具数量错误 1 项扣 2 分，扣完为止	

续表

评价指标	评价项目	配分	评价标准	得分
工作过程	操作规范	10	混水阀安装前没有预组扣5分,暴力操作1次扣5分,损坏工具1次扣10分,扣完为止	
	安全操作	10	未正确穿戴使用安全防护用品1次扣5分,未安全使用工具1次扣2分,扣完为止	
工作素养	环境整洁	10	地面随意乱扔工具材料1次扣2分,安装结束未清扫整理工位扣5分,扣完为止	
	工作态度	10	无故迟到早退1次扣2分,旷课1节扣5分,扣完为止	
团队素养	团结协作	10	小组分工不合理扣5分,出现非正常争吵1次扣5分,扣完为止	
	计划组织	10	工作计划不合理扣5分,现场组织混乱扣5分,扣完为止	
情感素养	项目参与	10	不主动参与项目论证1次扣2分,不积极参加实践安装1次扣2分,扣完为止	
	体会反思	10	每天课后填写的学习体会和活动反思缺1次扣2分,扣完为止	

说明:本评价表中最终得分按照表格中得分总和除以配分总和后进行百分制换算。

信息驿站

1. 坐便器分类

(1) **按结构分类** 坐便器按结构不同可分为分体坐便器和连体坐便器两种。

分体坐便器水箱与坐便器本体分为两个独立的个体,水箱水位高,冲力足,款式多,价格最大众化。分体式选择受坑距的限制。其水位高,冲洗力强,但噪声也大。

连体式坐便器水箱与坐便器本体整体制作,相对分体式水箱水位低,一般采用虹吸式排水,冲水静音。因其水箱与主体连在一起烧制,容易烧坏,故成品率较低,价格较高。

(2) **按出水口分类** 坐便器按出水口位置不同可分为下排水(又叫底排)和横排水(又叫后排)两种。

底排的排水口在坐便器底部垂直向下,安装时要将坐便器的排水口与地板上预留的排水口对正密封连接。横排的排水口在坐便器侧面,安装时要用一段胶管与排水立管上预留的排水口水平密封连接。

(3) **按冲水方式分类** 坐便器按冲水方式不同可分为直冲式和虹吸式两种。见图4-35。

直冲式坐便器冲水管路简单,路径短,管径粗(一般直径在9~10cm),利用水的重力加速度就可以冲干净,冲水的过程短,与虹吸式相比,从冲污能力上来说,容易冲下较大的污物,在冲刷过程中不容易造成堵塞。缺点是冲水声大,存水面较小,易出现结垢现象,防臭功能相对较差。

直冲坐便器排水管道较大,弧度小;虹吸坐便器排水管道小,弧度大。

虹吸式坐便器分为旋涡式虹吸、喷射式虹吸两种。旋涡式虹吸冲水口设于坐便器底部的一侧,以对角边缘出口起漩涡或作用为基础,通过对角冲压周围边框外缘,形成向心作用,在便桶中心构成涡流将马桶内容物抽入排污管中,加大水流对池壁的冲洗力

  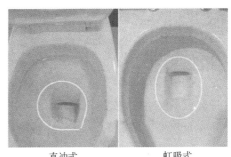

图 4-35 直冲式坐便器与虹吸式坐便器

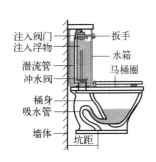 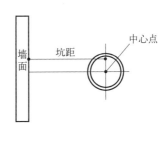

图 4-36 坐便器坑距

度,也加大了虹吸作用的吸力,更利于将坐便器内的脏东西排出,有利于彻底清洁便桶。其以大的水封表面区和非常安静的运作而闻名。喷射式虹吸做了进一步改进,在坐便器内底部增加一个喷射副道,对准排污口的中心,冲水时水的一部分从便圈周围的布水孔流出,一部分由喷射口喷出,喷射孔喷射大量的水并立刻引起虹吸作用,而无须在排出座桶内容物前升高座桶内水平面,使得其在虹吸的基础上借助较大的水流冲力,将污物快速冲走。

虹吸式坐便器冲水声音小,容易冲掉粘附在马桶表面的污物,防臭效果优于直冲式。缺点是冲水时先要放水至很高的水面,然后才将污物冲下去,所以要具备一定水量才可达到冲净的目的。同时排水管径较细(5~6cm),冲水时容易堵塞。

2. 坐便器的选择

(1) **坑距** 选择坐便器前一定要先测量下水口中心距毛坯墙面的距离,此距离也就是一般所称的坑距。坑距是指坐便器排污孔中心点到安装坐便器所依靠的墙面的离墙距离。通常情况下 300~370mm 的离墙距离可以选择 300mm 的坑距,380~400mm 的离墙距离可以选择 380mm 的坑距。现一般的建筑以 300mm、400mm 这两种尺寸的坑距为主。见图 4-36。

(2) **冲水方式** 虹吸式坐便器优于直冲式。因为虹吸式坐便器能够产生更大的冲力,冲洗能力更强。

(3) **釉面** 质量好的坐便器其釉面应该光洁顺滑无起泡,光彩饱和。

(4) **重量**　坐便器越重越好，普通的马桶重量在 25kg 左右，好的马桶 50kg 左右。质量大的马桶密度大，性能比较过关。

(5) **结构类型**　连体式的坐便器要比分体式坐便器好，性能更优。

3. 坐便器安装

① 安装前应检查排污管道是否畅通及安装地面是否清洁。

② 将配套的法兰密封圈安装在坐便器的排污口上。

③ 确定坐便器安装位置。将坐便器排污口对准管道下水口慢慢放下，调整正确位置，然后（用粉笔或白板笔）在坐便器的四周画上标记线，并确定安装孔。

④ 打安装孔。对准地脚螺钉标记孔，用冲击钻打安装孔（直径为 10mm，深度为 60mm），装入膨胀钉（一般不需安装地脚螺钉）。

⑤ 在标记线内侧打上玻璃胶。

⑥ 对准安装孔及四周的玻璃胶装上坐便器，慢慢地向下压直到水平。

⑦ 在坐便器与地面连接处打上玻璃胶，并修整四周确保美观。

⑧ 安装地脚螺钉。

⑨ 连接进水管，检查过滤器是否有安装。

⑩ 清洁地面和工具，禁止立即使用，保持坐便器周边 24h 内不接触水。

4. 法兰圈安装

① 把坐便器倒在地上，把新法兰压到坐便器排污口（要用力压紧）。

② 把坐便器地下的法兰对准地下的排污口放下，把马桶摆正。

③ 用铅笔或记号笔沿着坐便器底座在地上画出底座样子，并把坐便器搬出。

④ 把进水软管与马桶水箱下面的进水口连接拧紧。

⑤ 沿着记号笔打上一圈玻璃胶，放上马桶。

⑥ 把挤到外面的玻璃胶擦掉，并把软管的另一头与角阀连接拧紧。

⑦ 打开角阀让水进入水箱，水满后冲水（反复冲水 3 次）冲水顺畅不漏水。

评价反馈

采用多元评价方式，评价由学生自评、小组互评、教师评价组成，评价标准、分值及权重如下。

1. 按照前面各任务项目评价表中评价得分填写综合评价表，见表 4-32。

表 4-32　综合评价表

综合评价	自我评价(30%)	小组互评(40%)	教师评价(30%)	综合得分

2. 学生根据整体任务完成过程中的心得体会和综合评价得分情况进行总结与反思。

(1) 心得体会

学习收获：

存在问题：

（2）反思改进

自我反思：

改进措施：

笔记

项目三　家庭独立采暖系统安装

职　业　名　称：建筑设备安装
典型工作任务：家庭独立采暖系统安装
建　议　课　时：30 课时

设备工程公司派工单

工作任务	家庭独立采暖系统安装		
派单部门	实训教学中心	截止日期	
接单人		负责导师	
工单描述	根据派工单位给定的家庭采暖系统平面施工图，结合施工现场给定的具体条件，科学合理地设计施工安装工序，选择合适的材料和工具完成系统安装，结合施工验收规范进行验收评价		
任务目标	目标	结合施工图纸和施工现场实际条件安装一套家庭独立采暖系统	
	关键成果	识读施工图纸	
		确定施工工序	
		完成管道及设备安装	
		依据评价标准进行验收评价	
工作职责	识读施工图纸，为后续施工做好铺垫		
	根据不同功能和加工工艺安排科学合理的施工工序		
	结合验收施工规范进行相关设备和管道的安装		
	结合标准规范进行验收评价		

工作任务

序号	学习任务	任务简介	课时安排	完成后打√
1	图纸识读		4	
2	冷水管道安装		6	
3	生活热水管道安装		6	
4	燃气管道安装		2	
5	采暖管道安装		6	
6	散热器安装		4	
7	壁挂锅炉安装		2	

注意事项：

1. 严格按照派工单的内容要求进行项目实践，不得随意更改工作流程。
2. 在完成工作内容后，请进行清单自检，完成请打√。

学生签字：

日期：

背景描述

某家庭需要安装一套能够通过散热片给卫生间和客厅进行暖气供应,并能够为卫生间的洗脸盆提供冷热水的燃气壁挂锅炉采暖系统。现需要根据设计师绘制的施工平面图、客户家庭实际平面布局、自来水管和燃气管的预设位置进行综合分析,确定施工工序,选用合适的材料和工具完成系统安装。

任务书

【任务分工】 在明确工作任务后,进行分组,填写小组成员学习任务分配表,见表 4-33。

表 4-33 学习任务分配表

班级		组号		指导教师	
组长		任务分工			
组员	学号	任务分工			

学习计划

针对家庭采暖系统安装的技术要求,梳理出学习流程(图 4-37),并制订实践计划,可依据该计划实施实践活动。

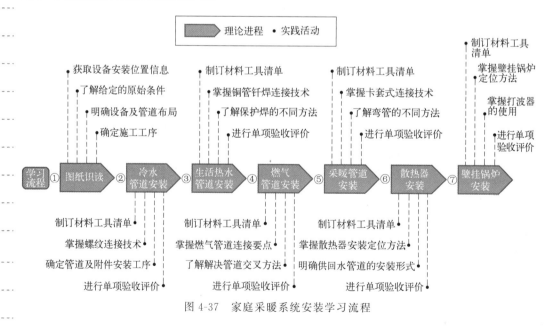

图 4-37 家庭采暖系统安装学习流程

任务准备

1. 阅读任务书,理解工作计划中的工作要点及工作任务要求。

2. 了解施工技术人员关于采暖系统安装的工作职责。
3. 借助学习网站，查看采暖系统安装的相关视频、文章及资讯并记录疑点和问题。

 任务实施

一、图纸识读

图纸识读是开展采暖系统安装的首要条件，需要通过图纸获取建筑物的结构尺寸，了解客户家中原有自来水管道、燃气管道的位置，结合图纸中壁挂锅炉、散热器、洗脸盆的设计位置确定相关管道的安装工序。

【实践活动】 根据施工图纸和施工现场原有条件，确定施工工序。

【活动情境】 小高是某设备公司施工部门的技术专员，下周要带领施工团队完成一套家庭采暖系统安装，现在他需要根据设计部门给定的施工图纸，结合客户家中施工现场原有自来水管道、燃气管道的原始条件制订施工工序。

【工具/环境】 施工图纸/施工现场。

活动实施流程（图4-38）：

图4-38 图纸识读实施流程

引导问题1：识读采暖施工平面图有哪些注意事项？

引导问题2：施工平面图中标注设备位置时水平距离与标高的标注有何不同？

引导问题3：确定采暖工程施工工序时需要考虑哪些因素？

填写家庭采暖系统安装中设备及主材清单表，见表4-34。

表4-34 家庭采暖系统安装设备及主材清单

序号	材料工具名称	规格	单位	数量	备注	是否申领（申领后打√）
1						
2						
3						
4						
5						
6						
7						

续表

序号	材料工具名称	规格	单位	数量	备注	是否申领（申领后打√）
8						
9						
10						
11						
12						

填写家庭采暖系统安装施工工序表，见表4-35。

表4-35 家庭采暖系统安装施工工序表

序号	工艺流程内容	备注
1		
2		
3		
4		
5		
6		
7		
8		

抄绘安装施工图。

> 信息驿站

采暖系统安装施工工序如下。

① 依据施工平面图和系统图,结合施工现场确定设备安装位置和管道走向。

② 明确设备、管道的安装层次,确定管道交叉的解决方案。

③ 按照先下后上、先里后外、从总管到设备的原则确定管道安装顺序。

④ 壁挂锅炉、散热器等设备可以预先安装,也可以预先确定安装位置,在管道系统安装完成后再进行安装。

二、冷水管道安装

冷水管道系统主要为燃气壁挂锅炉生产生活热水提供水源,也为洗脸盆冷热水混水龙头提供冷水水源。冷水管道系统一般使用镀锌钢管、PPR 管、HDPE 管、紫铜管、不锈钢管等,本方案选用镀锌钢管,采取螺纹连接的形式进行安装,需要根据家庭原有自来水立管位置、设计图纸中燃气壁挂锅炉和洗脸盆的安装位置确定管道走向,参考施工规范进行安装施工。

【实践活动】 根据施工图纸和原有自来水管位置完成冷水管道系统安装。

【活动情境】 小高在识读施工图纸后,需要按照施工图中燃气壁挂锅炉和洗脸盆的安装位置,结合客户家庭中原有自来水管道的位置确定管道走向,填写材料工具清单,带领施工人员进行冷水管道系统安装,并按照施工验收规范进行验收评价。

【工具/环境】 施工图纸、镀锌钢管、套丝工具/施工现场。

活动实施流程(图 4-39):

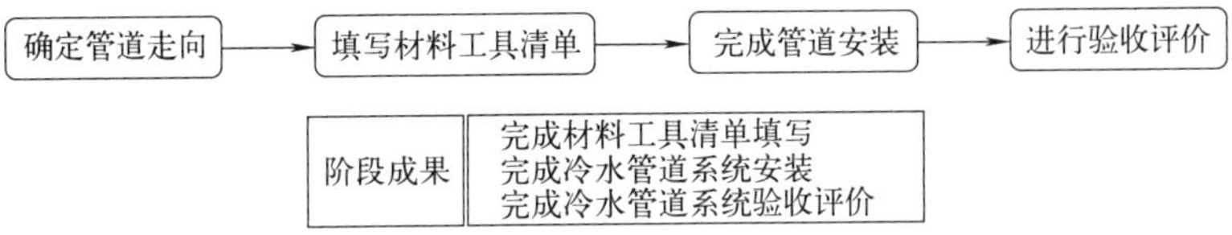

确定管道走向 → 填写材料工具清单 → 完成管道安装 → 进行验收评价

阶段成果:
完成材料工具清单填写
完成冷水管道系统安装
完成冷水管道系统验收评价

图 4-39 冷水管道安装实施流程

引导问题 4:确定管道走向时需要关注哪些要素?

引导问题 5:解决冷水水平干管与燃气立管交叉的方案是什么?

引导问题 6:洗脸盆冷水支管上角阀安装位置如何确定?

填写冷水管道安装材料工具清单,见表 4-36。

笔记

表4-36 冷水管道安装材料工具清单

序号	材料工具名称	规格	单位	数量	备注	是否申领(申领后打√)
1						
2						
3						
4						
5						
6						
7						
8						
9						
10						
11						
12						

填写冷水管道安装评价表,见表4-37。

表4-37 冷水管道安装评价表

评价指标	评价项目	配分	评价标准	得分
专业能力	关键尺寸1	10	尺寸≤±2mm得10分,尺寸≤±5mm得5分	
	关键尺寸2	10	尺寸≤±2mm得10分,尺寸≤±5mm得5分	
	关键尺寸3	10	尺寸≤±2mm得10分,尺寸≤±5mm得5分	
	关键尺寸4	10	尺寸≤±2mm得10分,尺寸≤±5mm得5分	
	抱弯安装	10	抱弯朝向正确得10分,不准确不得分	
	管卡固定	10	管卡1处松动扣1分,扣完为止	
	螺纹质量	10	螺纹外露2~3丝扣,1处不合格扣1分,扣完为止	
	生料带清理	10	螺纹处生料带清理不干净1处扣2分,扣完为止	
	管道表面	10	管道表面1处严重划痕扣2分,1处中等划痕扣1分,扣完为止	
	横平竖直	10	管道水平度或垂直度超过3°扣2分,扣完为止	
	材料使用	10	因操作错误额外领取材料1次扣5分,扣完为止	
	材料工具清单填写	30	材料工具清单中主材缺失1项扣5分,主要工具缺失1项扣5分,辅材缺失1项扣2分,材料工具数量错误1项扣2分,扣完为止	
工作过程	操作规范	10	管道切割没有画标记线1次扣2分,螺纹连接没有使用生料带1次扣10分,暴力操作1次扣5分,损坏工具1次扣10分,扣完为止	
	安全操作	10	未正确穿戴使用安全防护用品1次扣5分,未安全使用工具1次扣2分,扣完为止	
工作素养	环境整洁	10	地面随意乱扔工具材料1次扣2分,安装结束未清扫整理工位扣5分,扣完为止	
	工作态度	10	无故迟到早退1次扣2分,旷课1节扣5分,扣完为止	
团队素养	团结协作	10	小组分工不合理扣5分,出现非正常争吵1次扣5分,扣完为止	
	计划组织	10	工作计划不合理扣5分,现场组织混乱扣5分,扣完为止	
情感素养	项目参与	10	不主动参与项目论证1次扣2分,不积极参加实践安装1次扣2分,扣完为止	
	体会反思	10	每天课后填写的学习体会和活动反思缺1次扣2分,扣完为止	

说明:本评价表中最终得分按照表格中得分总和除以配分总和后进行百分制换算。

信息驿站

1. 管道交叉解决原则
① 压力流管道让重力流管道。
② 小口径管道让大口径管道。
③ 后敷设管道让已敷设管道。
④ 支管避让干线管道。
⑤ 冷水管道避让热水管道。

2. 抱弯

又称过桥弯管、过桥弯头，是水暖管道安装中常用的一种连接用管件，用于处理一根管道跨过另一根管道，用在水管与水管或者水管与线管交接处，常用材料有可锻铸铁镀锌、PPR、紫铜、不锈钢等。如图 4-40 所示。

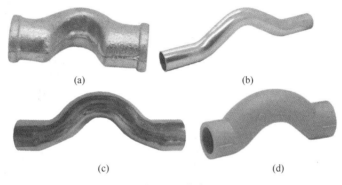

图 4-40 抱弯

三、生活热水管道安装

生活热水管道主要为家庭中的洗脸盆、淋浴器、洗涤盆等卫浴设备提供不高于 60℃ 的热水。生活热水管道系统一般使用 PPR 管、紫铜管、铝塑复合管等，本方案选用紫铜管，采用钎焊的形式进行安装。需要根据施工设计图纸中壁挂锅炉的位置和洗脸盆的安装位置确定管道走向，参考施工规范进行安装施工。

【实践活动】 根据施工图纸和洗脸盆位置完成热水管道系统安装。

【活动情景】 小高在完成冷水系统管道安装后，需要按照施工图中燃气壁挂锅炉和洗脸盆的安装位置，确定生活热水管道走向，填写材料工具清单，带领施工人员进行生活热水管道系统安装，并按照施工验收规范进行验收评价。

【工具/环境】 施工图纸、紫铜管、钎焊工具/施工现场。

活动实施流程（图 4-41）：

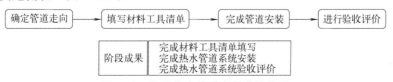

图 4-41 生活热水管道安装实施流程

模块四 管道设备安装

引导问题7：紫铜管连接形式有哪些？

_____

_____

引导问题8：常见卫浴设备冷热水垂直管道间距是多少？

_____

_____

引导问题9：铜是一种有色金属，也是重金属，其密度为_____ kg/m³，延展性_____。紫铜管一般分为软铜管和硬铜管，采用_____方法可以将硬铜管转化成软铜管。

填写生活热水管道安装材料工具清单，见表4-38。

表4-38 生活热水管道安装材料工具清单

序号	材料工具名称	规格	单位	数量	备注	是否申领(申领后打√)
1						
2						
3						
4						
5						
6						
7						
8						
9						
10						
11						
12						

填写生活热水管道安装评价表，见表4-39。

表4-39 生活热水管道安装评价表

评价指标	评价项目	配分	评价标准	得分
专业能力	关键尺寸1	10	尺寸≤±2mm得10分，尺寸≤±5mm得5分	
	关键尺寸2	10	尺寸≤±2mm得10分，尺寸≤±5mm得5分	
	关键尺寸3	10	尺寸≤±2mm得10分，尺寸≤±5mm得5分	
	关键尺寸4	10	尺寸≤±2mm得10分，尺寸≤±5mm得5分	
	管道设置	10	没有按照左热右冷、上热下冷的原则敷设，1处不合格扣5分，扣完为止	
	管卡固定	10	管卡1处松动扣1分，扣完为止	
	钎焊质量	10	焊接表面光滑、不结瘤、无漏焊点，1处不合格扣2分，扣完为止	
	表面处理	10	紫铜管钎焊部位未按照要求使用砂纸去除表面氧化物或氧化物处理不完全，出现1处扣2分，扣完为止	
	管道表面	10	管道表面1处严重划痕扣2分，1处中等划痕扣1分，扣完为止	
	横平竖直	10	管道水平度或垂直度超过3°扣2分，扣完为止	
	材料使用	10	因操作错误额外领取材料1次扣5分，扣完为止	
	材料工具清单填写	30	材料工具清单中主材缺失1项扣5分，主要工具缺失1项扣5分，辅材缺失1项扣2分，材料工具数量错误1项扣2分，扣完为止	

续表

评价指标	评价项目	配分	评价标准	得分
工作过程	操作规范	10	管道切割没有画标记线1次扣2分,焊接插入时没有画标记线1次扣2分,暴力操作1次扣5分,损坏工具1次扣10分,扣完为止	
	安全操作	10	未正确穿戴使用安全防护用品1次扣5分,未安全使用工具1次扣2分,扣完为止	
工作素养	环境整洁	10	地面随意乱扔工具材料1次扣1分,安装结束未清扫整理工位扣5分,扣完为止	
	工作态度	10	无故迟到早退1次扣2分,旷课1节扣5分,扣完为止	
团队素养	团结协作	10	小组分工不合理扣5分,出现非正常争吵1次扣5分,扣完为止	
	计划组织	10	工作计划不合理扣5分,现场组织混乱扣5分,扣完为止	
情感素养	项目参与	10	不主动参与项目论证1次扣2分,不积极参加实践安装1次扣2分,扣完为止	
	体会反思	10	每天课后填写的学习体会和活动反思缺1次扣2分,扣完为止	

说明：本评价表中最终得分按照表格中得分总和除以配分总和后进行百分制换算。

信息驿站

1. 紫铜管连接

（1）**非加工压紧式连接** 采用非加工压紧式紫铜管件实施铜管的机械连接，是一种较为简单的施工方法，操作简单、掌握方便，是目前工程中常用的连接方法。连接时，只要管子切口的端面能与管子轴线保持垂直，并将切口处毛刺等清理干净，管件装配式卡环的位置放置正确，并将螺母拧紧，就能实现铜管的严密连接。

（2）**加工压紧式连接** 采用加工压紧式管件实施铜管的机械连接，也是铜管连接常用的施工方法之一。它与非加工压紧式连接的施工方法之区别在于施工前必须对铜管管端进行成形加工，即铜管施工时，其管端经过切割修正后，还需用特殊的成形工具，将管端加工扩口成杯形或锥形，且杯形或锥形的形状、尺寸需规范统一。因为加工压紧式铜管件的连接，是靠杯形或锥形的管端直接与铜管件相应结合面的密封来保证管道接头的严密性，铜管端成形的规范与否，直接影响接头的连接质量。

（3）**法兰式连接** 较大口径铜管之间的连接，铜管与阀门配件之间的连接，以及铜管与设备、容器之间的连接，一般采用法兰式连接，即铜管通过钎焊黄铜法兰，或加工成翻边形式加钢质活套法兰，形成法兰式接头，由螺栓螺母实施法兰连接。

（4）**沟槽式连接** 较大口径铜管之间的连接也可采用沟槽式连接，即用专用的沟槽成形机械，将铜管端头处扎制一道深度与宽度符合沟槽连接标准的环状沟槽，然后用沟槽连接管件，将两根铜管连接成一体。采用此种连接方式，铜管的壁厚必须符合相关标准的规定。铜管与非铜管沟槽连接管件的接触面，应采取隔绝措施，以防止产生电化腐蚀。

（5）**插接式连接** 采用插接式铜管件实施铜管的机械连接，是目前最简便的施工方法之一，操作简单方便，施工人员只需熟悉其操作要求，稍作实践即可掌握。连接时，

笔记

管子切口端面应与管子轴线垂直,切口处内外的毛刺应清理干净,并用记号笔在铜管前端外侧标出需插入的深度,然后用力将铜管插入管件到底即可。

此连接方法是靠专用管件中的不锈钢夹固圈将铜管紧固于管件内,利用管件内与铜管外壁紧密配合的"O"橡胶圈来实施密封,完成铜管的严密连接。采用插接式连接方法时,铜管一经插入就无法退出,如安装有误需改时,必须检查配件,确信没有损坏才能再次使用。

(6) **压接式连接** 采用压接式铜管件实施铜管的压接连接,是目前较新的施工方法之一,需配备专用的且规格齐全的压接机械。连接时,管子切口端面应与管子轴线垂直,切口处内外的毛刺应清理干净,然后将管子插入管件到底,并轻轻转动管子,使管子与管件的结合段同心,再用专用压接机械将铜管与管件压接成一体。此种连接方法,是采用冷压接技术使铜管与管件成为一体,利用管件凸缘内的橡胶密封圈来实施密封,完成铜管的严密连接。采用压接式连接方法时,管道敷设很方便,在压接前,铜管与管件的连接可自由拆装,只要压接的时间选择得当,就能使安装一步到位。

(7) **钎焊** 钎焊是利用熔点比母材低的钎料和母材一起加热,在母材不熔化的情况下,钎料熔化后润湿并填充进两母材连接处的缝隙,形成钎焊缝,在缝隙中,钎料和母材之间相互溶解和扩散,从而得到牢固的结合。

铜管的钎焊就是将铜管、铜管件与熔点比铜低的铜磷钎料或锡钎料一起加热,在铜管、铜管件不熔化的情况下,加热到钎料熔化,然后使熔化的钎料填充进承插口的缝隙中,冷却结晶形成钎焊缝,使之成为牢固的接头。根据温度与焊料的不同,钎焊分为软钎焊和硬钎焊两种。

铜管钎焊时,承插口的间隙较小,钎料需通过毛细管的作用才能进入钎焊缝间隙,而毛细管作用只能在液体钎料润湿铜表面时才形成,否则液体钎料会在表面张力作用下,团聚成球状,即形成不润湿现象。

液体钎料对铜表面的润湿是钎料能否流入钎焊缝和填满钎焊缝的关键。影响钎料对铜表面润湿的因素,首先是钎料的成分,其次是铜表面的氧化物。铜表面的氧化物是影响润湿的主要因素,铜表面的氧化物会妨碍钎料的原子与铜直接接触,使液体钎料对铜表面不润湿,因此铜管钎焊时,必须清除铜管与铜管件钎焊面表面的氧化物,包括钎焊过程中产生的氧化物,才能使钎料对铜表面保持必要的润湿性。常用的方法是,钎焊前用机械方法将焊接面的氧化物去除,然后再选用合适的钎剂来有效清除钎焊过程中产生的氧化物。

2. 卫浴设备冷热水间距

冷热水管间距一般是150mm或以上,主要是为了防止热水管的热胀冷缩以及防止导热之间产生的影响,安装冷热水管的时候要注意不要无缝安装。

冷热水垂直管道间距一般根据混水龙头的尺寸确定,大多有100mm、120mm、150mm等。

3. 软态铜管和硬态铜管

紫铜管一般分为硬态形式和软态形式两种,基本成分一致,只是加工工艺存在差异。

硬态紫铜管就是拉制或者是挤制紫铜管成功以后，不做其他的处理，使其自然成型，其内的组织形态全部都呈饱满的状态，紫铜管的组织成分更是特别脆裂，不容易弯折，故硬态的紫铜管只能以直管的形式出现。

软态紫铜管和硬态紫铜管的制作工艺大同小异，较硬态紫铜管相比多了一道退火工艺，也就是人们说的在高温火炉中的煅烧，以改变其管内元素组织的排列形态，经过退火后的铜管，其组织就会变软，以利于铜管的弯折，经过退火后的铜管，就被人们称之为软态铜管。

硬态紫铜管的价格和软态紫铜管相比要稍微便宜一些。软态紫铜管也可以替代硬态紫铜管使用，故软态管较硬态管用途更为广泛一些。软态紫铜管的存在方式除了以直管出现以外，也可以以更长长度的盘管形式存在，当用在连接点较长的地方的时候，可以根据所需长度自由截取，避免铜管焊接时漏孔的出现。

四、燃气管道安装

燃气管道主要为家庭采暖系统中作为独立热源的燃气壁挂锅炉燃烧提供所需的燃料。燃气管道系统一般使用镀锌钢管、不锈钢管、复合管等，本方案选用镀锌钢管，采用螺纹连接的形式进行安装。需要根据施工设计图纸中壁挂锅炉的位置和客户家庭中原有燃气管道的位置确定管道走向，参考施工规范进行安装施工。

【实践活动】 根据燃气壁挂锅炉和原有燃气管道位置完成燃气管道系统安装。

【活动情境】 小高在完成冷热水系统管道安装后，需要按照施工图中燃气壁挂锅炉安装位置和客户家中原有燃气管道的位置确定燃气管道走向，填写材料工具清单，带领施工人员进行燃气管道系统安装，并按照施工验收规范进行验收评价。

【工具/环境】 施工图纸、镀锌钢管、套丝工具/施工现场。

活动实施流程（图4-42）：

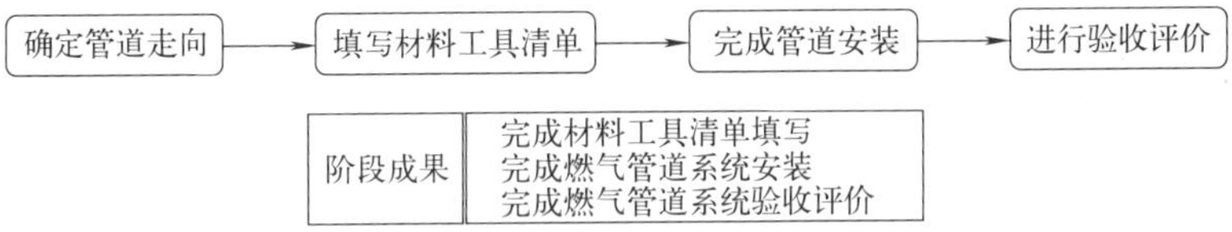

确定管道走向 → 填写材料工具清单 → 完成管道安装 → 进行验收评价

阶段成果：完成材料工具清单填写　完成燃气管道系统安装　完成燃气管道系统验收评价

图4-42　燃气管道安装实施流程

引导问题10：家庭中常用的燃气管道有哪些？

引导问题11：燃气管道所使用的镀锌钢管采用螺纹连接时为何不可以使用麻丝？

引导问题12：各种可燃气体都可用作工农业生产和生活用的燃料，但并不是所有的燃气都可用作城镇燃气。根据《城镇燃气设计规范（2020版）》（GB 50028—2006）的规定，供作城镇燃气时，燃气的低热值应大于_____兆焦/米^3（标准状况）。

填写燃气管道安装材料工具清单，见表4-40。

表 4-40　燃气管道安装材料工具清单

序号	材料工具名称	规格	单位	数量	备注	是否申领(申领后打√)
1						
2						
3						
4						
5						
6						
7						
8						
9						
10						
11						
12						

填写燃气管道安装评价表，见表 4-41。

表 4-41　燃气管道安装评价表

评价指标	评价项目	配分	评价标准	得分
专业能力	关键尺寸 1	10	尺寸≤±2mm 得 10 分,尺寸≤±5mm 得 5 分	
	关键尺寸 2	10	尺寸≤±2mm 得 10 分,尺寸≤±5mm 得 5 分	
	关键尺寸 3	10	尺寸≤±2mm 得 10 分,尺寸≤±5mm 得 5 分	
	关键尺寸 4	10	尺寸≤±2mm 得 10 分,尺寸≤±5mm 得 5 分	
	管卡固定	10	管卡 1 处松动扣 1 分,扣完为止	
	螺纹质量	10	螺纹外露 2~3 丝扣,1 处不合格扣 1 分,扣完为止	
	生料带清理	10	螺纹处生料带清理不干净 1 处扣 2 分,扣完为止	
	管道表面	10	管道表面 1 处严重划痕扣 2 分,1 处中等划痕扣 1 分,扣完为止	
	横平竖直	10	管道水平度或垂直度超过 3°扣 2 分,扣完为止	
	材料使用	10	因操作错误额外领取材料 1 次扣 5 分,扣完为止	
	材料工具清单填写	30	材料工具清单中主材缺失 1 项扣 5 分,主要工具缺失 1 项扣 5 分,辅材缺失 1 项扣 2 分,材料工具数量错误 1 项扣 2 分,扣完为止	
工作过程	操作规范	10	管道切割没有画标记线 1 次扣 2 分,螺纹连接没有使用生料带 1 次扣 10 分,暴力操作 1 次扣 5 分,损坏工具 1 次扣 10 分,扣完为止	
	安全操作	10	未正确穿戴使用安全防护用品 1 次扣 5 分,未安全使用工具 1 次扣 2 分,扣完为止	
工作素养	环境整洁	10	地面随意乱扔工具材料 1 次扣 2 分,安装结束未清扫整理工位扣 5 分,扣完为止	
	工作态度	10	无故迟到或早退 1 次扣 2 分,旷课 1 节扣 5 分,扣完为止	
团队素养	团结协作	10	小组分工不合理扣 5 分,出现非正常争吵 1 次扣 5 分,扣完为止	
	计划组织	10	工作计划不合理扣 5 分,现场组织混乱扣 5 分,扣完为止	
情感素养	项目参与	10	不主动参与项目论证 1 次扣 2 分,不积极参加实践安装 1 次扣 2 分,扣完为止	
	体会反思	10	每天课后填写的学习体会和活动反思缺 1 次扣 2 分,扣完为止	

说明：本评价表中最终得分按照表格中得分总和除以配分总和后进行百分制换算。

📖 **信息驿站**

1. 燃气管道

(1) **镀锌钢管** 镀锌钢管由于其表面的镀锌层在空气中能够形成致密的氧化保护层，故耐腐蚀性良好，即使在焊接、划伤的情况下，由于 Zn-Fe 原电池的存在，相对活泼的镀锌层可以牺牲阳极，延缓钢管的锈蚀，因此可以在燃气过程中得到广泛应用。

在实际应用中，主要连接方式有螺纹连接和焊接两种方式。对于室内燃气管道，公称直径不大于 $DN50$ 且设计压力小于 10kPa 时，采用螺纹连接；当设计压力大于 10kPa 且管径大于 $DN50$ 时，采用焊接方式。对于室外燃气管道，压力不大于 0.2MPa 或者管径不大于 $DN100$ 时可选用螺纹连接，但有些情况下一般 $DN50$ 以上就采用焊接。

(2) **家用燃气管** 家用燃气管采用的是优质 PVC 及合成材料制成的，它的耐压性好，十分适用于家庭的厨房煤气灶等的使用中，但使用寿命较短，一般不超过 2 年，且需要定期更换。

(3) **铝塑复合管** 专用铝塑管的天然气管道是铝塑复合管，以焊接铝管为中间层，内外层均为聚乙烯塑料，铝层内外采用热熔胶粘接，是运用专门的技术和加工方法合成的材质。具有使用寿命长、耐腐蚀、耐高压等优点，能够适用于多种不同的场所，但成本相较于软管来说更高一些，且需要安装专门的管件。

(4) **金属软管** 燃气用的金属软管的优点众多，具有耐腐蚀、寿命长、柔韧性好、施工简便、安全的优点，且在运输天然气和液化石油气等气源时更加安全。

(5) **专用螺旋管** 天然气专用螺旋管主要适用于大型的石油、天然气的运输，输送可燃流体和非可燃流体。国家标准的螺旋钢管有 9711.1 螺旋钢管，9711.2 螺旋钢管，还有一些其他材质的螺旋管例如 16Mn 材质螺旋钢管和 X40-X80 螺旋钢管。

2. 燃气管道密封

(1) **接头填充** 为了增加镀锌钢管螺纹接口的严密性和避免维修时不会因螺纹锈蚀造成不易拆卸的情况，螺纹处一般要加填料。因此要求填料既能充填空隙，又能够防腐蚀。镀锌钢管作为燃气管道采用螺纹连接时，不允许使用铅油麻丝密封，以防止铅油麻丝在使用中干裂漏气，应采用聚四氟乙烯密封带（生料带）做螺纹口的填充料。

(2) **橡胶圈** 人工煤气中含有芳香烃、苯、酚等，对天然橡胶和一般的合成橡胶具有腐蚀作用，故应选择耐腐蚀的睛橡胶圈。

3. 城镇燃气

各种可燃气体都可用作工农业生产和生活用的燃料，但并不是所有的燃气都可用作城镇燃气。根据《城镇燃气设计规范（2020 版）》(GB 50028—2006) 的规定，供作城镇燃气时，燃气的低热值应大于 14.64 兆焦/米^3（标准状况）。

燃气的种类很多，主要有人工煤气、天然气、液化石油气和沼气等几种。

五、采暖管道安装

采暖管道主要将热源（含壁挂锅炉）提供的采暖热水或蒸汽输送到散热器，实现热量的输送功能。采暖管道系统一般使用镀锌钢管、PPR 管、HDPE 管、铝塑复合管等，本方案由壁挂锅炉到分集水器均选用 PPR 管，采用热熔焊接的形式进行安装，从分集水器到散热器选用铝塑复合管，采用卡套式连接的方式。需要根据施工设计图纸中壁挂锅炉、分集水器、散热器的安装位置确定管道走向，参考施工规范进行安装施工。

> 【实践活动】 根据施工图纸和洗脸盆位置完成热水管道系统安装。
>
> 【活动情境】 小高在完成燃气系统管道安装后，需要按照施工图中壁挂锅炉、分集水器、散热器的安装位置确定管道走向，确定采暖管道走向，填写材料工具清单，带领施工人员进行采暖管道系统安装，并按照施工验收规范进行验收评价。
>
> 【工具/环境】 施工图纸、PPR 管、铝塑复合管、熔焊工具/施工现场。
>
> 活动实施流程（图 4-43）： 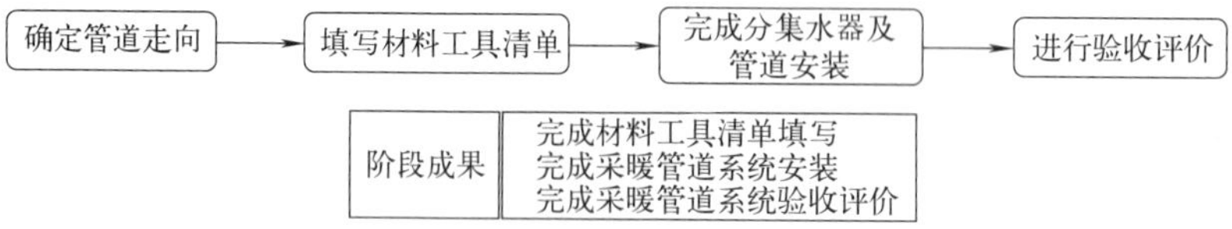
>
> 确定管道走向 → 填写材料工具清单 → 完成分集水器及管道安装 → 进行验收评价
>
> 阶段成果：完成材料工具清单填写 完成采暖管道系统安装 完成采暖管道系统验收评价
>
> 图 4-43 采暖管道安装实施流程

引导问题 13：铝塑复合管的连接形式有哪些？

引导问题 14：PPR 管热熔连接时有哪些注意事项？

引导问题 15：分集水器的安装有哪些规定？

填写采暖系统安装材料工具清单，见表 4-42。

表 4-42 采暖系统安装材料工具清单

序号	材料工具名称	规格	单位	数量	备注	是否申领（申领后打√）
1						
2						
3						
4						
5						
6						
7						
8						
9						
10						
11						
12						

填写采暖管道系统安装评价表，见表 4-43。

表 4-43 采暖管道系统安装评价表

评价指标	评价项目	配分	评价标准	得分
专业能力	关键尺寸 1	10	尺寸≤±2mm 得 10 分,尺寸≤±5mm 得 5 分	
	关键尺寸 2	10	尺寸≤±2mm 得 10 分,尺寸≤±5mm 得 5 分	
	关键尺寸 3	10	尺寸≤±2mm 得 10 分,尺寸≤±5mm 得 5 分	
	关键尺寸 4	10	尺寸≤±2mm 得 10 分,尺寸≤±5mm 得 5 分	
	分集水器位置	10	回水管距地坪不小于 300mm,偏差不超过 5mm 扣 5 分,超过 5mm 扣 10 分	
	管卡固定	10	管卡 1 处松动扣 1 分,扣完为止	
	熔焊质量	10	熔焊表面光滑、不拉丝、无空隙点,1 处不合格扣 2 分,扣完为止	
	表面处理	10	紫铜管钎焊部位未按照要求使用砂纸去除表面氧化物或氧化物处理不完全,出现 1 处扣 2 分,扣完为止	
	管道表面	10	管道表面 1 处严重划痕扣 2 分,1 处中等划痕扣 1 分,扣完为止	
	横平竖直	10	管道水平度或垂直度超过 3°扣 2 分,扣完为止	
	材料使用	10	因操作错误额外领取材料 1 次扣 5 分,扣完为止	
	材料工具清单填写	30	材料工具清单中主材缺失 1 项扣 5 分,主要工具缺失 1 项扣 5 分,辅材缺失 1 项扣 2 分,材料工具数量错误 1 项扣 2 分,扣完为止	
工作过程	操作规范	10	管道切割没有画标记线 1 次扣 2 分,熔焊和卡套式连接插入时没有画标记线 1 次扣 2 分,暴力操作 1 次扣 5 分,损坏工具 1 次扣 10 分,扣完为止	
	安全操作	10	未正确穿戴使用安全防护用品 1 次扣 5 分,未安全使用工具 1 次扣 2 分,扣完为止	
工作素养	环境整洁	10	地面随意乱扔工具材料 1 次扣 2 分,安装结束未清扫整理工位扣 5 分,扣完为止	
	工作态度	10	无故迟到早退 1 次扣 2 分,旷课 1 节扣 5 分,扣完为止	
团队素养	团结协作	10	小组分工不合理扣 5 分,出现非正常争吵 1 次扣 5 分,扣完为止	
	计划组织	10	工作计划不合理扣 5 分,现场组织混乱扣 5 分,扣完为止	
情感素养	项目参与	10	不主动参与项目论证 1 次扣 2 分,不积极参加实践安装 1 次扣 2 分,扣完为止	
	体会反思	10	每天课后填写的学习体会和活动反思缺 1 次扣 2 分,扣完为止	

说明:本评价表中最终得分按照表格中得分总和除以配分总和后进行百分制换算。

信息驿站

1. 铝塑复合管连接

(1) **卡套式连接** 卡套式连接(图 4-44)时应采用管材生产企业配套的管件及专用工具进行施工安装。

安装时要按照设计管径和现场复核后的管道长度截断管材并检查关口,如发现毛刺、不平整或端面不垂直管轴线时,应及时修正。

用整圆器将关口整圆;将锁紧螺帽、C 形紧箍环套在管上,用力将管芯插入管内,直达管芯根部;将 C 形环移动到距关口 0.5~1.5mm 处,再将锁紧螺帽与管件本身拧紧。

卡套式连接两管口端应平整、无缝隙、沟槽均匀，卡紧螺帽后管道应平直，卡套安装方向应一致。

（2）**卡压式连接** 卡压式连接（图4-45）是一种柔性连接，是通过管件与管材之间的挤压经过密封圈二次密封的一种连接技术。它是一种通过冷挤压手段实现管材与管件连接密封的方式，是将预先套上密封圈的管材插入管件的承口，从外部对承口的连接段周向施压。卡压式管件的基本组成是端部，U型槽内装有O型密封圈的特殊形状的管接件。管件成本较低，工程安装简单，施工速度快。

图4-44 卡套式连接

图4-45 卡压式连接

2. 分集水器

（1）**结构组成** 分集水器（图4-46）结构主要分为三部分，一是由多个直流三通串联组成的分水干管和集水干管，二是设置在地暖系统每个分支口的阀门，三是设置在干管上的排气排污阀。通常分水干管在上方，集水干管在下方。

（2）**功能分类** 分集水器分为基本型、标准型和功能型三种类型。

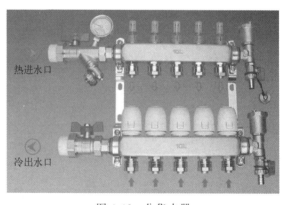

图4-46 分集水器

基本型分集水器：由分水干管和集水干管组成。在分集水干管的每个分支口上装有球阀，同时分集水干管上分别装有手动排气阀。基本型分集水器不具备流量调节功能。

标准型分集水器：标准型分集水器结构上与基本型相同，只是将各干管上的球阀由流量调节阀取代。将两干管上的手动排气阀由自动排气阀取代。标准型分集水器可对每个环路的流量做精密调节，甚至豪华标准型分集水器的流量可实现人工智能调节。

功能型分集水器：功能型分集水器除具备标准型分集水器的所有功能外，同时还具有温度、压力显示功能，流量自动调节功能，自动混水换热功能，热能计量功能，室内分区温度自动控制功能，遥控及远程遥控功能。

（3）**安装要求** 位置宜设在便于控制、维修，且有排水管道处，如厕所、厨房等处，也可设在室内管道井内，并保证附近有电源。不宜设于卧室、起居室，更不宜设于贮藏间内、橱柜内。分集水器应在开始铺设支管之前进行安装。对于半越层的房间，分集水器应设在高点或高、低区分别设置；对于全越（复式）结构，则应设在上、下层对应的统一干管上。

当水平安装时，一般宜将分水器安装在上，集水器安装在下，中心距宜为 200mm，集水器中心距地面应不小于 300mm，并要求回水管要争取预留安装循环水泵距离；当垂直安装时，分集水器在下端距地面应不小于 150mm。

分水器、集水器内径不应小于总供、回水管内径，且分水器、集水器大断面流速不宜大于 0.8m/s。每个分水器、集水器分支环路不宜多于 8 路。环路过多将导致分集水器处的管道过于密集，不利于安装。

分水器前的供水连接管需安装阀门、过滤器，在回水连接管上，安装可关断调节阀，每个分支环路供、回水管路上均应设置可关断阀门。

六、散热器安装

散热器是家庭采暖系统中将管道输送的热量以对流辐射的形式传送到室内以补偿房间的热耗，达到维持房间一定空气温度的主要末端设备。散热器一般有铸铁、压铸铝、钢制、铜铝复合、钢铝复合等材质，分为柱式、板式、管式等不同形式。本方案选用钢制板式散热器，采取背板挂装的形式进行安装。需要根据设计图纸中散热器的安装位置、已安装的采暖管道支管确定具体安装位置，参考施工规范进行安装施工。

【实践活动】 根据施工图纸和已安装的采暖管道支管进行散热器的安装。

【活动情境】 小高在完成分集水器和采暖管道系统支管安装后，需要根据设计施工图纸，参考已安装的散热器支管情况最终确定散热器的安装位置，并结合散热器背面的挂板尺寸确定挂钩安装的打孔位置，填写材料工具清单，带领施工人员进行散热器安装，并按照施工验收规范进行验收评价。

【工具/环境】 施工图纸、散热器管/施工现场。

活动实施流程（图 4-47）：

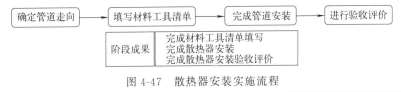

图 4-47 散热器安装实施流程

引导问题 16：散热器安装有哪些注意事项？

引导问题 17：温控阀的工作原理是什么？

引导问题 18：散热器支管供水和回水的连接方式有哪些？

填写散热器安装材料工具清单,见表 4-44。

表 4-44 散热器安装材料工具清单

序号	材料工具名称	规格	单位	数量	备注	是否申领(申领后打√)
1						
2						
3						
4						
5						
6						
7						
8						
9						
10						

填写散热器安装评价表,见表 4-45。

表 4-45 散热器安装评价表

评价指标	评价项目	配分	评价标准	得分
专业能力	关键尺寸 1	10	尺寸≤±2mm 得 10 分,尺寸≤±5mm 得 5 分	
	关键尺寸 2	10	尺寸≤±2mm 得 10 分,尺寸≤±5mm 得 5 分	
	关键尺寸 3	10	尺寸≤±2mm 得 10 分,尺寸≤±5mm 得 5 分	
	关键尺寸 4	10	尺寸≤±2mm 得 10 分,尺寸≤±5mm 得 5 分	
	弯簧使用	10	未使用弯簧弯管扣 10 分	
	弯管质量	10	弯管部位不光滑、有褶皱 1 处扣 1 分,扣完为止	
	背板固定	10	每组散热器固定螺钉不少于 4 颗,少 1 颗扣 5 分,扣完为止	
	横平竖直	10	散热器水平度或垂直度超过 3°扣 2 分,扣完为止	
	散热器表面	10	散热器表面 1 处严重划痕扣 5 分,1 处中等划痕扣 2 分,扣完为止	
	成品保护	10	散热器安装后未进行成品保护扣 5 分,扣完为止	
	材料使用	10	因操作错误额外领取材料 1 次扣 5 分,扣完为止	
	材料工具清单填写	30	材料工具清单中主材缺失 1 项扣 5 分,主要工具缺失 1 项扣 5 分,辅材缺失 1 项扣 2 分,材料工具数量错误 1 项扣 2 分,扣完为止	
工作过程	操作规范	10	管道切割没有画标记线 1 次扣 2 分,卡套连接插入时未划线 1 次扣 2 分,暴力操作 1 次扣 5 分,损坏工具 1 次扣 10 分,扣完为止	
	安全操作	10	未正确穿戴使用安全防护用品 1 次扣 5 分,未安全使用工具 1 次扣 2 分,扣完为止	
工作素养	环境整洁	10	地面随意乱扔工具材料 1 次扣 2 分,安装结束未清扫整理工位扣 5 分,扣完为止	
	工作态度	10	无故迟到早退 1 次扣 2 分,旷课 1 节扣 5 分,扣完为止	
团队素养	团结协作	10	小组分工不合理扣 5 分,出现非正常争吵 1 次扣 5 分,扣完为止	
	计划组织	10	工作计划不合理扣 5 分,现场组织混乱扣 5 分,扣完为止	
情感素养	项目参与	10	不主动参与项目论证 1 次扣 2 分,不积极参加实践安装 1 次扣 2 分,扣完为止	
	体会反思	10	每天课后填写的学习体会和活动反思缺 1 次扣 2 分,扣完为止	

说明:本评价表中最终得分按照表格中得分总和除以配分总和后进行百分制换算。

信息驿站

1. 散热器安装

① 散热器至少要距离地面 110～150mm，而落地式散热器的管道也至少要距离地面 200mm。

② 为确保散热器在使用中的安全性，悬挂散热器的墙的承载能力应不小于其重量的三倍。如果单个散热器较重，负载较重，建议安装支架支撑，防止发生坠落事故危及人身和家庭财产安全。

③ 铝塑管必须用接头连接，接口与铝塑管要保持在同一个水平位置上，以免产生水压而给接头造成压力，导致接口漏水。

④ 散热器一般安装在窗下窗旁，不占位置，散热效果较好。冷热空气可以很好地交换，保持室温平衡。

⑤ 物体不能放在散热器上，否则不仅会增加散热器的承载能力，还会阻碍散热，不利于达到理想的加热效果。

2. 散热器供回水方式

（1）**同侧上进下出** 因水流高进低出大大地增加了水流的速度，让水很好地循环起来，散热效果较好，但对于较长的散热器来说散热效果稍差一点。同时因为进出水在同一侧，导致了需要安装更长的管道，增加了预算成本还不美观。

（2）**异侧上进下出** 原理上和同侧上进下出差不多，最大程度利于了水流的循环，实现了供暖效果，保持了所有暖气片的供水温度是同等的，同时也减少了管道的铺设。

（3）**下进下出** 保证了暖气片整体构造不被破坏，两个水口都在下方，相对于以上两种方式节省了管材的铺装，也节省了安装空间，符合了大多数人的审美观念，但对于高而窄的散热器来说效果稍差一点。

（4）**底进底出** 基本上所有新建设的住宅小区都是这种连接方式，暖气管道是铺设在屋内地面的。厂家在制作散热器时需要在散热器的内部，靠近进水口的位置设置一个隔板，这样水流强制在散热器内部循环。这种进出水方式最适合集中供暖，如果是独立供暖，最好不要采取这种方式，因为会影响水循环，间接导致暖气供暖效果不理想。

3. 散热器温控阀

散热器恒温控制阀由恒温控制器、流量调节阀及一对连接件组成。其中恒温控制器的核心部件是传感器单元，即温包。温包可以感应周围环境温度的变化，因而产生体积变化，带动调节阀阀芯产生位移，进而调节散热器的水量来改变散热器的散热量。温控阀一般装在散热器前，通过自动调节流量，实现居民需要的室温。

温控阀有二通温控阀和三通温控阀之分。三通温控阀主要用于带有跨越管的单管系统，其分流系数可以在 0～100% 的范围内变动，流量调节余地大，价格比较贵，结构较复杂。二通温控阀用于双管系统和单管系统。用于双管系统的二通温控阀阻力较大，用于单管系统的阻力较小。

温控阀的感温包与阀体一般组装成一个整体，感温包本身即是现场室内温度传感器。如果需要也可以采用远程温度传感器，将温度传感器置于要求控温的房间，阀体置于供暖系统上的某一部位。

七、壁挂锅炉安装

燃气壁挂锅炉主要为家庭卫浴系统提供生活热水，也为家庭采暖系统提供采暖热水。本方案选用带有热水板换热系统的两用型燃气壁挂锅炉，采取背板挂装的形式进行安装。需要根据家庭设计施工平面图以及已安装的冷水、生活热水、燃气、采暖供回水等管道的安装位置确定燃气壁挂锅炉的安装位置，参考施工规范进行安装施工。

【实践活动】 根据施工图纸和已安装管道进行燃气壁挂锅炉安装。

【活动情境】 小高在填写材料工具清单，需要根据家庭设计施工平面图以及已安装的冷水，生活热水，燃气、采暖供回水等管道的安装位置确定燃气壁挂锅炉的安装位置，结合壁挂锅炉背板挂钩尺寸确定背板打孔位置，带领施工人员进行壁挂锅炉安装，并按照施工验收规范进行验收评价。

【工具/环境】 施工图纸、燃气壁挂锅炉、不锈钢波纹管/施工现场。

活动实施流程（图 4-48）：

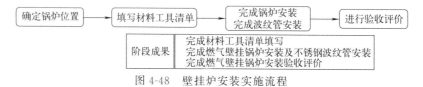

图 4-48 壁挂炉安装实施流程

引导问题 19：燃气壁挂锅炉安装要求有哪些？

引导问题 20：打波器的使用注意事项有哪些？

引导问题 21：不锈钢波纹管有何优点？

填写燃气壁挂炉安装材料工具清单，见表 4-46。

表 4-46 燃气壁挂炉安装材料工具清单

序号	材料工具名称	规格	单位	数量	备注	是否申领（申领后打√）
1						
2						
3						
4						
5						
6						
7						

续表

序号	材料工具名称	规格	单位	数量	备注	是否申领(申领后打√)
8						
9						
10						
11						
12						

填写燃气壁挂炉安装评价表,见表4-47。

表4-47 燃气壁挂炉安装评价表

评价指标	评价项目	配分	评价标准	得分
专业能力	关键尺寸1	10	尺寸≤±2mm得10分,尺寸≤±5mm得5分	
	关键尺寸2	10	尺寸≤±2mm得10分,尺寸≤±5mm得5分	
	关键尺寸3	10	尺寸≤±2mm得10分,尺寸≤±5mm得5分	
	关键尺寸4	10	尺寸≤±2mm得10分,尺寸≤±5mm得5分	
	背板固定	10	固定螺钉不少于4颗,少1颗扣5分,扣完为止	
	打波质量	10	不锈钢波纹管打波面应平整光滑,1处不合格扣2分,扣完为止	
	波纹管外观	10	波纹管弯管顺滑无硬折弯,表面无划痕,出现1处扣2分,扣完为止	
	设备表面	10	壁挂锅炉表面1处严重划痕扣10分,1处中等划痕扣5分,扣完为止	
	横平竖直	10	壁挂锅炉本体水平度或垂直度超过3°1处扣2分,扣完为止	
	成品保护	10	壁挂锅炉安装后未进行成品保护扣10分	
	材料使用	10	因操作错误额外领取材料1次扣5分,扣完为止	
	材料工具清单填写	30	材料工具清单中主材缺失1项扣5分,主要工具缺失1项扣5分,辅材缺失1项扣2分,材料工具数量错误1项扣2分,扣完为止	
工作过程	操作规范	10	背板安装没有画标记线1次扣2分,波纹管连接没有使用垫片1处扣5分,暴力操作1次扣5分,损坏工具1次扣10分,扣完为止	
	安全操作	10	未正确穿戴使用安全防护用品1次扣5分,未安全使用工具1次扣2分,扣完为止	
工作素养	环境整洁	10	地面随意乱扔工具材料1次扣2分,安装结束未清扫整理工位扣5分,扣完为止	
	工作态度	10	无故迟到早退1次扣2分,旷课1节扣5分,扣完为止	
团队素养	团结协作	10	小组分工不合理扣5分,出现非正常争吵1次扣5分,扣完为止	
	计划组织	10	工作计划不合理扣5分,现场组织混乱扣5分,扣完为止	
情感素养	项目参与	10	不主动参与项目论证1次扣2分,不积极参加实践安装1次扣2分,扣完为止	
	体会反思	10	每天课后填写的学习体会和活动反思缺1次扣2分,扣完为止	

说明:本评价表中最终得分按照表格中得分总和除以配分总和后进行百分制换算。

信息驿站

1. 燃气壁挂锅炉安装

壁挂炉应安装在平整垂直牢固的承重墙面上，固定安装支架的墙面应能承受壁挂炉的重量。对于空心砖墙面，安装时应该使用专用塑料膨胀管，以便更好地固定设备。安装在非承重墙上时，必须做墙面加强支架以保证能够承受壁挂炉的重量。

为了安装的便捷以及便于后期对壁挂炉进行维修保养等需要，壁挂炉需要有一定的最小安装和维修空间要求。一般情况下，壁挂炉两边各5mm，壁挂炉下150mm，壁挂炉顶部200mm，壁挂炉前500mm，炉体底部与地面间距1200～1400mm。

2. 打波器使用

打波器使用方式见图4-49。

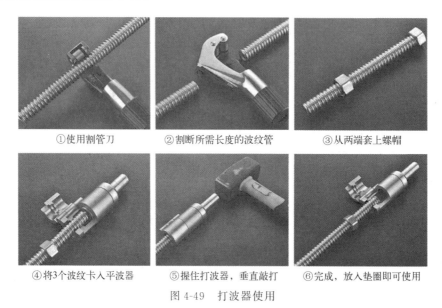

图4-49 打波器使用

3. 不锈钢波纹管

不锈钢波纹管作为一种柔性耐压管件安装于液体输送系统中，用以补偿管道或机器、设备连接端的相互位移，吸收振动能量，能够起到减振、消音等作用，具有柔性好、质量小、耐腐蚀、抗疲劳、耐高低温等多项特点。

不锈钢波纹管连接方式分为法兰连接、焊接、丝扣连接、快速接头连接，小口径金属软管一般采用丝扣和快速接头连接，较大口径一般采用法兰连接和焊接。

不锈钢波纹管的优点是耐腐蚀、耐高温、耐高压，适用于供热管道。不锈钢波纹管的缺点是安装时必须与接头保持垂直状态，否则容易导致漏水。波纹管不宜多次在同一部位弯折，否则会造成波纹管管壁断裂。

评价反馈

采用多元评价方式，评价由学生自我评价、小组互评、教师评价组成，评价标准、分值及权重如下。

1. 按照前面各任务项目评价表中评价得分填写综合评价表，见表 4-48。

表 4-48 综合评价表

综合评价	自我评价(30%)	小组互评(40%)	教师评价(30%)	综合得分

2. 学生根据整体任务完成过程中的心得体会和综合评价得分情况进行总结与反思。

（1）心得体会

学习收获：

存在问题：

（2）反思改进

自我反思：

改进措施：

模块四 管道设备安装

笔记　笔记

项目四　户式中央空调系统安装调试

职　业　名　称： 建筑设备安装
典型工作任务： 户式中央空调系统安装调试
建　议　课　时： 30课时

设备工程公司派工单

工作任务	户式中央空调系统安装调试		
派单部门	实训教学中心	截止日期	
接单人		负责导师	
工单描述	根据派工单位给定的家庭户式中央空调系统安装图,结合施工现场给定的具体条件,科学合理地设计施工安装工序,选择合适的材料和工具完成系统安装,结合施工验收规范进行验收评价		
任务目标	目标	结合施工图纸和施工现场实际条件安装一套户式中央空调系统并调试	
	关键成果	识读施工图纸	
		确定施工工序	
		完成设备吊装及管路设计与安装	
		开机并调试设备	
		依据评价标准进行验收评价	
工作职责	识读施工图纸,为后续施工做好铺垫		
	根据不同功能和加工工艺安排科学合理的施工工序		
	结合验收施工规范进行相关设备和管道的安装		
	结合标准规范进行验收评价		

工作任务

序号	学习任务	任务简介	课时安排	完成后打√
1	图纸识读		4	
2	空调机组设备安装		4	
3	冷媒铜管制作安装		8	
4	冷凝水管制作安装		4	
5	电气线路安装		6	
6	系统运行调试		4	

注意事项：
1. 严格按照派工单的内容要求进行项目实践,不得随意更改工作流程。
2. 在完成工作内容后,请进行清单自检,完成请打√。

学生签字：
日　期：

背景描述

某家庭需要安装一套户式中央空调系统,实现一台室外机连接两台或两台以上的室内机,同时给多个房间制冷或供热,营造舒适居住环境。现在需要根据设计师绘制的施工平面图、客户家庭实际平面布局、空调设备间和电源等预设位置等条件进行综合分析,确定施工工序,选用合适的材料和工具完成系统安装。

任务书

【任务分工】 在明确工作任务后,将学生进行分组,填写小组成员学习任务分配表,见表4-49。

表4-49 学习任务分配表

班级		组号		指导教师	
组长		任务分工			
组员	学号	任务分工			

学习计划

针对户式中央空调系统安装的技术要求,梳理出学习流程(图4-50),并制订实践计划,可依据该计划实施实践活动。

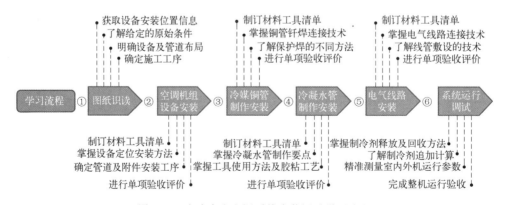

图4-50 户式中央空调系统安装调试学习流程

任务准备

1. 阅读任务书,理解工作计划中的工作要点及工作任务要求。
2. 了解施工技术人员关于户式中央空调安装的工作职责。

3. 借助学习网站，查看户式中央空调安装的相关视频、文章及资讯，并记录疑点和问题。

任务实施

一、图纸识读

图纸识读是开展户式中央空调系统安装的首要条件，需要通过图纸获取建筑物的结构尺寸，了解客户家中原有电气线路走向，结合图纸中户式中央外机、内机等设计位置确定相关管路的安装工序。

【实践活动】 根据施工图纸和施工现场原有条件，确定施工工序。

【活动情境】 小高是某设备公司施工部门的技术专员，将要带领施工团队完成一套家庭户式中央空调系统安装。现在他需要根据设计部门给定的施工图纸，结合客户家中施工现场原有线路、空调机位等原始条件制订施工工序。

【工具/环境】 施工图纸/施工现场。

活动实施流程（图4-51）：

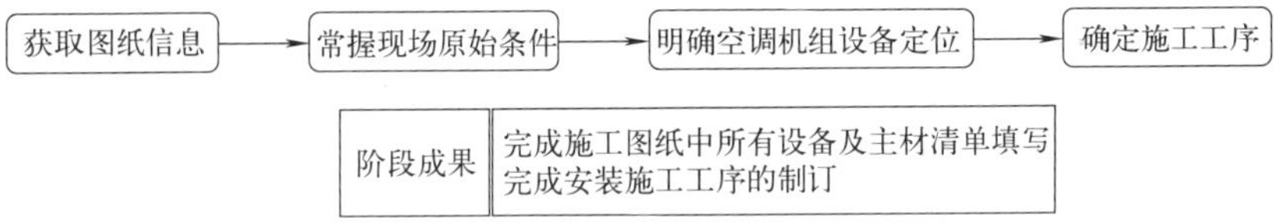

获取图纸信息 → 掌握现场原始条件 → 明确空调机组设备定位 → 确定施工工序

阶段成果：完成施工图纸中所有设备及主材清单填写
完成安装施工工序的制订

图4-51 图纸识读实施流程

引导问题1：户式中央空调安装中识读图纸的重要性体现在哪些方面？

引导问题2：空调安装工程中识读图纸项目的内容主要包括哪些方面？

引导问题3：识读空调安装工程施工平面图的基本顺序是什么？

填写户式中央空调系统中设备及主材清单表，见表4-50。

表4-50 户式中央空调系统安装设备及主材清单

序号	设备及主材名称	规格	单位	数量	备注	是否申领（申领后打√）
1						
2						
3						

续表

序号	设备及主材名称	规格	单位	数量	备注	是否申领(申领后打√)
4						
5						
6						
7						
8						
9						

填写户式中央空调系统施工工序表，见表 4-51。

表 4-51　户式中央空调系统安装施工工序表

序号	工艺流程内容	备注
1		
2		
3		
4		
5		
6		
7		
8		

抄绘安装施工图。

信息驿站

1. 户式中央空调系统工程施工平面图识读

（1）**熟悉、核对施工图纸** 了解工程名称、图纸内容、图纸数量、设计日期等，对照图纸目录检查图纸是否完整，确认无误后再正式识读。

（2）**阅读施工图设计与施工说明** 通过阅读文字说明，了解工程概况，有助于读图过程中理解图纸中无法表达的设计意图和设计要求。

（3）**以系统为单位进行识读** 识读时必须分清系统，如冷媒系统、冷凝水系统、电气系统等的顺序识读。

① **确定设备**。找到室内外机的符号，并确定它们在平面图上的位置。

② **确定管道的方向**。通过观察箭头或线条的方向，确定冷媒、冷凝水、电源线和通信线的走向。

③ **识别关键组件**。找到上述列出的各种组件，如截止阀、活接头、自动排气阀等。

④ **检查连接**。确保所有设备和管道都正确连接。

⑤ **检查标注**。查看平面图上的标注，以确定各个设备和组件的详细信息，如型号、尺寸、材料等。

2. 户式中央空调系统工程施工平面图的关键要素识读

（1）设备位置

① **室外机**（主机）：通常放置在建筑物的外部或设备室中，它们为整个建筑物提供冷媒。

② **室内机**（末端设备）：安装在建筑物各个房间的空调设备，它们将冷媒从室外机传输到室内，并将其分配到各个房间。

（2）冷媒管

① **粗管**：较粗的管道，通常直径为12～15cm，用于传输大流量冷媒。

② **细管**：较细的管道，直径为4～6cm，用于传输较小流量冷媒。

（3）冷凝水管

① **排放管**：从室内机排出冷凝水，将其排到室外或下水道。

② **回收管**：在某些系统中，冷凝水可能被收集并回收以供再利用。

（4）线缆

① **电源线**：用于为室内机供电的电线。

② **通信线**：用于室内机和室外机之间通信的电线。

（5）桥架

① **管道桥架**：用于支撑和保护管道的结构。

② **线缆桥架**：用于支撑和保护电缆的结构。

（6）其他组件

① **截止阀**：用于控制冷媒的流动。

② **活接头**：用于连接或断开管道和设备的接头。

③ **自动排气阀**：用于自动排放冷媒系统中空气的自动阀门。

④ **手动排气阀**：用于人工排放冷媒系统中空气的手动操作的阀门。

⑤ **视液镜**：用于检查制冷剂液位的部件。
⑥ **压力表**：用于测量系统中制冷剂压力的仪表。
⑦ **温度计**：用于测量蒸发器、冷凝器、室内外环境、制冷剂、冷媒等温度的仪表。

二、空调机组设备安装

空调机组设备主要是指户式中央空调系统中的外机和内机，是实现室内外热量转移的主要核心部件，根据载冷剂的不同一般分为氟机和水机两种形式。本方案选用一台外机带两台内机的氟机形式。需要根据图纸中空调主机的位置和客户家中的具体环境确定室外机的安装位置，参考施工规范进行机组安装。

【实践活动】 根据施工图纸完成室内机的吊装。

【活动情境】 小高通过图纸的识读，明确室内机型号及设备吊装数据，编制设备吊装所需工具材料清单，结合施工规范，明确安装流程，带领施工人员，完成户式中央空调系统室内外机的吊装，并进行单项验收。

【工具/环境】 施工图纸、施工现场/吊装工具。

活动实施流程（图 4-52）：

图 4-52 空调机组设备安装实施流程

引导问题 4：准确填写户式中央空调系统设备入场验收单。

某某户式中央空调设备进场验收单——××设备安装公司

客户姓名：
联系方式：
小区名称及楼房号：

序号	型号	单位	数量	备注
1				
2				
3				
4				
5				

合计： 室外机：_____件；室内机：_____件；总计：_____件；

说明：

1. 本人已经现场验收上述货物，货物外观完好，数量、规格与合同一致，本人予以签收。
2. 货物签收后将按照合同的约定进行款项的支付。
3. 供货方需要按照合同的约定进行款项的支付。

客户签字/盖章：_____
验收日期：_____

引导问题 5：室内机吊装中，室内机吊杆下方为什么需要双螺母？

引导问题 6：室内机吊装中，为什么需要有小于等于 5mm 的水平高差？

引导问题 7：室外机布设位置环境需要达到什么条件？

引导问题 8：如何正确选择室内外机的安装位置？请列举至少五个考虑因素。

填写空调机组设备安装材料工具清单，见表 4-52。

表 4-52 空调机组设备安装材料工具清单

序号	名称	规格	数量	单位	备注	是否申领（申领后打√）
1						
2						
3						
4						
5						
6						
7						
8						
9						
10						
11						
12						
13						
14						
15						
16						
17						
18						
19						
20						

填写空调机组设备安装评价表，见表 4-53。

表 4-53 空调机组设备安装评价表

评价指标	评价项目	配分	评价标准	得分
专业能力	外机尺寸 1	10	尺寸偏差≤±5mm 得 10 分,±(5～10)mm 得 5 分,大于±10mm 不得分	
	外机尺寸 2	10	尺寸偏差≤±5mm 得 10 分,±(5～10)mm 得 5 分,大于±10mm 不得分	
	内机尺寸 1	10	尺寸偏差≤±5mm 得 10 分,±(5～10)mm 得 5 分,大于±10mm 不得分	
	内机尺寸 2	10	尺寸偏差≤±5mm 得 10 分,±(5～10)mm 得 5 分,大于±10mm 不得分	
	内机尺寸 3	10	尺寸偏差≤±5mm 得 10 分,±(5～10)mm 得 5 分,大于±10mm 不得分	
	内机尺寸 4	10	尺寸偏差≤±5mm 得 10 分,±(5～10)mm 得 5 分,大于±10mm 不得分	
	内机水平度 1	10	内机吊装水平安装±1°以内得 5 分,大于 3°不得分	
	内机水平度 2	10	内机吊装水平安装±1°以内得 5 分,大于 3°不得分	
	内机防尘措施	10	内机冷媒进出口处未封口扣 5 分,整机无防尘袋密封口 1 次扣 5 分,扣完为止	
	材料使用	10	因操作错误额外领取材料 1 次扣 5 分,扣完为止	
	材料工具清单填写	10	材料工具清单中主材缺失 1 项扣 2 分,主要工具缺失 1 项扣 2 分,辅材缺失 1 项扣 1 分,材料工具数量错误 1 项扣 2 分,扣完为止	
工作过程	操作规范	10	吊装时已经拆除设备包装,1 台扣 2 分,设备无包装、无保护搬运时 1 台扣 5 分,暴力操作 1 次扣 10 分,损坏工具 1 次扣 10 分,扣完为止	
	安全操作	10	未正确穿戴使用安全防护用品 1 次扣 5 分,未安全使用工具 1 次扣 1 分,扣完为止	
工作素养	环境整洁	10	地面随意乱扔工具材料 1 次扣 2 分,安装结束未清扫整理工位扣 5 分,扣完为止	
	工作态度	10	无故迟到早退 1 次扣 2 分,旷课 1 节扣 5 分,扣完为止	
团队素养	团结协作	10	小组分工不合理扣 5 分,出现非正常争吵 1 次扣 5 分,扣完为止	
	计划组织	10	工作计划不合理扣 5 分,现场组织混乱扣 5 分,扣完为止	
情感素养	项目参与	10	不主动参与项目论证 1 次扣 2 分,不积极参加实践安装 1 次扣 2 分,扣完为止	
	体会反思	10	每天课后填写的学习体会和活动反思缺 1 次扣 2 分,扣完为止	

说明:本评价表中最终得分按照表格中得分总和除以配分总和后进行百分制换算。

信息驿站

1. 搬运与吊装

吊装示意图见图 4-53。

① 5P(含)以下的室外机可手动搬运,5P(不含)以上的建议吊运。

② 吊运时禁止拆去任何包装,应使用 2 根绳索在有包装状态下吊运,保持机器平衡,安全平稳地提升。在无包装搬运时,应用垫板或包装物进行保护。

③ 室外机搬运、吊装时应注意保持垂直。倾斜不应大于 45°,并注意在搬运、吊装

过程中的人员安全。

2. 安装技术要求

① 室外机在与基础接触的安装孔和受力点处垫上减震垫，用螺母固定。

② 吊装室外机时，要保持机器水平，机身与吊绳接触部位应加软垫以免磨损或刮花机器。

③ 空调室外机离墙必须1m以上，保证散热，并且有足够的维修空间。

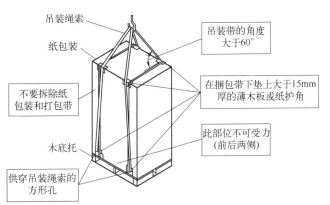

图 4-53 吊装示意图

④ 空调机在运到安装地点之前不得拆封。不得不拆封的场合，拆封后应采取措施以免损坏或擦伤空调机。安装完毕后，装修还没有完成时应该用塑料袋将内机包扎保护。

⑤ 安装步骤是：确定安装位置—划线标位—打膨胀螺栓—吊装室内机。

⑥ 室内机必须单独固定，不得与其他设备、管线共用支吊架或悬挂在其他专业的吊架上。

⑦ 吊杆安装（图 4-54）时应使用四根吊杆，吊杆直径不得小于 $\phi 10mm$ 圆钢。吊杆长度超过 1.5m 时，必须在对角线处加两条斜撑以防止设备晃动。

⑧ 吊杆安装在封闭吊顶内时，室内机电控箱位置处应预留不小于 $450\times450mm$ 的检修口。

⑨ 室内机相互之间最大高度差不得超过 15m。

⑩ 室内机安装位置附近不能有热源直接辐射。

⑪ 能够提供足够的安装和维修空间。

直径10mm

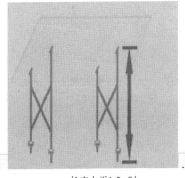
长度大于1.5m时

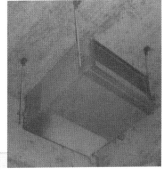

图 4-54 吊杆安装

⑫ 机器安装与噪声要求非常低的环境，应考虑直接与反射的噪声频率。

⑬ 保证通风良好，气流不受障碍物遮挡，冷凝水能顺利排出。

3. 嵌入式室内机安装要点

（1）吊装高度　见图 4-55。

（2）吊杆上垫圈及螺母安装　见图 4-56。

(3) 室内机安装尺寸 见图4-57。

(4) 检修口尺寸 见图4-58。

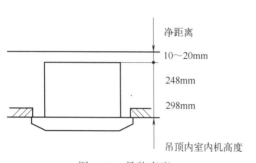

图4-55 吊装高度

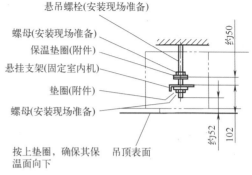

图4-56 吊杆上垫圈及螺母安装（单位：mm）

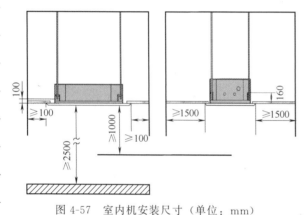

图4-57 室内机安装尺寸（单位：mm）

图4-58 检修口尺寸

4. 风管式内机安装要点

① 将内机安装在易于操作及维护的空间位置。

② 室内机必须安装在合适的位置，使室内温度分布均匀。

③ 室内机的进出风中不得有障碍物阻挡空气流动。

④ 应将室内机安装在高于地面2.3m的位置。

⑤ 吊装时应使用四根吊杆，吊杆直径不得小于$\phi 10mm$圆钢，并保证有一定的长度调节余地。吊杆长度超过1.5m时，必须在对角线处加两条斜撑以防止晃动。

⑥ 要用两个螺母分别在室内机悬挂支脚的上下两侧固定室内机，螺母与支脚间分别加垫圈以降低振动。为防止松动需要将在吊杆和螺母部分涂螺纹锁固剂，否则会产生噪音或室内机可能掉落。

⑦ 分管机电器盒离墙壁至少≥300mm，方便接线、地址拨码和有故障时维修。风管机送、回风口侧必须预留空间安装送风管和回风管。

⑧ 室内机吊装应保持水平。允许室内机后侧低于前侧0～5mm，以利于排水。调整完毕后，将悬挂螺母拧紧。

风管内机安装示意见图4-59。

项目四　户式中央空调系统安装调试

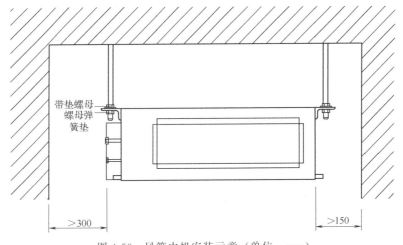

图 4-59　风管内机安装示意（单位：mm）

三、冷媒铜管制作安装

空调冷媒管是指在空调系统中，制冷剂流经室内外换热器、阀门、压缩机等主要制冷部件的管路。冷媒铜管通常采用焊接或纳子等形式连接。本方案中选用"预制焊接＋纳子"的形式连接。需要根据室内机外机的预先安装位置及户型布局，确定管路走向，参考施工规范进行安装施工。

【实践活动】　根据施工图纸和空调室内外机位置完成制冷管道系统的制作与安装。

【活动情境】　小吴在识读施工图纸后，需要按照施工图中室内外机的安装位置，结合客户家庭房屋结构确定管道走向，填写材料工具清单，带领施工人员进行冷媒管道系统安装，并按照施工验收规范进行验收评价。

【工具/环境】　施工图纸、紫铜管、铜管加工工具/施工现场。

活动实施流程（图 4-60）：

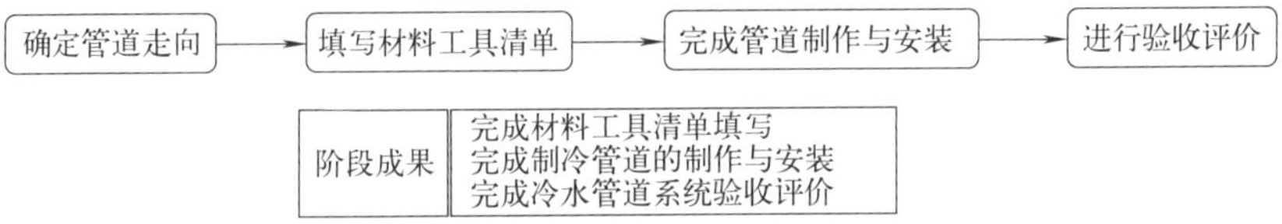

确定管道走向 → 填写材料工具清单 → 完成管道制作与安装 → 进行验收评价

阶段成果：
完成材料工具清单填写
完成制冷管道的制作与安装
完成冷水管道系统验收评价

图 4-60　冷媒铜管制作安装实施流程

引导问题 9：户式中央空调冷媒管的制作安装中，冷媒管的选用原则是什么？

引导问题 10：在户式中央空调冷媒管的制作过程中，如何正确进行管道的切割和焊接？

215

引导问题 11：户式中央空调冷媒管的安装顺序是什么？

引导问题 12：在户式中央空调冷媒管的安装过程中，如何检查管道的密封性？

填写冷媒铜管制作安装材料工具清单，见表 4-54。

表 4-54 冷媒铜管制作安装材料工具清单

序号	材料工具名称	规格	单位	数量	备注	是否申领（申领后打√）
1						
2						
3						
4						
5						
6						
7						
8						
9						
10						

填写冷媒铜管吹污检漏记录表，见表 4-55。

表 4-55 冷媒铜管吹污检漏记录表

吹污操作						
吹污压力/MPa			确认签字			
试压检漏						
次数	保压开始			保压结束		
	时间	压力值/MPa	确认签字	时间	压力值/MPa	确认签字
氮气检漏						
抽真空						
抽真空开始时间			确认签字			
抽真空结束时间			确认签字			
真空保压操作						
次数	保压开始			保压结束		
	时间	压力值/mmHg	确认签字	时间	压力值/mmHg	确认签字
第一次						
第二次						

填写冷媒管道系统安装评价表，见表 4-56。

表 4-56 冷媒管道系统安装评价表

评价指标	评价项目	配分	评价标准	得分
专业能力	冷媒管路连接正确	10	冷媒管与室内外机连接错误扣10分	
	冷媒管选用	10	根据室内外机功率选择正确的冷媒管,选错1处扣5分,扣完为止	
	冷媒管切割加工	10	选用合适的加工工具完成铜管的切割、倒角、喇叭口制作,出现1次错误扣2分,扣完为止	
	分歧管安装	10	分歧管水平安装上下倾斜大于等于10°出现1次扣5分,分歧管前后的水平直管段距离大于等于500mm出现1处扣5分,扣完为止	
	冷媒管安装	20	室外机侧连接管路未采用半圆形管卡固定在外侧铝型材上扣2分,室内机侧连接的管路未采用不锈钢支架悬空吊装扣2分,其他管路未固定在立面网孔板上安装牢固扣2分,管道弯管处支撑超过300mm扣2分,分歧管未在直管段300~500mm处设置3个支撑点扣2分,扣完为止	
	横平竖直	10	冷媒管水平或垂直度超过3°扣2分,扣完为止	
	材料使用	10	因操作错误额外领取材料1次扣5分,扣完为止	
	材料工具清单填写	10	材料工具清单中主材缺失1项扣5分,主要工具缺失1项扣5分,辅材缺失1项扣2分,材料工具数量错误1项扣2分,扣完为止	
工作过程	操作规范	10	冷媒管制作喇叭口前未倒角、有踩踏铜管等非良好操作1次扣2分,暴力操作1次扣5分,损坏工具1次扣10分,扣完为止	
	安全操作	10	未正确穿戴使用安全防护用品1次扣5分,未安全使用工具1次扣2分,扣完为止	
工作素养	环境整洁	10	地面随意乱扔工具材料1次扣2分,安装结束未清扫整理工位扣5分,扣完为止	
	工作态度	10	无故迟到早退1次扣2分,旷课1节扣5分,扣完为止	
团队素养	团结协作	10	小组分工不合理扣5分,出现非正常争吵1次扣5分,扣完为止	
	计划组织	10	工作计划不合理扣5分,现场组织混乱扣5分,扣完为止	
情感素养	项目参与	10	不主动参与项目论证1次扣2分,不积极参加实践安装1次扣2分,扣完为止	
	体会反思	10	每天课后填写的学习体会和活动反思缺1次扣2分,扣完为止	

说明:本评价表中最终得分按照表格中得分总和除以配分总和后进行百分制换算。

信息驿站

1. 户式中央空调冷媒管流程图

如图 4-61 所示。

2. 冷媒管

(1) 铜管 即磷酸脱氧无缝紫铜管(拉制),须满足现行国家标准《铜及铜合金拉制管》(GB/T 1527—2017) 和《空调与制冷设备用铜及铜合金无缝管》(GB/T 17791—2017) 要求。以 R410a 冷媒配管为例,压力比传统的 R22 冷媒的空调要大得多,设计压力达 4.0MPa 以上,在选择材料方面一定要与 R410a 相适应。进场时应具有出厂合格证、检测报告。每 10m 铜管杂质含量小于 30mg,必须经过脱脂处理(要求铜管供应

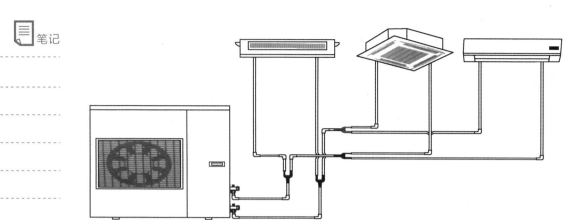

图 4-61　户式中央空调冷媒管流程图

商提供清洗证明），管道内外表面应无针孔、裂纹、起皮、起泡、杂质、铜粉、积碳层、绿锈、脏污和严重氧化膜，不允许存在明显的划伤、凹坑、斑点等缺陷，管道两端必须封口。

（2）管径选择　分歧管之间的配管根据下游连接的所有室内机总容量，从表 4-57 中选择连接配管的尺寸，同时连接配管不得大于制冷剂主配管的尺寸。

表 4-57　分歧管之间配管管径选择表

室内机总容量 x/kW	液管/mm	气管/mm
$x \leqslant 16\text{kW}$		$\phi 15.88$
$16\text{kW} < x < 26\text{kW}$	$\phi 9.52$	$\phi 19.05$
$26\text{kW} \leqslant x < 31.5\text{kW}$		$\phi 22.23$
$31.5\text{kW} \leqslant x < 41\text{kW}$	$\phi 12.7$	$\phi 25.4$

分歧管与室内机之间的配管尺寸需根据表 4-58 进行选择，并与室内机上的连接配管使用相一致。

表 4-58　分歧管与室内机之间配管管径选择表

该分歧管后所连接的 室内机容量（制冷）x/kW	液管/mm	气管/mm
$x < 3\text{kW}$	$\phi 6.35$	$\phi 9.52$
$3 \leqslant x < 6\text{kW}$		$\phi 12.7$
$6 \leqslant x < 16\text{kW}$	$\phi 9.52$	$\phi 15.88$
$x > 16\text{kW}$		$\phi 19.05$

3. 分歧管及其安装

分歧管（图 4-62）是户式中央空调安装系统中，将管道中的制冷剂分流到室内机中的管路，起到分流的作用。

图 4-62　分歧管

（1）分歧管选择

① 室外机与第一组分歧管之间的规格按照室外机的型号规格选择。

② 其他分歧管安装后面连接的室内机总容量选择。

③ 如果出现后面的分歧管尺寸大于前面分歧管尺寸的情况，后面的分歧管选择和前面一样规格的分歧管。

（2）分歧管安装示例　见表 4-59。

表 4-59　分歧管安装示例表

序号	项目	操作示例	备注
1	分歧管尽量靠近室内机		
2	分歧管必须与设备配套，不得使用设备厂家规定以外的产品		
3	安装前一定要核对分歧管的型号，不能用错		
4	水平安装，左右不得倾斜，上下原则上不得倾斜，但允许有15°内的角度		① 应尽量水平安装Y分支管，如果不正确安装，可能导致故障 ② 误差角度不大于15°
5	垂直安装，可以向上或者向下，但不允许倾斜		

续表

序号	项目	操作示例	备注
6	第一分歧管到最远端室内机(最不利回路)的距离:室外机为 5HP、8HP、10HP、16HP、20HP 时为 30 米,室外机为 24HP、30HP 时为 40 米	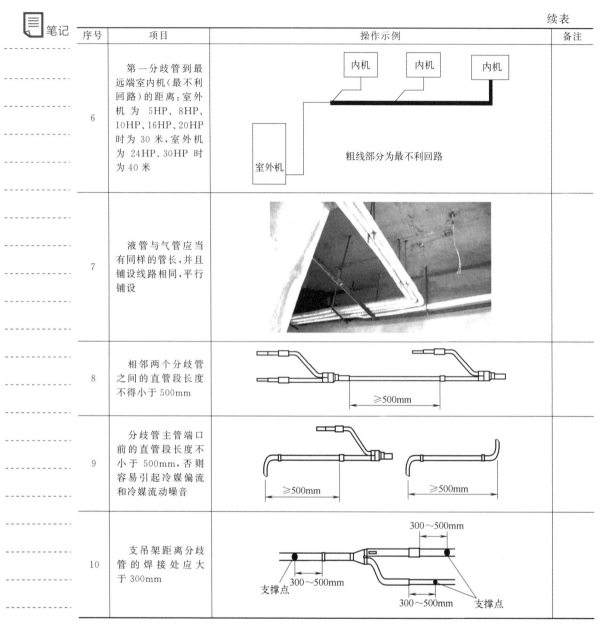	
7	液管与气管应当有同样的管长,并且铺设线路相同,平行铺设		
8	相邻两个分歧管之间的直管段长度不得小于 500mm		
9	分歧管主管端口前的直管段长度不小于 500mm,否则容易引起冷媒偏流和冷媒流动噪音		
10	支吊架距离分歧管的焊接处应大于 300mm		

4. 冷媒管施工原则

见表 4-60。

表 4-60 冷媒管施工原则

施工原则	施工要求	违规施工隐患
干燥性	①避免空气、水珠、冷凝水进入冷媒管 ②雨天不允许进行冷媒管施工操作 ③内外机管路连接完毕后要抽真空处理 ④配管存放要封口	①易造成毛细管和膨胀阀等处结冰 ②冷媒管被水分解产生"酸"侵蚀铁、铜使冷冻油劣化 ③毛细管、膨胀阀堵塞压缩机线圈绝缘破坏或烧毁
清洁性	①不让灰尘或杂质进入管道 ②焊接时可充氮气 ③施工中必须及时清理	①易造成毛细管、膨胀阀处堵塞故障 ②易使冷冻油劣化,造成压缩机故障

续表

施工原则	施工要求	违规施工隐患
气密性	①按规范要求、技术要求焊接 ②按规范要求、技术要求加工喇叭口 ③按标准扭矩紧固铜管螺母	①系统泄漏、制冷制热效果差 ②压缩机等机器设备性能差 ③长时间缺氟运行,压缩机易产生故障

5. 冷媒管施工要点

① 根据室内机和室外机安装的具体位置,以减短管路长度、减少弯头数为原则,设计室内机与室外机连接的管路布局方案。

② 根据设计方案,加工制作管件,以实现室内机与室外机之间的正确连接。

③ 根据操作规范,对加工制作的管件进行单体吹污处理。每次吹污操作都要填写《户式中央空调系统安装过程报告》。

④ 根据规范,所有连接管应沿建筑物上部布放,管路整体布局合理、美观、层次分明,安装牢固,管路须横平竖直,不得相互碰触。

⑤ 在施工过程中,按照安装规范使用制冷剂分流分歧管,正确选择制冷管路的支撑点、吊架安装位置,将吊杆固定在顶部网孔板上。

⑥ 在施工过程中,对需要保温的管路加装保温套管;套装保温管时,如需要将保温套管剪开,开口处须用专用胶水黏合,并用胶布封盖黏合线,裂口朝上。

⑦ 在施工过程中,管道末端有必要进行封口作业的,根据加工部位、工期、周围环境等选择胶带封口或管堵封口等作业方法。

6. 冷媒管加工

(1) **基本原则** 走向正确、分支合理、长度最短、不得出现管道扁曲或褶皱。

(2) **弯管要求** $\phi 6.35 \sim \phi 12.7$mm 采用手工弯管,$\phi 6.35 \sim \phi 44.45$mm 采用机械弯管。

(3) **弯曲半径** 管道弯管的弯曲半径应大于 3.5D(D 为管道直径),配管弯曲变形后的短径与原直径之比应大于 2/3。

(4) **质量控制** 弯曲加工时,铜管内侧不能起皱或变形。管道的焊接接口不应放在弯曲部位,接口焊缝距管道或管件弯曲部位的距离不应小于 100mm。弯折质量要求见图 4-63。

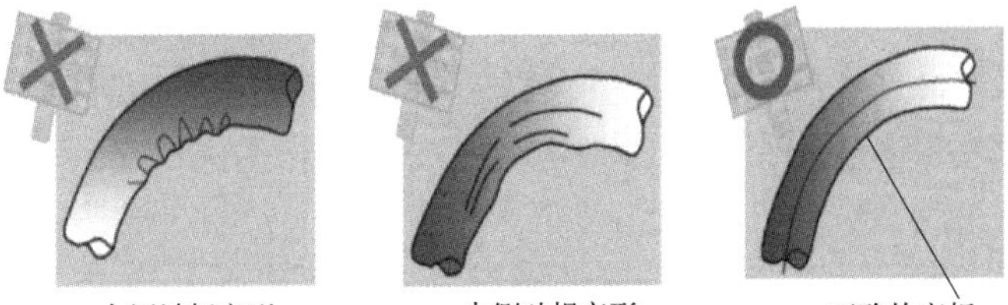

内侧皱折变形　　内侧破损变形　　正确的弯折

图 4-63　铜管折弯质量控制

(5) **常用加工工具** 见表 4-61。

7. 冷媒管保温

(1) **保温材料** 应使用闭孔发泡保温材料,难燃 B1 级,导热系数在平均温度为 0℃时不大于 0.035W/(m·K)。常用的保温材料是橡塑发泡保温筒。

笔记

表 4-61　常用加工工具

名称	图样	名称	图样	名称	图样
割管器		铰孔刀		锉刀刮刀	
扩口器		压力表		力矩扳手	
胀管器		加液管		真空泵	

（2）保温管的选择及操作要点　见表 4-62。

表 4-62　保温管的选择及操作要点

管道类型	保温层厚度	铜管外径 φ/mm	保温层厚度 δ/mm	气管和液管分开保温隔热
室内管道	保温层厚度应当增加 5~10mm，保温材料应选用防晒、防风化、不龟裂的材料。否则，室外管道应该采用金属保护壳进行保护，防止外力或人为的破坏	≤12.70	15	
室外管道		≥15.88	20	

保温管的操作要点如下。

① 保温的原则是严密无缝隙，无破损，包扎时保持适当的松弛感，保温接口不要设在墙洞内、过分狭窄空间，焊接点处等不利于操作的地方。

② 在冷媒配管连接前把保温套管穿好，但在管道焊接点附近留出 200mm 左右的净距，避免焊接时将保温套管烤焦。

③ 在气密性试验完成后，再对焊接口部位单独进行保温，确保保温管道的连续性。

④ 保温套管规格要与制冷剂管道规格相匹配。

⑤ 保温管接口必须用专用胶粘接，然后缠绕电工胶带，缠绕宽度不少于 50mm。

⑥ 冷媒管在穿保温管时，管头必须用堵头或胶布封住，再穿入保温管，避免杂物进入冷媒管。

四、冷凝水管制作安装

户式中央空调冷凝水管路系统，主要用于排出室内机制冷时产生的冷凝水。冷凝水管一般用 UPVC 管、PPR 管等，本方案采用 UPVC 管作为冷凝水管，管外套保温管。需要根据室内外机的位置、冷媒管的走向、建筑结构等条件确定冷凝水管的走向，合理设置排气孔和返水弯，参考施工规范进行安装施工。

【实践活动】 根据室内外机的位置、冷媒管走向、建筑结构等条件布设冷凝水管。

【活动情境】 小高在完成冷媒管道的安装后，根据室内外机的位置、冷媒管走向、建筑结构等条件确定冷凝水管走向，填写材料工具清单，带领施工人员进行冷凝水管道系统安装，并按照施工验收规范进行验收评价。

【工具/环境】 施工图纸、UPVC 管、保温管，施工现场。

活动实施流程（图 4-64）：

确定管道走向 → 填写材料工具清单 → 完成管道安装 → 进行验收评价

阶段成果：完成材料工具清单填写　完成冷凝水管系统安装　完成冷凝水管系统验收评价

图 4-64　冷凝水管制作安装实施流程

引导问题 13：户式中央空调冷凝水管路系统常用_____作为管材，ϕ40 冷凝水管厚度为_____mm，保温管材料是_____。

引导问题 14：常规冷凝水管吊装间距是多少？

引导问题 15：冷凝水管吊装时需要设置坡度在_____以上，干管坡度不得小于_____。为什么冷凝水管需要设置坡度？

引导问题 16：户式中央空调冷凝水系统需要在哪些地方设置透气口？

填写冷凝水管制作安装材料工具清单，见表 4-63。

表 4-63　冷凝水管制作安装材料工具清单

序号	材料工具名称	规格	单位	数量	备注	是否申领(申领后打√)
1						
2						
3						
4						
5						
6						
7						
8						
9						
10						

填写冷凝水管检查表，见表 4-64。

模块四 管道设备安装

笔记

表 4-64 冷凝水管检查表

吹污压力		验收签字	
排水试验是否通畅		验收签字	

填写冷凝水管安装评价表,见表 4-65。

表 4-65 冷凝水管安装评价表

评价指标	评价项目	配分	评价标准	得分
专业能力	排水主管位置	10	排水立管位置设置 1 处不合理扣 5 分,扣完为止	
	透气口设置	10	排水主管水平管、立管段未设置透气口气口,1 处扣 5 分。扣完为止	
	返水弯设置	10	嵌入机排水管未正确设置反水弯扣 10 分	
	坡度设置	10	排水管坡度≤1/100 扣 10 分,≤1/100 扣 5 分,扣完为止	
	保温安装	10	冷凝水管保温出现 1 处密封不良好扣 2 分,管件未密封良好 1 处扣 2 分,室内给排水软管与冷凝水管接合部未保温 1 处扣 2 分,扣完为止	
	冷凝管吊装	10	排水管支撑不准确扣 5 分,管卡固定不紧固 1 处扣 1 分,扣完为止	
	冷凝管吹污	10	吹污压力选择不正确扣 5 分,操作过程不规范扣 5 分,扣完为止	
	排水实验	10	连接处出现渗漏 1 处扣 5 分,排水不流畅扣 10 分,扣完为止	
	管道设置	10	冷凝水管未设置在冷媒管之下扣 10 分,未与冷媒管平行扣 5 分,扣完为止	
	粘结质量	10	管件粘结处不光滑 1 处扣 2 分,出现残胶或空洞 1 处扣 2 分,扣完为止	
	材料使用	10	因操作错误额外领取材料 1 次扣 5 分,扣完为止	
	材料工具清单填写	20	材料工具清单中主材缺失 1 项扣 5 分,主要工具缺失 1 项扣 5 分,辅材缺失 1 项扣 2 分,材料工具数量错误 1 项扣 2 分,扣完为止	
工作过程	操作规范	10	管道切割没有画标记线 1 次扣 2 分,螺纹连接没有使用生料带 1 次扣 10 分,暴力操作 1 次扣 5 分,损坏工具 1 次扣 10 分,扣完为止	
	安全操作	10	未正确穿戴使用安全防护用品 1 次扣 5 分,未安全使用工具 1 次扣 2 分,扣完为止	
工作素养	环境整洁	10	地面随意乱扔工具材料 1 次扣 2 分,安装结束未清扫整理工位扣 5 分,扣完为止	
	工作态度	10	无故迟到早退 1 次扣 2 分,旷课 1 节扣 5 分,扣完为止	
团队素养	团结协作	10	小组分工不合理扣 5 分,出现非正常争吵 1 次扣 5 分,扣完为止	
	计划组织	10	工作计划不合理扣 5 分,现场组织混乱扣 5 分,扣完为止	
情感素养	项目参与	10	不主动参与项目论证 1 次扣 2 分,不积极参加实践安装 1 次扣 2 分,扣完为止	
	体会反思	10	每天课后填写的学习体会和活动反思缺 1 次扣 2 分,扣完为止	

说明:本评价表中最终得分按照表格中得分总和除以配分总和后进行百分制换算。

信息驿站

1. 冷凝水管安装规范

① 冷凝水管道安装前，应确定其走向、标高，避免与其他管线的交叉，以保证坡度顺直。管道吊架的固定卡子高度应当可以调节，并在保温层外部固定。

② 空调机排水管必须同建筑中其他污水管、排水管分开安装。

③ 向水平管的合流尽量从上部，如从横向容易汇流。

④ 横向立管连接总立管原则上横向排水管不能以同样的水平高度与竖管连接，应采用排水管接头或者下降或者伸出横管来连接。否则因立管内排水压力原因，易造成横管排水不畅。

⑤ 吊架间距，通常横管0.8~1.0m，立管1.5~2.0m，每支立管不得少于两个。横管支撑间距过大会产生挠曲，而产生气阻。常见的固定码有吊杆、卡扣、万能角铁、三脚架等。

⑥ 冷凝水管道坡度应在1%以上，干管坡度不得小于0.3%且不得出现倒坡。

⑦ 不得将冷凝水管与制冷剂管道捆绑在一起。

⑧ 排水管最高点应设通气孔，以保证冷凝水顺利流出，并且排气口应设计成向下，以防止污物进入管道内，且根据现场实际情况设置一定数量的通气孔，同时需要注意的是带辅助提升排水泵的排水支管，严禁设置排气管。

⑨ 汇流管管径需比室内机冷凝水支管要大。

⑩ 管道连接完成后，应做通水试验和满水试验。一方面检查排水是否畅通，另一方面检查管道系统是否漏水。

⑪ 管道穿墙体或者楼板处应设钢套管，管道接缝不得置于套管内，钢套管应与墙面或楼板底面平齐，穿楼板时要高出地面20mm。套管不得影响管道的坡度。管道与套管的空隙应用柔性不燃材料填塞，不得将套管作为管道的支撑。

⑫ 保温材料接缝处，必须用专用胶粘接，然后缠塑料胶带，胶带宽度不小于5cm，保证牢固，防止结露。

⑬ 冷凝水管系统应吹污、检漏，整个凝结水管路安装完毕，待胶水凝固后，从透气管处用0.1~0.2MPa氮气对整个冷凝水管系统进行吹扫；然后用毛巾紧紧堵住出水口，从透气口注入自来水，检测密封性。

2. 冷凝水管制作流程

冷凝水管制作流程见图4-65。

五、电气线路安装

户式中央空调电气线路主要包含电源系统和通信系统，为户式中央空调的设备运行提供电力支持和通信信号，电源系统一般采用BV线、RV线等，通信系统一般采用RV线、RVV线、RVVP线等。本方案中电源系统采用RV线，通信系统采用RVVP线（屏蔽线）。需要根据室内外机、冷媒管、冷凝水管等现有位置条件确定电气线路走向，参考施工规范进行安装施工。

模块四　管道设备安装

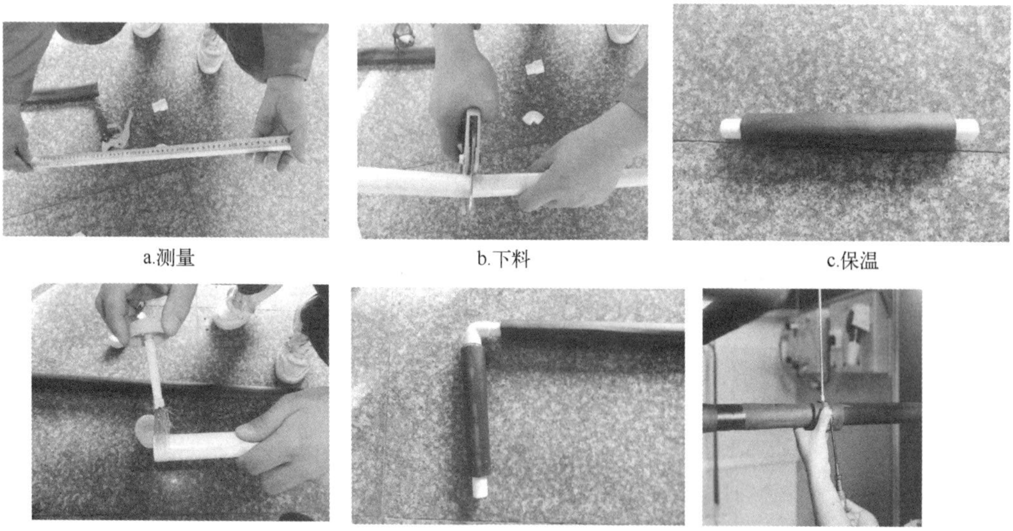

a.测量　　　　　　　　　b.下料　　　　　　　　　c.保温

d.粘结　　　　　　　　　e.粘结　　　　　　　　　f.吊装

图 4-65　冷凝水管制作流程图

【实践活动】　根据空调设备位置和冷媒管走向完成户式中央空调电气线路的安装。

【活动情境】　小高在完成冷媒管路的安装后，需要根据设备的位置和冷媒管的走向确定电气系统的安装位置，填写材料工具清单，带领施工人员进行电气系统安装，并按照施工验收规范进行验收评价。

【工具/环境】　施工图纸、电气加工工具/施工现场。

活动实施流程（图 4-66）：

确定线路走向 → 填写材料工具清单 → 完成线缆连接 → 进行验收评价

| 阶段成果 | 完成材料工具清单填写
完成电气系统安装(电线线路连接和线管敷设)
完成电气系统验收评价 |

图 4-66　电气线路安装实施流程

引导问题 17：通信线缆为什么需要使用屏蔽线？

引导问题 18：为什么电源线管和通信线管必须敷设在冷媒管和冷凝水管之上？

引导问题 19：户式中央空调电源有的采用_____电源，也有的采用_____电源，不管采用哪一种电源，户式中央空调必须采用_____的电源线，电源容量要充足，要有安全可靠的接地。通信线缆必须依次连接，不允许一个接线柱上出现_____根线。

引导问题 20：每个设备和器具端子接线不多于_____根电线。

填写电气线路安装材料工具清单，见表 4-66。

表 4-66 电气线路安装材料工具清单

序号	材料工具名称	规格	单位	数量	备注	是否申领(申领后打√)
1						
2						
3						
4						
5						
6						
7						
8						
9						
10						

填写电气线路安装评价表，见表 4-67。

表 4-67 电气线路安装评价表

评价指标	评价项目	配分	评价标准	得分
专业能力	线型选择	10	电源线、通信线选型不正确 1 次扣 5 分,配电箱进出线方向不正确 1 次扣 2 分,扣完为止	
	接线标准	10	线管未按要求涂胶密封 1 处扣 1 分,管码未固定 1 处扣 1 分,未使用压接冷压端子 1 处扣 1 分,连接不牢固 1 处扣 1 分,扣完为止	
	线控器安装	10	风管机线控器安装位置错误扣 5 分,嵌入机线控器安装位置错误扣 5 分,扣完为止	
	磁环安装	10	通信线缆裸线在附件中的磁环上缠绕少于 3 圈 1 处扣 5 分,扣完为止	
	波纹管安装	10	室内机接线端子到水平线管波纹管长度超过 30cm 扣 3 分,室外机接线端子到直立线管波纹管长度超过 30cm 扣 3 分,波纹管未固定扣 2 分,扣完为止	
	规范接地	10	电气系统未接地扣 10 分,未规范接地扣 5 分,扣完为止	
	材料工具清单填写	10	材料工具清单中主材缺失 1 项扣 5 分,主要工具缺失 1 项扣 5 分,辅材缺失 1 项扣 2 分,材料工具数量错误 1 项扣 2 分,扣完为止	
工作过程	操作规范	10	线缆下料过短出现 1 次拼接行为扣 1 分,线头未做压线帽处理直接连接行为 1 处扣 1 分,暴力操作 1 次扣 5 分,损坏工具 1 次扣 10 分,扣完为止	
	安全操作	10	未正确穿戴使用安全防护用品 1 次扣 5 分,未安全使用工具 1 次扣 2 分,扣完为止	
工作素养	环境整洁	10	地面随意乱扔工具材料 1 次扣 2 分,安装结束未清扫整理工位扣 5 分,扣完为止	
	工作态度	10	无故迟到早退 1 次扣 2 分,旷课 1 节扣 5 分,扣完为止	
团队素养	团结协作	10	小组分工不合理扣 5 分,出现非正常争吵 1 次扣 5 分,扣完为止	
	计划组织	10	工作计划不合理扣 5 分,现场组织混乱扣 5 分,扣完为止	
情感素养	项目参与	10	不主动参与项目论证 1 次扣 2 分,不积极参加实践安装 1 次扣 2 分,扣完为止	
	体会反思	10	每天课后填写的学习体会和活动反思缺 1 次扣 2 分,扣完为止	

说明:本评价表中最终得分按照表格中得分总和除以配分总和后进行百分制换算。

信息驿站

1. 电源线

户式中央空调电源有的采用三相电源，也有的采用单相电源，不管采用哪一种电源，户式中央空调必须采用单独的电源线，电源容量要充足，要有安全可靠的接地。

户式中央空调室内外机分开供电，接入电源接线端子应采用压线端子，防止接触不良。电源线不得和冷媒铜管捆扎在一起，电源线和通信线之间应有一定的距离。在实际进行空调电线连接时，要注意同色电源线接在相同的接线柱上。

2. 通信线连接

室内外机的通信线采用的是屏蔽线，不要使用其他的线，否则会影响系统的正常运行。室内机通信线只能从室外机往室内机连接。

通信线缆必须依次连接，不允许一个接线柱上出现多根线。

3. 电源线安装要点

① 导线接头处避免长时间暴露于空气中，否则接触面易发生氧化，导致导线电阻增加。应在接线端子的根部与导线绝缘层间的空隙额，采用绝缘带包缠严密。

② 接线易松动、不牢固导致接触不良，会出现打火现象，甚至引发火灾。

③ 截面积在 10mm^2 及以下的单股铜芯线和单股铝芯线可直接与设备、器具的端子连接。

④ 截面积在 2.5mm^2 及以下的多股铜芯线拧紧搪锡或接续端子后与设备、器具的端子连接。

⑤ 截面积大于 2.5mm^2 的多股铜芯线，除设备自带插接端子外，接续端子后与设备或器具的端子连接。多股铜芯线与插接端子连接前，端部拧紧搪锡。

⑥ 每个设备和器具端子接线不多于 2 根电线。

⑦ 电线、电缆的芯线连接金具（连接管和端子），规格应与芯线的规格适配，且不可采用开口端子。

4. 几点说明

① 芯线的端子即端部的接头，俗称铝接头、铜接头，也有称接线鼻子的。

② 设备、器具的端子指设备、器具的接线柱、接线螺钉或其他设备的接线处，即俗称的接线端头。

③ 标示线路符号套在电线端部做标记用的零件称端子头。位于设备内，用于外部接线的接口零件称为端子板。

④ 大规格金具、端子与小规格芯线连接时，如焊接，要多用焊料，否则不经济，如压接更不可取，因为压接不到位也压不紧，会导致电阻过大，运行时因过热而发生故障。反之，小规格金具、端子与大规格芯线连接时，必然要截去部分芯线，同样不能保证连接质量，而在使用中易发生电气故障，所以金具、端子必须与线芯适配。

⑤ 开口端子一般用在实验室或调试用的临时线路上，以便拆装，不应用在永久连接的线路上，否则可靠性无法保证。

⑥ 电线、电缆的回路标记应清晰，标号准确。

六、系统运行调试

户式中央空调系统调试是安装工作结束后一项十分重要的工作,是保质保量交付业主使用的重要凭证。在前期中央空调系统安装工作都完成的基础上,需要对系统进行调试,确保空调系统后续能够正常使用。

【实践活动】 根据调试要求,完成户式中央空调的调试运行工作。

【活动情境】 小高在完成户式中央冷媒管、冷凝水管及电气系统安装后,需要按照要求完成系统运行调试工作。并按照施工验收规范与客户进行验收交底。

【工具/环境】 调试要求、调试工具/施工现场。

活动实施流程(图 4-67):

图 4-67 系统运行调试实施流程

引导问题 21:为什么通常建议空调设置的温度夏季为 24～26℃,冬季为 18～22℃?

引导问题 22:制冷模式下室内机出现冷凝水的主要原因是什么?

引导问题 23:户式中央空调系统调试的基本步骤有哪些?

引导问题 24:制冷剂释放有哪些注意事项?

填写户式中央空调系统调试运行报告,见表 4-68。

表 4-68 户式中央空调系统调试运行报告

1. 单机运行参数记录情况					
项目	运行时间	高压压力值	低压压力值	运行电流	出风温度
风管式室内机					
嵌入式室内机					
2. 系统全开运行状态性能测定情况					
序号	数据描述	单位	数据记录和计算		备注
1	排气压力 p_d(高压压力)	kPa			代码查询
2	吸气压力 p_s(低压压力)	kPa			代码查询
3	排气温度 T_d	℃			代码查询

模块四 管道设备安装

续表

序号	数据描述	单位	数据记录和计算	备注
4	室外换热器出口液管温度 T_{out}	℃		代码查询
5	室外环境温度 T_a	℃		代码查询
6	嵌入机进出风口温差	℃	（ ）－（ ）＝（ ）	计算
7	风管机进出风口温差	℃	（ ）－（ ）＝（ ）	计算
8	排气压力对应温度 T_c	℃		查表
9	吸气压力对应温度 T_e	℃		查表
10	排气过热度 $T_d - T_c$	℃	（ ）－（ ）＝（ ）	计算
11	冷凝器过冷度 $T_c - T_{out}$	℃	（ ）－（ ）＝（ ）	计算

对于上述数据分析，根据机组调试判定标准进行判定，结论：

填写系统调试运行评价表，见表4-69。

表4-69 系统调试运行评价表

评价指标	评价项目	配分	评价标准	得分
专业能力	通电检查	10	调试前未完成通电安全检查扣10分	
	数据采集1	10	室外机点检数据1处不准确扣5分，扣完为止	
	数据采集2	10	室内机线控器点检数据1处不准确扣5分，扣完为止	
	数据采集3	10	系统全开运行状态性能参数记录1处不准确扣2分，扣完为止	
	状态分析	10	未正确分析机组调试运行状态，随意追加制冷剂扣10分	
	制冷剂回收	10	未回收制冷剂扣10分	
工作过程	操作规范	10	通电检查未佩戴绝缘手套扣5分，回收制冷剂未佩戴防冻手套扣5分，扣完为止	
	安全操作	10	未正确穿戴使用安全防护用品1次扣5分，未安全使用工具1次扣2分，扣完为止	
工作素养	环境整洁	10	地面随意乱扔工具材料1次扣1分，安装结束未清扫整理工位扣5分，扣完为止	
	工作态度	10	无故迟到早退1次扣2分，旷课1节扣5分，扣完为止	
团队素养	团结协作	10	小组分工不合理扣5分，出现非正常争吵1次扣5分，扣完为止	
	计划组织	10	工作计划不合理扣5分，现场组织混乱扣5分，扣完为止	
情感素养	项目参与	10	不主动参与项目论证1次扣2分，不积极参加实践安装1次扣2分，扣完为止	
	体会反思	10	每天课后填写的学习体会和活动反思缺1次扣2分，扣完为止	

说明：本评价表中最终得分按照表格中得分总和除以配分总和后进行百分制换算。

信息驿站

1. 调试步骤

① 打开室外机截止阀门，将储存制冷剂释放到整个空调系统中。

② 启动空调系统，记录相关运行参数，并判定机组运行是否正常。

③ 系统调试如有需要可加注制冷剂，完成后在正压条件下拆除室外机与双表修理阀的连接。

④ 通电正常运行15min后，测量相关参数值，填写《户式中央空调系统运行结果报告》。

⑤ 打开室外机侧盖，通过室外机数码显示管进行查询（数码管查询对应表详见附表 数码管查询代码），并记录相关数据，填写附件《户式中央空调系统运行结果报告》。

⑥ 数据记录完成后，在制冷运行状态下回收制冷剂，允许有少量残留。

⑦ 停机，整理作业现场。

2. 运行维护

（1）**温度设定** 为了使户式中央空调在最佳状态下运行，建议夏季空调控制器设置温度24～26℃，冬季空调控制器设置温度18～22℃，既能保证空调在最稳定节能的状态下运行，也能保证人体最舒适的温度。

（2）**室外机维护清洗** 定期检查室外机的空气进、出口，确保没有被污物或灰尘堵塞。如需清洗，需在清洗外机前应先切断空调的电源，以防触电。可直接接自来水上下冲洗，把空调室外机翅形铝箔散热片冲洗干净，或者使用长毛刷沾水清洗室外机。在冲洗空调室外机的时候，一定要注意不能直接对空调室外机冲洗，避免水流入到风扇轴承导致润滑不良。

（3）**结露、滴冷凝水现象规避** 制冷情况下，当送风温度低于房间内空气的露点温度时，空调出风的百叶风口就会出现结露、滴冷凝水现象。为了规避空调出风口凝水，建议适当提高送风温度，在刚开机时，可以设定温度为26～28℃，并调大室内机的风速，一段时间后再调整至适宜温度。同时，尽量关闭空调房间的门窗，不要让室外的热湿空气渗透到空调房间，随着空调的运行，房间内空气中的湿度会逐渐减小，结露会逐渐减少，直至不再结露。也可以调节出风口叶片角度，使出口处产生大的紊流，增加边缘部分的诱导风，减少风口结露。

（4）**运行前检查** 检查机组室内、外机的空气进、出口，确保未被堵塞。检查地线是否被损坏，确保连接完好。

（5）**室内机回风口滤尘网清洗** 按说明书取下滤尘网，拆卸时注意别碰到室内机组的金属部分防止将其刮伤。拆下空气滤尘网后，轻轻拍弹或使用电动吸尘器除尘。如果滤尘网积尘过多，可用水漂洗或软刷蘸中性洗涤剂清洗，但清洗时水温不得超过50℃，不能用洗衣粉、洗洁精、汽油、香蕉水等，以免滤尘网变形。此外，不要用海绵清洁，否则会损坏滤尘网表面。

（6）**连接主电源开关** 为了保护空调机组，电源应该在运行前8小时开启，不允许接通电源后立即运行机组。运行季节，请不要直接切断机组电源，需要使用遥控器或者线控器进行关机。

评价反馈

采用多元评价方式，评价由学生自我评价、小组互评、教师评价组成，评价标准、分值及权重如下。

1. 按照前面各任务项目评价表中评价得分填写综合评价表，见表4-70。

表 4-70 综合评价表

综合评价	自我评价(30%)	小组互评(40%)	教师评价(30%)	综合得分

2. 学生根据整体任务完成过程中的心得体会和综合评价得分情况进行总结与反思。

(1) 心得体会

学习收获：

存在问题：

(2) 反思改进

自我反思：

改进措施：

项目五　家用两联供系统安装调试

职 业 名 称： 建筑设备安装
典型工作任务： 家用两联供系统安装调试
建 议 课 时： 40课时

设备工程公司派工单

工作任务	家用两联供系统安装调试		
派单部门	实训教学中心	截止日期	
接单人		负责导师	
工单描述	根据派工单位给定的家用两联供系统施工图，结合施工现场给定的具体条件，科学合理地设计施工安装工序，选择合适的材料和工具完成系统安装，结合施工验收规范进行验收评价		
任务目标	目标	结合施工图纸和施工现场实际条件安装一套家用两联供系统	
	关键成果	识读施工图纸	
		安排施工工序	
		完成管道、风机盘管、缓冲罐及主机设备安装	
		依据评价标准进行验收评价	
工作职责	识读施工图纸，为后续施工做好铺垫		
	根据不同功能和加工工艺安排科学合理的施工工序		
	结合验收施工规范进行管道、风机盘管、缓冲罐及主机设备的安装		
	结合标准规范进行验收评价		

工作任务

序号	学习任务	任务简介	课时安排	完成后打√
1	图纸识读		4	
2	风机盘管安装		6	
3	地暖系统安装		6	
4	冷冻水管道安装		4	
5	冷凝水管道安装		4	
6	主机设备及缓冲罐安装		6	
7	电气线路安装		6	
8	系统运行调试		4	

注意事项：
1. 严格按照派工单的内容要求进行项目实践，不得随意更改工作流程。
2. 在完成工作内容后，请进行清单自检，完成请打√。

学生签字：
日期：

模块四　管道设备安装

 笔记

背景描述

某家庭需要安装一套两联供系统,实现夏季通过风机盘管制冷、冬季通过风机盘管及地暖采暖,营造一个节能舒适的居住环境。现需要根据设计师绘制的施工平面图,客户家庭实际平面布局,自来水管、排水管和室外平台的预设位置进行综合分析,确定施工工序,选用合适的材料和工具完成系统安装。

任务书

【任务分工】 在明确工作任务后,进行分组,填写小组成员学习任务分配表,见表4-71。

表4-71　学习任务分配表

班级		组号		指导教师	
组长		任务分工			
组员	学号	任务分工			

学习计划

针对家用两联供系统安装的技术要求,梳理出学习流程(图4-68),并制订实践计划,可依据该计划实施实践活动。

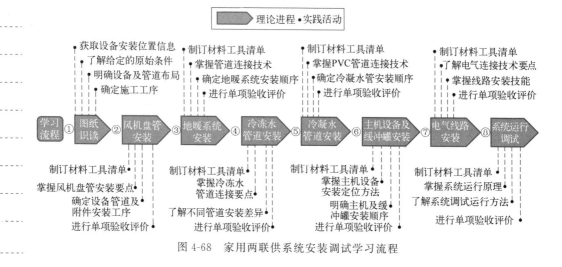

图4-68　家用两联供系统安装调试学习流程

任务准备

1. 阅读任务书,理解工作计划中的工作要点及工作任务要求。
2. 了解施工技术人员关于两联供系统的工作职责。
3. 借助学习网站,查看采暖系统安装的相关视频、文章及资讯并记录疑点和问题。

任务实施

一、图纸识读

图纸识读是开展家用两联供系统安装的重要条件之一,需要通过建筑平面图获取建筑物的结构尺寸,了解客户家原有自来水管道、燃气管道、屋内及设备阳台落水管的位置,结合设计施工图纸中主机设备、缓冲罐、燃气壁挂炉、风机盘管、分集水器、地暖盘管的设计位置等信息确定安装工序。

【实践活动】 根据施工图纸和施工现场原有条件,确定施工工序。

【活动情境】 小高是某设备公司施工部门的技术专员,下周要带领施工团队完成一套家用两联供系统安装。现在他需要根据设计部门给定的施工图纸,结合客户家中施工现场原有自来水管道、燃气管道、屋内及设备阳台落水管的原始条件制订施工工序。

【工具/环境】 施工图纸/施工现场。

活动实施流程(图 4-69):

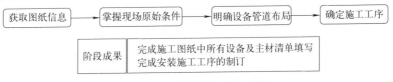

图 4-69 图纸识读实施流程

引导问题 1:识读两联供系统施工平面图的基本顺序是什么?

引导问题 2:施工平面图中标注设备位置时水平距离与标高的标注有何不同?

引导问题 3:确定施工工序时需要考虑哪些因素?

填写家用两联供系统安装中设备及主材清单表,见表 4-72。

表 4-72 家用两联供系统安装设备主材清单

序号	设备及主材名称	规格	单位	数量	备注	是否申领(申领后打√)
1						
2						
3						
4						
5						
6						
7						
8						
9						

填写家用两联供系统安装施工工序表，见表 4-73。

表 4-73　家用两联供系统安装施工工序表

序号	工艺流程内容	备注
1		
2		
3		
4		
5		
6		
7		
8		

抄绘安装施工图。

信息驿站

1. 家用两联供系统安装平面图识读

（1）**熟悉、核对施工图纸** 了解工程名称、图纸内容、图纸数量、设计日期等，对照图纸目录检查图纸是否完整，确认无误后再正式施工。

（2）**阅读施工图设计与施工说明** 通过阅读文字说明，了解工程概况，有助于读图过程中理解图纸中无法表达的设计意图和设计要求。

（3）**以系统为单位进行识读** 识读时必须分清系统，同一系统按照水流方向识读，按照供水总管、供水干管、供水立管、供水支管、回水支管、回水立管、回水总管的顺序识读；也可以按照从主管到支管的顺序识读，先看总管，再看支管。

（4）**平面图与系统图对照识读** 识读时应将平面图与系统图对应起来看，以便相互补充和相互说明，建立全图、完整、细致的工程形象，以全面掌握设计意图。

（5）**细看安装大样图** 安装大样图可以准确指导安装施工，大多选用全国通用标准安装图集，也可以单独绘制。对于单独绘制的大样图也应将平面图与系统大样对照识读。

2. 家用两联供系统安装工序

① 依据施工平面图和系统图，结合施工现场确定设备安装位置和管道走向。

② 明确设备、管道的安装层次，确定管道交叉的解决方案。

③ 按照先下后上、先内后外、从总管到设备的原则确定管道安装顺序。

④ 主机设备、缓冲罐、壁挂锅炉、分集水器、风机盘管等设备可以预先安装，也可以预先确定安装位置，在管道系统安装完成后再进行安装。

3. 家用两联供系统图

包含一套系统所使用的设备、管道、附件示意图，可研读图纸了解详细内容。

二、风机盘管安装

风机盘管作为两联供系统的末端装置，由小型风机、电动机和盘管（空气换热器）等组成，通常分散安装在各个空调房间内，独立地对空气进行处理，以达到所需的房间温度。一般按结构形式可分为立式、卧式、壁挂式、卡式等形式，本方案中采用卧式和壁挂式各一种的形式。需要按照施工图中燃气壁挂锅炉、主机设备、缓冲罐的安装位置，结合客户家庭中原有自来水管道的位置确定管道走向，填写材料工具清单，带领施工人员进行风机盘管吊装，并按照施工验收规范进行验收评价。

【实践活动】 根据施工图纸和原有自来水管位置完成风机盘管系统安装。

【活动情境】 小高在识读施工图纸后，需要按照施工图中燃气壁挂锅炉和主机设备、缓冲罐的安装位置，结合客户家庭中原有自来水管道的位置确定管道走向，填写材料工具清单，带领施工人员进行风机盘管吊装，并按照施工验收规范进行验收评价。

【工具/环境】 施工图纸、安装工具/施工现场。

活动实施流程（图 4-70）：

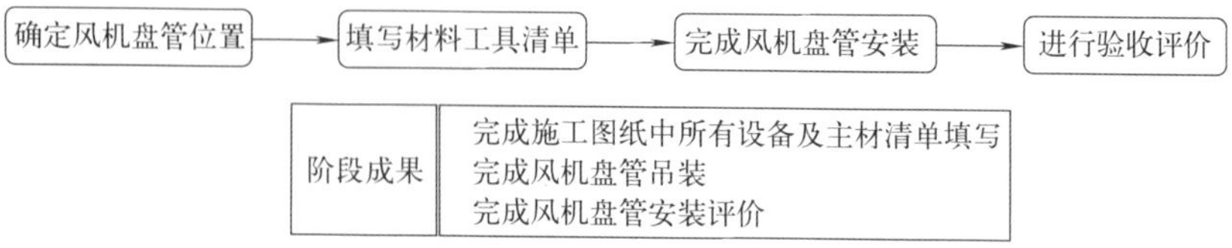

确定风机盘管位置 → 填写材料工具清单 → 完成风机盘管安装 → 进行验收评价

阶段成果	完成施工图纸中所有设备及主材清单填写 完成风机盘管吊装 完成风机盘管安装评价

图 4-70 风机盘管安装实施流程

引导问题 4：确定设备进场安装前需要关注哪些要素？

引导问题 5：风机盘管吊装有哪些注意事项？

引导问题 6：风机盘管相关附件安装的意义是什么？

填写风机盘管安装材料工具清单，见表 4-74。

表 4-74 风机盘管安装材料工具清单

序号	材料工具名称	规格	单位	数量	备注	是否申领（申领后打√）
1						
2						
3						
4						
5						
6						
7						
8						
9						

填写风机盘管安装评价表，见表 4-75。

表 4-75 风机盘管安装评价表

评价指标	评价项目	配分	评价标准	得分
专业能力	关键尺寸 1	10	尺寸≤±2mm 得 10 分，尺寸≤±5mm 得 5 分	
	关键尺寸 2	10	尺寸≤±2mm 得 10 分，尺寸≤±5mm 得 5 分	
	关键尺寸 3	10	尺寸≤±2mm 得 10 分，尺寸≤±5mm 得 5 分	
	关键尺寸 4	10	尺寸≤±2mm 得 10 分，尺寸≤±5mm 得 5 分	
	抱弯安装	10	抱弯朝向正确得 10 分，不准确不得分	
	管卡固定	10	管卡 1 处松动扣 1 分，扣完为止	
	螺纹质量	10	螺纹外露 2~3 丝扣，1 处不合格扣 1 分，扣完为止	
	生料带清理	10	螺纹处生料带清理不干净 1 处扣分，扣完为止	
	管道表面	10	管道表面 1 处严重划痕扣 2 分，1 处中等划痕扣 1 分，扣完为止	
	横平竖直	10	管道水平度或垂直度超过 3°扣 2 分，扣完为止	
	材料使用	10	因操作错误额外领取材料 1 次扣 5 分，扣完为止	

续表

评价指标	评价项目	配分	评价标准	得分
专业能力	材料工具清单填写	30	材料工具清单中主材缺失1项扣5分,主要工具缺失1项扣5分,辅材缺失1项扣2分,材料工具数量错误1项扣2分,扣完为止	
	设备位置	10	风机盘管安装位置与设计方案不一致扣10分	
	风机盘管试验	10	风机盘管试机机组安装前未进行风机三速试运转及盘管水压试验,扣10分	
	帆布与风机盘管连接检查	10	未使用胶水或双面胶固定,1处不合格扣2分,扣完为止,帆布搭接长度不满足要求(20~30mm),1处不合格扣1分,扣完为止	
	压布条固定	10	使用压布条,铆钉间距不满足要求(60~80mm),1处不合格扣2分,扣完为止	
	帆布长度确认	10	帆布装配长度>30cm,1处不合格扣5分,扣完为止	
	帆布检查	10	帆布有划痕、受到污染,1处不合格扣2分,扣完为止	
	风口防尘保护	10	风机盘管出、回风口未有防尘保护、不留缝隙,1处不合格扣1分,扣完为止	
工作过程	操作规范	10	暴力操作1次扣5分,损坏工具1次扣10分,扣完为止	
	安全操作	10	未正确穿戴使用安全防护用品1次扣5分,未安全使用工具1次扣2分,扣完为止	
工作素养	环境整洁	10	地面随意乱扔工具材料1次扣2分,安装结束未清扫整理工位扣5分,扣完为止	
	工作态度	10	无故迟到早退1次扣2分,旷课1节扣5分,扣完为止	
团队素养	团结协作	10	小组分工不合理扣5分,出现非正常争吵1次扣5分,扣完为止	
	计划组织	10	工作计划不合理扣5分,现场组织混乱扣5分,扣完为止	
情感素养	项目参与	10	不主动参与项目论证1次扣2分,不积极参加实践安装1次扣2分,扣完为止	
	体会反思	10	每天课后填写的学习体会和活动反思缺1次扣2分,扣完为止	

说明:本评价表中最终得分按照表格中得分总和除以配分总和后进行百分制换算。

信息驿站

1. 风机盘管工作原理

机组内的风机不断循环所在房间的空气,使之不断通过供冷水或热水的盘管,不断被冷却或加热,通过自带或者外接的控制系统自动调节,以保持房间的温度。其中,空气过滤器的作用是过滤室内循环空气中的灰尘,改善房间的卫生条件,同时可以保护盘管不被灰尘堵塞,确保风量和换热效果。

2. 风机盘管安装流程

① 风机盘管确认。

② 安装材料确认。

③ 风机盘管安装位置确认。

④ 风机盘管帆布安装。

⑤ 风机盘管阀件组装。

⑥ 风机盘管吊筋安装。

⑦ 风机盘管吊装。

⑧ 成品保护。

3. 风机盘管吊装注意事项

(1) **安装位置确认** 安装位置符合设计要求。

(2) **安装空间** 安装空间应满足说明书要求，正面距离吊顶完成面大于等于5cm。

(3) **检修口预留确认** 安装风机盘管机组装修时应考虑设置检修孔，便于维修保养。检修口尺寸应符合说明书要求。

(4) **吊筋安装** 风机盘管应设置吊架及减振装置，吊筋规格不小于M8，固定下端应采用双螺母进行固定。当吊杆长度超过1.5m的做反支撑（防晃动）。

(5) **支、吊架定位放线** 应按施工图中管道、设备等的安装位置，弹出支、吊架的中心线，确定支、吊架的安装位置。

(6) **风机盘管吊装** 避免吊装过程中产生坠落或碰撞，造成设备损坏，特别注意保护风机盘管接口。

(7) **风机盘管调平** 风机盘管机组应保证机组水平安装。

(8) **风口尺寸标注** 标注风口开口尺寸和风机盘管检修口位置及大小，吊顶风口尺寸不小于风机盘管开口尺寸。

(9) **吊杆及减震材料** 使用标准件并做好防腐处理。支、吊架制作完成后，应用钢刷、砂布进行除锈，并应清除表面污物，再进行刷漆处理。支、吊架明装时，应涂面漆。

(10) **凝结水盘水平度** 凝结水盘水平度须保证凝结水全部排放，凝结水盘无积水。

4. 风机盘管帆布安装注意事项

(1) **设备检查** 设备安装前，应进行开箱检查验收，并应形成书面的验收记录。

(2) **帆布软连接材质要求** 风管软连接材料应满足防火规范的要求。软连接柔性面料宜选用防腐、不透气、不霉变、不产尘、不易老化、满足卫生要求、对人畜无害，且具有一定强度和柔韧性的环保材料。

(3) **帆布安装保护** 施工安装过程中，应注意对帆布进行保护，避开电焊火花，同时避免利器或坚硬物体划伤。

(4) **帆布搭接长度** 帆布长度应大于风口周长并搭接，搭接宽度不小于2cm；缝制或粘接牢固、严密。

(5) **帆布与风机盘管连接** 帆布与风机盘管出风口之间用胶水或双面胶粘贴牢靠，搭接宽度不小于钣金件宽度。

(6) **帆布装配长度** 帆布装配长度不大于30cm；应无开裂、扭曲现象。

(7) **帆布与风机盘管连接固定** 帆布与风机盘管连接应采用压布条，直线距离固定间距不大于8cm，转角3cm内须固定。

(8) **防尘保护** 风机盘管应做好防尘保护，回风口和出风口均用塑料薄膜覆盖保护，不留缝隙。

5. 风机盘管组件连接注意事项

(1) **材料确认**　风机盘管机组及其他空调设备与管道的连接，应采用耐压值大于或等于1.5倍工作压力的金属或非金属柔性接管，连接应牢固，不应有强扭和瘪管。

(2) **风机盘管连接组件组装**　冷热水管与风机盘管连接采用金属软管，连接口密封良好，不破坏橡胶垫。

(3) **电动阀与Y型过滤器安装位置正确**　电动阀安装在回水管路上，Y型过滤器安装在进水管路上，安装位置均在手动阀门与风机盘管之间。

(4) **阀门手柄**　安装完成后应朝上，方向正确。

(5) **Y型过滤器**　水流方向正确；接口严密性可靠，不渗漏。

(6) **冷凝水管连接**　冷凝水管道与机组连接应按设计要求安装存水弯，以防止异味通过排水管道渗漏到室内。

(7) **冷凝水管与风机盘管连接**　连接时，宜设置橡胶软管，长度不宜大于150mm，接口应连接牢固、严密，坡向正确，无扭曲和瘪管现象。

(8) **冷凝水接口保护**　搬运过程不要拉拽冷凝水接口，注意防止冷凝水接口磕碰。避免接水盘与冷凝水接口位置被破坏。

(9) **管路接口防尘保护**　做好管路接口防尘保护处理，避免水路进入杂质，造成水路堵塞和设备损坏。

6. 吊顶风口安装注意事项

(1) **风口尺寸预留**　吊顶龙骨预留尺寸不小于风口尺寸，且不宜过大，正面不小于5cm；检回一体宽度不小30cm。风口一周预留龙骨用于固定帆布。

(2) **风口尺寸标注**　现场风口尺寸标注清晰，检修口位置和尺寸明确，建议用喷漆等方式标注明显位置和尺寸大小。

(3) **风口帆布固定**　回风口与送风口均需固定帆布软连接；建议使用压布条，使用燕尾钉或自攻螺钉将帆布固定在龙骨上且固定牢靠，固定间距不大于8cm。风口不应直接安装在主风管上，风口与风管间应通过短管连接。

(4) **风口格栅固定**　吊顶风口可直接固定在装饰龙骨上，当有特殊要求或风口较重时，应设置独立的支、吊架。

(5) **风口的安装位置**　应符合设计要求，风口或结构风口与风管的连接应严密牢固，不应存在可察觉的漏风点或部位，风口与装饰面贴合应紧密。同一房间的相同风口安装高度一致，排列应整齐。

(6) **格栅安装**　卡扣充分固定，应检查格栅牢固性，风口应清洁，调试风口的格栅角度。

(7) **材料质控点**　成品风口应结构牢固，外表面平整，叶片分布均匀，颜色一致，无划痕和变形，符合产品技术标准的规定。表面应经过防腐处理，并应满足设计及使用要求。风口的转动调节部分应灵活、可靠，定位后应无松动现象。

7. 风道安装注意事项

(1) **风道定制**　酚醛板、聚氨酯板、玻璃纤维板风管下料切割时应采用专用刀具，切口应平直。风管组合前应清除管板接口处及表面的水渍、油渍、切割碎屑等杂物。组合型风管管板接合四角处应涂满无机胶凝浆料密封，并应采用角形金属型材加固四角边，其紧固件的间距应小于或等于200mm。法兰与管板紧固点的间距应小于或等于120mm。

（2）**风管与吊架安装** 风管系统的安装宜在施工区域建筑围护结构施工完毕、安装部位和操作场所清理后进行。安装过程中产生的杂尘应及时清理，中断安装时应对管口进行封闭。风管安装前应完成风管位置、标高、走向的测量、定位、放线及技术复核，且符合设计要求。风管安装前应对其外观进行质量检查，并清除其内外表面粉尘及管内杂物。安装中途停顿时，应将风管端口封闭。风机盘管出风口长度1m之内应设置支架，支吊架不应设置在风口、阀门、检查门和自控机构的操作部位，距离风口或插接管不宜小于200mm。

（3）**风管保温** 所有管道必须有足够的绝缘距离，以防止冷凝水渗漏，使用胶钉粘在管道表面上，然后将带有一层锡箔纸的保温层附上，用胶钉盖固定，最后用锡箔胶带封严接口处。

（4）**风口与风管连接** 风口与风管的连接安装，使用绝缘导管连接机器和回风格栅。使用柔软的帆布充当过渡管道。柔性短管的安装宜采用法兰接口形式。风口安装位置应正确，调节装置定位后应无明显自由松动。室内安装的同类型风口应规整，与装饰面应贴合严密。饰面应贴合严密。

（5）**材料质控点** 非金属和复合材料风管的苯、甲醛、氨以及可挥发性有机物（TVOC）的释放浓度应符合现行行业标准《非金属及复合风管》（JG/T 258—2018）的规定；在风速大于或等于16m/s的条件下，玻璃纤维复合板风管内壁不应有纤维脱落。风道材质应选择阻燃环保材料，送风管的安装使用圆形或矩形管道连接。风管安装前，应检查风管有无破损、开裂、变形、划痕等外观质量缺陷，风管规格应与安装部位对应，复合风管承插口和插接件接口表面应无损坏。

（6）**风管成品保护** 运风管应防止碰、撬、摔造成其机械损伤，安装时不应攀登倚靠风管。严禁以风管作为支、吊架，不应将其他支、吊架焊在或挂在风管法兰或风管支、吊架上。严禁在风管上踩踏，堆放重物，不应随意碰撞。风管在搬运和吊装就位时，应轻拿、轻放，不应拖拉、扭曲；吊装作业使用钢丝绳捆绑时，应在钢丝绳与风管之间设置隔离保护措施。风管上空进行油漆、粉刷等作业时，应对风管采取遮盖等保护措施。非金属风管码放总高度不应超过3m，上面应无重物，搬运时应采取防止碎裂的措施。

三、地暖系统安装

地暖系统是通过铺设在地板或地砖下的采暖管环路通入循环热水或直接铺设发热电缆，以辐射的方式向地板以上的空间温和而均匀地散发热量，达到提升室内温度的目的，一般分为低温热水地面辐射供暖和发热电缆地面辐射供暖论证形式。本方案选用低温热水地面辐射供暖的形式。需要按照施工图中分集水器和地暖盘管的安装位置，确定分集水器位置及地暖管道走向，参考施工规范进行安装施工。

【实践活动】 根据施工图纸和分集水器布局位置完成地暖系统安装。

【活动情境】 小高在完成风机盘管系统安装后，需要按照施工图中分集水器和地暖盘管的安装位置，确定分集水器位置及地暖管道走向，填写材料工具清单，带领施工人员进行地暖分集水器系统安装，并按照施工验收规范进行验收评价。

【工具/环境】 施工图纸、安装工具/施工现场。

活动实施流程（图4-71）：

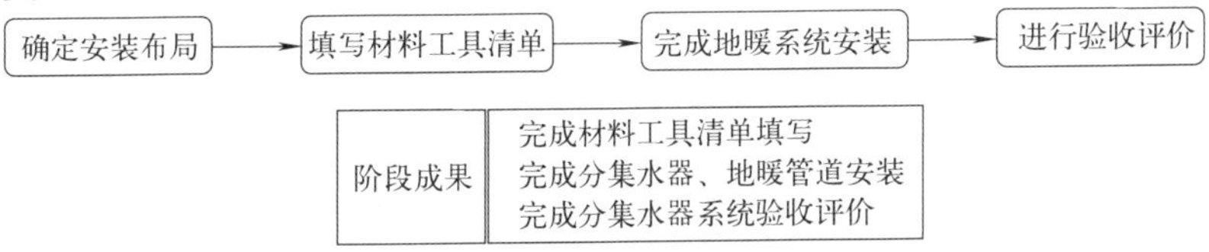

确定安装布局 → 填写材料工具清单 → 完成地暖系统安装 → 进行验收评价

| 阶段成果 | 完成材料工具清单填写
完成分集水器、地暖管道安装
完成分集水器系统验收评价 |

图4-71 地暖系统安装实施流程

引导问题7：地暖管道尺寸由哪几种分类，如何在分集水器上确定管道尺寸规格？

引导问题8：分集水器安装位置空间距离有何要求，为什么？

引导问题9：地暖管道铺设时管道与管道之间的尺寸要求是多少？为什么？

填写地暖系统安装材料工具清单，见表4-76。

表4-76 地暖系统安装材料工具清单

序号	材料工具名称	规格	单位	数量	备注	是否申领（申领后打√）
1						
2						
3						
4						
5						
6						
7						
8						
9						
10						

填写地暖系统安装评价表，见表4-77。

表4-77 地暖系统安装评价表

评价指标	评价项目	配分	评价标准	得分
专业能力	关键尺寸1	10	尺寸≤±2mm 得10分，尺寸≤±5mm 得5分	
	关键尺寸2	10	尺寸≤±2mm 得10分，尺寸≤±5mm 得5分	
	关键尺寸3	10	尺寸≤±2mm 得10分，尺寸≤±5mm 得5分	
	关键尺寸4	10	尺寸≤±2mm 得10分，尺寸≤±5mm 得5分	

续表

评价指标	评价项目	配分	评价标准	得分
专业能力	设备管道设置	30	分集水器下本体下沿距离地面高度小于300mm,不合格扣10分;分集水器左右距离小于100mm,不合格扣5分;正面距离小于500mm,不合格扣5分;上面距离小于200mm,不合格扣5分;地暖连接管没有按照热左冷右、热上冷下的原则敷设,出现1处扣2分,扣完为止	
	管卡固定	10	管道固定管卡1处松动扣1分,扣完为止	
	管道表面	10	管道表面1处严重划痕扣2分,1处中等划痕扣1分,扣完为止	
	横平竖直	10	主供回水管水平度或垂直度超过3°扣2分,分集水器本体水平度或垂直度超过3°扣2分,扣完为止	
	材料使用	10	因操作错误额外领取材料1次扣5分,扣完为止	
	材料工具清单填写	30	材料工具清单中主材缺失1项扣5分,主要工具缺失1项扣5分,辅材缺失1项扣2分,材料工具数量错误1项扣2分,扣完为止	
工作过程	操作规范	10	管道切割没有画标记线1次扣2分,暴力操作1次扣5分,损坏工具1次扣10分,扣完为止	
	安全操作	10	未正确穿戴使用安全防护用品1次扣5分,未安全使用工具1次扣2分,扣完为止	
工作素养	环境整洁	10	地面随意乱扔工具材料1次扣2分,安装结束未清扫整理工位扣10分,扣完为止	
	工作态度	10	无故迟到早退1次扣2分,旷课1节扣5分,扣完为止	
团队素养	团结协作	10	小组分工不合理扣5分,出现非正常争吵1次扣5分,扣完为止	
	计划组织	10	工作计划不合理扣5分,现场组织混乱扣5分,扣完为止	
情感素养	项目参与	10	不主动参与项目论证1次扣2分,不积极参加实践安装1次扣2分,扣完为止	
	体会反思	10	每天课后填写的学习体会和活动反思缺1次扣2分,扣完为止	

说明:本评价表中最终得分按照表格中得分总和除以配分总和后进行百分制换算。

信息驿站

1. 分集水器安装

① 分集水器安装在橱柜里时,需要厂家预留活动挡板。

② 集中供暖区域,如供水温度超过60℃,应加装混水降温装置。

③ 设计地暖混水泵,分集水器处应预留电源和控制线束,如有分室温控需要预留220V 五孔插座。电源插座高于分集水器,放置在分集水器两侧。

④ 分集水器不得拼接,且一组分集水器不得超过8路。

⑤ 铜制金属连接件与管材之间的连接结构形式宜采用卡套式、卡压式或滑紧卡套冷扩式夹紧结构。

⑥ 分集水器有背板安装时注意墙面水平度以及安装高度是否满足要求。

⑦ 安装打孔位置要避开水电线管等位置。

⑧ 阀门、分水器、集水器组件安装前应做强度和严密性试验,强度试验压力应为工作压力的1.5倍,严密性试验压力应为工作压力的1.1倍。强度和严密性试验持续时间应为15s,其间压力应保持不变,且壳体、填料及阀瓣密封面应无渗漏。试验应在每批数量中抽查10%,且不得少于1个。对安装在分水器进口、集水器出口及旁通管上的旁通阀门应逐个做强度和严密性试验,试验合格后方可使用。

2. 地暖加热管的敷设

(1) **地暖加热管敷设的间距** 一般来说，在靠近外墙与窗户的地面，以及人们经常停留的地面，加热管敷设的间距宜小些；在家具或卫生设备安放的地面，不设加热管或加热管间距宜大些。加热管的管径较小的则间距小些，加热管管径较大的则间距大些。$De16$ 的加热管中心距离一般为 150mm，$De20$ 的加热管中心距离一般为 200mm。

(2) **地暖加热管的敷设形式** 双管直列（回字形或双 U 型）的地面，温度比较均匀，单管直列（U 字形）的地面只适用于小面积房间。

(3) **地暖加热管的最大长度** 壁挂炉为热源的地暖管在 $De20$ 及以上的，每组的总长不宜超过 85m，若是 $De16$ 管则每组总长不宜超过 75m。较大面积的房间，可以分成若干个回路，或单独设置采暖水泵，但在该水泵与燃气壁挂炉里的水泵之间应加装隔离罐（混水器）。

(4) **地暖加热管的最大长度差** 连接在同一分水器、集水器上的各环路，其加热管的长度宜接近。各环路的长度差最好在 5m 以内，最大不要超过 10m。

四、冷冻水管道安装

冷冻水系统主要是通过管道将设备主机产生的一定温度的水输送至风机盘管，用以改变室内温度和湿度。冷冻水系统一般使用 PPR 管道，PEXA 管道、PAP 铝塑复合管道、不锈钢管道等。本方案采用 PPR 管道，使用热熔方式进行安装，水系统还包含系统附件的安装。需要确定图纸中主机设备、缓冲罐、风机盘管、分集水器的位置，确定管道走向，参考施工规范进行安装施工。

【实践活动】 根据主机设备、缓冲罐、风机盘管、分集水器的位置，确定管道走向，参考施工规范进行安装施工。

【活动情境】 小高在完成风机盘管、地暖系统安装后，需要按照施工图中主机设备、缓冲罐、风机盘管、分集水器的位置，确定冷冻水水管走向，填写材料工具清单，带领施工人员进行安装，并按照施工验收规范进行验收评价。

【工具/环境】 施工图纸、PPR 管道、热熔机/施工现场。

活动实施流程（图 4-72）：

图 4-72 冷冻水管道系统安装实施流程

引导问题 10：阀件安装有哪些注意事项？

引导问题 11：冷冻水管道保温的施工注意项有哪些？

引导问题 12：冷冻水系统内都有哪些附件？各个附件的功能是什么？

填写冷冻水管道系统安装材料工具清单，见表 4-78。

表 4-78　冷冻水管道系统安装材料工具清单

序号	材料工具名称	规格	单位	数量	备注	是否申领（申领后打✓）
1						
2						
3						
4						
5						
6						
7						
8						
9						
10						

填写冷冻水管道系统安装评价表，见表 4-79。

表 4-79　冷冻水管道系统安装评价表

评价指标	评价项目	配分	评价标准	得分
专业能力	关键尺寸 1	10	尺寸≤±2mm 得 10 分，尺寸≤±5mm 得 5 分	
	关键尺寸 2	10	尺寸≤±2mm 得 10 分，尺寸≤±5mm 得 5 分	
	关键尺寸 3	10	尺寸≤±2mm 得 10 分，尺寸≤±5mm 得 5 分	
	关键尺寸 4	10	尺寸≤±2mm 得 10 分，尺寸≤±5mm 得 5 分	
	管卡固定	10	管卡 1 处松动扣 1 分，扣完为止	
	熔焊质量	10	熔焊表面光滑、不拉丝、无空隙点，1 处不合格扣 2 分，扣完为止	
	管道表面	10	管道表面 1 处严重划痕扣 2 分，1 处中等划痕扣 1 分，扣完为止	
	横平竖直	10	管道水平度或垂直度超过 3°扣 2 分，扣完为止	
	材料使用	10	因操作错误额外领取材料 1 次扣 5 分，扣完为止	
	材料工具清单填写	30	材料工具清单中主材缺失 1 项扣 5 分，主要工具缺失 1 项扣 5 分，辅材缺失 1 项扣 2 分，材料工具数量错误 1 项扣 2 分，扣完为止	
	系统辅材安装	50	根据系统设计图，系统辅材应安装正确，1 处不合格扣 5 分，扣完为止	
	保温	30	管道、阀件保温密封完全，1 处不合格扣 5 分，扣完为止	
工作过程	操作规范	10	管道切割没有画标记线 1 次扣 2 分，熔焊连接插入时没有画标记线 1 次扣 2 分，暴力操作 1 次扣 5 分，损坏工具 1 次扣 10 分，扣完为止	
	安全操作	10	未正确穿戴使用安全防护用品 1 次扣 5 分，未安全使用工具 1 次扣 2 分，扣完为止	
工作素养	环境整洁	10	地面随意乱扔工具材料 1 次扣 2 分，安装结束未清扫整理工位扣 5 分，扣完为止	
	工作态度	10	无故迟到早退 1 次扣 2 分，旷课 1 节扣 5 分，扣完为止	
团队素养	团结协作	10	小组分工不合理扣 5 分，出现非正常争吵 1 次扣 5 分，扣完为止	
	计划组织	10	工作计划不合理扣 5 分，现场组织混乱扣 5 分，扣完为止	
情感素养	项目参与	10	不主动参与项目论证 1 次扣 2 分，不积极参加实践安装 1 次扣 2 分，扣完为止	
	体会反思	10	每天课后填写的学习体会和活动反思缺 1 次扣 2 分，扣完为止	

说明：本评价表中最终得分按照表格中得分总和除以配分总和后进行百分制换算。

信息驿站

1. 系统附件安装

（1）**阀件** 电磁阀、热力膨胀阀、升降式止回阀等，阀头均应向上竖直安装。阀门连接应牢固紧密、启闭灵活；成排阀门的排列应整齐美观，在同一平面上允许的偏差不应大于3mm。安装时应注意不得歪斜，禁止将阀门手柄朝下或置于不易操作的部位。安装带手柄的手动截止阀，手柄不得朝下。阀门安装应根据设计检修需要合理安装。

（2）**水过滤器** 应设置在主机和水泵之前、补水阀之后，保护主机和水泵不进入杂质、异物，过滤器前后应设有阀门（可与其他设备共用），以便检修、拆洗，安装位置须留有拆装和清洗操作空间，便于定期清洗。过滤器应尽量安装在水平管道中，水泵入口过滤器多安装在主管上，介质的流动方向必须与外壳上标明的箭头方向相一致。

（3）**排气装置** 水管系统最高点、分区分段水平干管、缓冲罐、布置有局部上凸的地方，都应设置排气装置。排气装置常用自动排气阀，安装时应在排气短管上设置截止阀，为便于操作和检修，排气口宜连接橡胶软管将可能随排气一同排出的水分引至最近的接水盘，安装处应留检修口。

（4）**膨胀罐** 膨胀罐与支架或底座要固定紧密，安装平整、牢固。膨胀罐定压点宜设在循环水泵的吸入处，膨胀罐上不应设置阀门（系统验收时应先将膨胀管封闭，待打压合格后再将膨胀管与系统连接）。冬季较寒冷地区，对于安装在室外或容易引起结冻的，膨胀罐须加强保温，避免冻坏膨胀罐。膨胀罐一般采用普通钢板制作，安装过程中应加强防腐处理。

（5）**压力表** 压力表安装位置和方向应便于维护和观察。冬季较寒冷地区，对于安装在室外或容易引起结冻的，压力表须加强保温，避免冻坏。压力表安装不宜靠近阀门，不宜小于200mm，应安装在水流稳定的直管段上。

（6）**安全阀** 安全阀应安装在便于检修的地方。安全阀排放管应引向室外或安全地带，并应固定牢固。

（7）**压差旁通阀** 压差旁通阀应安装在主管道末端，安装位置应符合设计要求。

（8）**排水阀** 管路的最低点设置排水管和排水阀，排水口接入安全地漏。

（9）**补水阀** 管路系统中必须设置一个补水阀。冬季较寒冷地区，补水阀建议设置在室内不易引起冻结的位置。设置在室外的补水阀需要做好防冻措施。

（10）**其他阀门** 系统补水应设置单向阀，手动截止阀。

2. 管道保温施工注意事项

① 保温涂胶施工环境保持通风。施工附近禁止用火。避免眼睛皮肤衣物直接接触胶水。

② 保温涂胶施工环境温度应高0℃。

③ 保温施工所使用的胶水必须为橡塑保温材料专用胶水。使用前须搅拌均匀。

④ 涂胶粘接建议避开管道连接件，尽量在直管端连接。

⑤ 胶水涂胶前应清洁温棉粘接表面，不能有油污、灰尘水等。

⑥ 涂刷胶水时应保证薄而均匀，并且要等待胶水干化到手触摸不粘手为最好粘接

效果。胶水自然干化时间一般 3～8min，具体时间长短取决于施工环境温度和相对湿度。

⑦ 一般保温施工完成后需要 3～7 天后才可受热。

⑧ 保温套管施工应尽可能采用整管穿套，减少涂胶粘贴接驳。

⑨ 保温原则应将需保温的管道、设备、部件与周围空气隔绝。

3. 系统阀件保温

① 保温管切口表面应平整，涂刷胶水应均匀，以便于粘接。

② 阀件保温的厚度不能低于管道的保温厚度。

③ 手动或自动阀门金属手柄建议整体做保温，否则存在较大的结露风险。

五、冷凝水管道安装

两联供冷凝水管路系统，主要用于排出室内风机盘管制冷时产生的冷凝水。冷凝水管一般用 UPVC 管、PPR 管等，本方案采用 UPVC 管作为冷凝水管，管外套保温管。需要根据风机盘管的位置、冷媒管的走向、建筑结构等条件确定冷凝水管的走向，合理设置排气孔和返水弯，参考施工规范进行安装施工。

【实践活动】 根据风机盘管、就近落水点的位置，确定管道走向，参考施工规范进行安装施工。

【活动情境】 小高在完成风机盘管、地暖系统安装后，需要按照施工图中风机盘管、落水点的位置，确定冷凝水管走向方案，填写材料工具清单，带领施工人员进行安装，并按照施工验收规范进行验收评价。

【工具/环境】 施工图纸、PVC 管道、胶水/施工现场。

活动实施流程（图 4-73）：

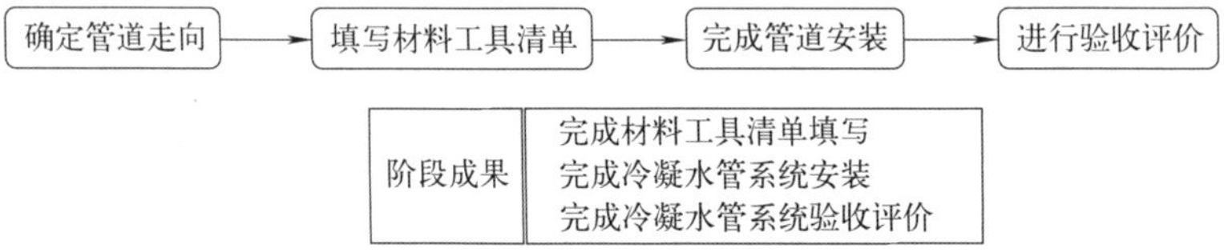

确定管道走向 → 填写材料工具清单 → 完成管道安装 → 进行验收评价

| 阶段成果 | 完成材料工具清单填写
完成冷凝水管系统安装
完成冷凝水管系统验收评价 |

图 4-73 冷凝水管道安装实施流程

引导问题 13：冷凝水管布置为什么要设置存水弯？

引导问题 14：冷凝水管布置为什么需要设置通气口？

引导问题 15：冷凝水管是否可以用 PPR 管道，为什么？

填写冷凝水管道安装材料工具清单，见表 4-80。

表 4-80 冷凝水管道安装材料工具清单

序号	材料工具名称	规格	单位	数量	备注	是否申领(申领后打√)
1						
2						
3						
4						
5						
6						
7						
8						
9						
10						

填写冷凝水管道系统安装评价表，见表 4-81。

表 4-81 冷凝水管道系统安装评价表

评价指标	评价项目	配分	评价标准	得分
专业能力	关键尺寸1	10	尺寸≤±2mm 得10分，尺寸≤±5mm 得5分	
	关键尺寸2	10	尺寸≤±2mm 得10分，尺寸≤±5mm 得5分	
	关键尺寸3	10	尺寸≤±2mm 得10分，尺寸≤±5mm 得5分	
	关键尺寸4	10	尺寸≤±2mm 得10分，尺寸≤±5mm 得5分	
	管卡固定	10	间距800~1000mm 未设置管卡，管卡1处松动扣1分，扣完为止	
	保温安装	10	冷凝水管保温出现1处密封不良好扣2分，管件未密封良好1处扣2分，室内给排水软管与冷凝水管接合部位未保温1处扣2分，扣完为止	
	冷凝管吹污	10	吹污压力选择不正确扣5分，操作过程不规范扣5分，扣完为止	
	坡度设置	10	排水管坡度≤1/100 扣10分，≤1/100 扣5分，扣完为止	
	粘结质量	10	管件粘结处不光滑1处扣2分，出现残胶或空洞1处扣2分，扣完为止	
	管道设备接口	10	冷凝水管道与风机盘管接水盘排水口软连接长度小于150mm，未使用金属抱箍固定，1处扣2分，扣完为止	
	材料使用	10	因操作错误额外领取材料1次扣5分，扣完为止	
	材料工具清单填写	30	材料工具清单中主材缺失1项扣5分，主要工具缺失1项扣5分，辅材缺失1项扣2分，材料工具数量错误1项扣2分，扣完为止	
工作过程	操作规范	10	管道切割没有画标记线1次扣2分，螺纹连接没有使用生料带1次扣10分，暴力操作1次扣5分，损坏工具1次扣10分，扣完为止	
	安全操作	10	未正确穿戴使用安全防护用品1次扣5分，未安全使用工具1次扣2分，扣完为止	
工作素养	环境整洁	10	地面随意乱扔工具材料1次扣2分，安装结束未清扫整理工位扣5分，扣完为止	
	工作态度	10	无故迟到早退1次扣2分，旷课1节扣5分，扣完为止	
团队素养	团结协作	10	小组分工不合理扣5分，出现非正常争吵1次扣5分，扣完为止	
	计划组织	10	工作计划不合理扣5分，现场组织混乱扣5分，扣完为止	
情感素养	项目参与	10	不主动参与项目论证1次扣2分，不积极参加实践安装1次扣2分，扣完为止	
	体会反思	10	每天课后填写的学习体会和活动反思缺1次扣2分，扣完为止	

说明：本评价表中最终得分按照表格中得分总和除以配分总和后进行百分制换算。

信息驿站

1. 冷凝水管安装要点

① 冷凝管设置遵循就近排放原则。

② 室内机冷凝水接口必须采用软接过渡，软接长度不小于15cm，使用金属抱箍固定。

③ 风机盘管辅助排水软管应保持平直（不能弯曲或当作弯头使用）。

④ 每台风机盘管冷凝水接口 30cm 内需加装透气孔。

⑤ 冷凝水管管径和管材（不能使用电线管充当冷凝水管）根据风机盘管容量和台数合理选择（不得小于 $DN25$）。

⑥ 冷凝水管通气口的开口方向不能朝上，防止异物进入阻塞。

⑦ 冷凝水排入污水系统时，应有空气隔断措施。冷凝水管不得与室内污雨水系统直接连接。

⑧ 冷凝水主管汇流连接正确，不能"T"接和对冲。

⑨ 冷凝水管的支持间距应在 0.8~1m，冷凝水管和冷媒管分别固定。

⑩ 冷凝水盘的泄水支管沿水流方向坡度不宜小于1%，且不允许有积水产生。

2. 冷凝水管施工注意事项

① 冷凝水管道必须按设计要求做绝热保温施工。

② 管道支、吊架如果固定在建筑结构上，不能影响结构的安全。

③ 水平管支吊架间距过大会产生挠曲，形成气阻，严重影响水流畅通。

④ 冷凝水管路坡度应合理，避免在管路中间存在积水现象，或者排水不畅的问题。

⑤ 直流内置接水盘的风机盘管，其内置的接水盘较脆弱。在安装冷凝水管时必须使用软连接且不能用力过大。软管不能过度扭曲作为转弯使用。

⑥ 冷凝水管安装完成后应做好醒目的"禁止移动"提示标签，避免后期施工改变冷凝水管坡度而造成排水不畅的问题。

六、主机设备及缓冲罐安装

主机设备是家用两联供系统中热量和冷量的生产者，冬季为室内提供热量维持室内温度，夏季为室内提供冷量降低室内温度。同时，需要在系统内设置缓冲罐用以储备一定体积的水量、储存一定数量的能量，保证系统运行的最低流量，以及作为设备主机融霜的热量提供者。需要根据设计图纸中主机设备及缓冲罐的安装位置及冷热水管道预留位置，参考施工规范进行安装施工。

【实践活动】 根据设计图纸、冷热水管道安装位置，确定机组位置，参考施工规范进行安装施工。

【活动情境】 小高在完成风机盘管、地暖系统、冷热水管道、冷凝水管道安装后，需要按照施工图中设备主机、缓冲罐的位置，确定布置方案，填写材料工具清单，带领施工人员进行安装，并按照施工验收规范进行验收评价。

【工具/环境】 施工图纸、冲击钻、扳手/施工现场。

活动实施流程（图 4-74）：

图 4-74 主机设备及缓冲罐安装实施流程

引导问题 16：主机设备安装有哪些注意事项？

引导问题 17：缓冲罐的安装有哪些注意事项？

引导问题 18：设备主机运行原理是什么？

填写主机设备及缓冲罐安装材料工具清单，见表 4-82。

表 4-82 主机设备及缓冲罐安装材料工具清单

序号	材料工具名称	规格	单位	数量	备注	是否申领（申领后打√）
1						
2						
3						
4						
5						
6						
7						
8						
9						
10						

填写主机设备及缓冲罐安装评价表，见表 4-83。

表 4-83 主机设备及缓冲罐安装评价表

评价指标	评价项目	配分	评价标准	得分
专业能力	关键尺寸 1	10	尺寸≤±2mm 得 10 分，尺寸≤±5mm 得 5 分	
	关键尺寸 2	10	尺寸≤±2mm 得 10 分，尺寸≤±5mm 得 5 分	
	关键尺寸 3	10	尺寸≤±2mm 得 10 分，尺寸≤±5mm 得 5 分	
	关键尺寸 4	10	尺寸≤±2mm 得 10 分，尺寸≤±5mm 得 5 分	
	机组固定	10	安装不稳固，出现晃动，扣 10 分	
	防震脚垫	10	未安装防震脚垫，1 处扣 2 分，扣完为止	
	基础螺栓	10	安装基础螺纹从支撑表面的凸出高度须超过 20mm，1 处不合格扣 4 分，扣完为止	
	成品保护	10	安装后为进行成品保护扣 5 分，扣完为止	
	材料使用	10	因操作错误额外领取材料 1 次扣 5 分，扣完为止	
	材料工具清单填写	30	材料工具清单中主材缺失 1 项扣 5 分，主要工具缺失 1 项扣 5 分，辅材缺失 1 项扣 2 分，材料工具数量错误 1 项扣 2 分，扣完为止	
	缓冲罐排水	10	缓冲罐安装位置未设置地漏，扣 10 分	
	缓冲水管排气	10	缓冲罐未安装排气装置，扣 10 分	
工作过程	操作规范	10	管道切割没有画标记线 1 次扣 1 分，卡套连接插入时未划线 1 次扣 2 分，暴力操作 1 次扣 5 分，损坏工具 1 次扣 10 分，以上扣完为止	
	安全操作	10	未正确穿戴使用安全防护用品 1 次扣 5 分，未安全使用工具 1 次扣 2 分，扣完为止	
工作素养	环境整洁	10	地面随意乱扔工具材料 1 次扣 2 分，安装结束未清扫整理工位扣 5 分，扣完为止	
	工作态度	10	无故迟到早退 1 次扣 2 分，旷课 1 节扣 5 分，扣完为止	

续表

评价指标	评价项目	配分	评价标准	得分
团队素养	团结协作	10	小组分工不合理扣5分,出现非正常争吵1次扣5分,扣完为止	
	计划组织	10	工作计划不合理扣5分,现场组织混乱扣5分,扣完为止	
情感素养	项目参与	10	不主动参与项目论证1次扣2分,不积极参加实践安装1次扣2分,扣完为止	
	体会反思	10	每天课后填写的学习体会和活动反思缺1次扣2分,扣完为止	

说明:本评价表中最终得分按照表格中得分总和除以配分总和后进行百分制换算。

信息驿站

1. 设备搬运吊装

① 主机设备及配套设备安装前须实地勘察,了解设备二次转运通道是否会阻碍设备搬运,制订好现场设备搬运、吊装方案。

② 主机设备在搬运过程中机组倾斜不可大于30°,设备搬运应有防止机组翻倒措施。

③ 设备水平或垂直搬运应有木制的框架和托架加以保护,防止设备外表面及零部件受损。

④ 设备水平移动可利用滚杆滑排和手动葫芦移至安装位置。

⑤ 吊装时应在有包装状态下吊运,保持机器平衡,安全平稳地上升。在无包装或包装已损坏搬运时,应用垫板或包装物进行保护。

⑥ 起吊钢索能承受的强度应比设备的重量大3倍,检查起吊钩是否紧固机组。

2. 安装位置要求

① 热泵设备的安装位置应选择通风好的空间,确保必要的设备维修空间,确定机组安装位置时,需注意要方便安装相应管道和电气接线。

② 不应安装于多尘或污染严重处,以防室外机热交换器堵塞。

③ 不应安装于油污、腐蚀性气体如酸性、碱性的场所。

④ 机组的噪音及排风不应影响到邻居,检查是否有阻碍空气侧热交换器空气流动的障碍物,以确保空气流畅,散热良好。

⑤ 实地检查安装位置,对建筑的载荷进行核实,设备基础受力点应设置在梁或柱上。对安装位置平面尺寸、标高进行核实。

3. 设备主机安装注意事项

① 室外机必须安装在有承重能力的平整地面,并有足够的安装和检修空间,避免安装在草地或其他柔软的表面,同时也要注意基底利于排水设计。

② 空调设备重量大多不是均匀分布,设备机组必须与基础充分接触,保证每点接触均匀,防止机组变形。

③ 安装在有格栅的空间内时,需满足机组运行的通风需求,出风口应避开迎风方向。

④ 室外机组运行噪音、振动和排气不得对周围人员活动场所产生影响。

⑤ 室外机组需考虑制热冷凝水、化霜排水,机组周围应设置排水设施。

⑥ 安全泄压阀/微泡排气阀/动排气阀应连接排水管至安全地带。

⑦ 室外机安装时出风口应避开采暖季节的迎风方向,以免结霜影响机组运行。

⑧ 室外机组底座或壁挂安装时，必须使用减震垫，校验水平并螺母锁紧，保证机组稳定无晃动。

⑨ 在下雪量大的地区，为防止积雪影响机组运行，应设雨棚遮挡积雪；机架高度应高于当地可能的地面积雪厚度，垂直高度大于等于300mm。

⑩ 室外机不应安装在密闭和半密室外机的空间，否则没有足够的进风和出风换热空间；两台以上主机安装距离应符合技术要求。

⑪ 屋顶或设备平台安装不可破坏防水层，建议使用钢架基础架空并使用减震垫隔震。

⑫ 避免安装在儿童易触及区域，难以避免的，需要增设护栏。

⑬ 系统水管在与热泵主机连接前，必须对整个管路系统进行清洗，然后拆下过滤器的过滤网，清洗干净再装上，确认管路中没有颗粒及杂质方可与热泵主机连接。

⑭ 设备主机出水口与板环连接较脆弱，连接时应用扭矩扳手，也可用扳手固定机组出水口。

⑮ 安装在室外的主机应根据国家相关规范做好防雷措施。

4. 缓冲水罐安装注意事项

① 搬运时避免倾斜角度过大，不可挤压。

② 一次系统缓冲水箱应安装在回水主管路上。

③ 缓冲水箱各连接口均应安装阀门，方便检修或更换。

④ 一次系统缓冲水箱进出水流向应正确。

⑤ 缓冲水箱应正确安装排水阀。

七、电气系统安装

家用两联供系统电气线路主要包含电源系统和通信系统，为两联供设备运行提供电力支持和通信信号，电源系统一般采用BV线、RV线等，通信系统一般采用RV线、RVV线、RVVP线等。本方案中电源系统采用RV线，通信系统采用RVVP线（屏蔽线）。需要根据风机盘管、冷媒管、冷凝水管等现有位置条件确定电气线路走向，参考施工规范进行安装施工。

【实践活动】 完成系统安装后，结合设计图纸、各用电设备安装位置，确定接线方案，参考施工规范进行安装施工。

【活动情境】 小高在完成风机盘管、地暖系统、冷冻水管道、冷凝水管道、主机设备、缓冲罐等安装后，需要按照施工图中用电设备的位置，确定电气系统布置方案，填写材料工具清单，带领施工人员进行安装，并按照施工验收规范进行验收评价。

【工具/环境】 施工图纸、旋具、剥线钳、扳手/施工现场。

活动实施流程（图4-75）：

图4-75 电气系统安装实施流程

引导问题 19：主机设备电源规格有哪几种？

引导问题 20：电气系统接线前必须进行的步骤是什么？

引导问题 21：风机盘管的电气控制方式有哪些？

填写电气系统安装材料工具清单，见表 4-84。

表 4-84 电气系统安装材料工具清单

序号	材料工具名称	规格	单位	数量	备注	是否申领（申领后打√）
1						
2						
3						
4						
5						
6						
7						
8						
9						
10						

填写电气系统安装评价表，见表 4-85。

表 4-85 电气系统安装评价表

评价指标	评价项目	配分	评价标准	得分
专业能力	控制器位置	20	安装位置反馈房间平均温度,空气对流良好,方便操作,距窗户距离小于 1m,1 处不合格扣 5 分,扣完为止	
	接线质量	10	接线松动,1 处扣 1 分,扣完为止	
	绝缘处理	10	接线处未做绝缘处理,1 处扣 1 分,扣完为止	
	强弱分离	10	强弱电布线未分离,1 处扣 1 分,扣完为止	
	电控盒安装	10	电控盒未固定,未做防尘、防水措施,1 处扣 5 分,扣完为止	
	成品保护	10	安装后未进行成品保护扣 10 分	
	材料使用	10	因操作错误额外领取材料 1 次扣 5 分,扣完为止	
	材料工具清单填写	30	材料工具清单中主材缺失 1 项扣 5 分,主要工具缺失 1 项扣 5 分,辅材缺失 1 项扣 2 分,材料工具数量错误 1 项扣 2 分,扣完为止	
工作过程	操作规范	10	线缆下料过短出现 1 次拼接行为扣 1 分,线头未做压线帽处理直接行为 1 次扣 1 分,暴力操作 1 次扣 5 分,损坏工具 1 次扣 10 分,扣完为止	
	安全操作	10	未正确穿戴使用安全防护用品 1 次扣 5 分,未安全使用工具 1 次扣 2 分,扣完为止	
工作素养	环境整洁	10	地面随意乱扔工具材料 1 次扣 2 分,安装结束未清扫整理工位扣 5 分,扣完为止	
	工作态度	10	无故迟到早退 1 次扣 2 分,旷课 1 节扣 5 分,扣完为止	
团队素养	团结协作	10	小组分工不合理扣 5 分,出现非正常争吵 1 次扣 5 分,扣完为止	
	计划组织	10	工作计划不合理扣 5 分,现场组织混乱扣 5 分,扣完为止	
情感素养	项目参与	10	不主动参与项目论证 1 次扣 2 分,不积极参加实践安装 1 次扣 2 分,扣完为止	
	体会反思	10	每天课后填写的学习体会和活动反思缺 1 次扣 2 分,扣完为止	

说明：本评价表中最终得分按照表格中得分总和除以配分总和后进行百分制换算。

> **信息驿站**

电气施工注意与安全要点如下。

① 电气安装必须切断电源,禁止带电操作。

② 机组必须永久可靠接地,且符合 GB 50169—2016 相关规定要求。

③ 按照国家有关电气设备技术标准的要求,设置好漏电保护装置。

④ 电源线与信号线布置应整齐、合理,不能相互干扰,同时不能与连接管和阀体接触。

⑤ 电源线与控制信号线平行时,应分别放入各自穿线管中,且有合适的线间距离。

⑥ 配线施工时应注意强弱布线分离原则;系统维护保养时,请将室内机断路器与室外机断路器同时断开。

⑦ 三相电源线安装前应先进行核相,再连接设备。不应随意调整电源相序。

⑧ 在机组安装时,应先进行水管的连接,而后再进行电气接线。如在拆除时,先拆除电气接线,再拆除水管的连接件。

⑨ 接地连接应先于其他任何电气连接。拆除时应最后拆除接地线。

⑩ 风机盘管控制器电气连接前,必须区分电源零、火线。零、火线接反会烧毁电机。

⑪ 所有导线不得接触制冷剂管路及压缩机、风扇电机等可动部件。

⑫ 三相电线序错误会造成热泵设备损坏,建议在三相电机组配电箱设置线序保护器。

⑬ 系统首次接通电源或者长期切断电源后使用,必须要求提前通电达到技术要求的通电时间方可启动机器。

八、系统运行调试

家用两联供系统调试是安装工作结束后一项十分重要的工作,是保质保量交付业主使用的重要凭证。在前期中央空调系统安装工作都完成的基础上,需要对系统进行调试,确保后续能够正常使用。

【实践活动】 根据调试要求,完成两联供系统的调试运行工作。

【活动情境】 小高在完成风机盘管、地暖系统、冷热水管道、冷凝水管道、主机设备、缓冲罐、电气系统安装后,需要按照要求完成系统运行调试工作。并按照施工验收规范与客户进行验收交底。

【工具/环境】 施工图纸、旋具/施工现场。

活动实施流程(图 4-76):

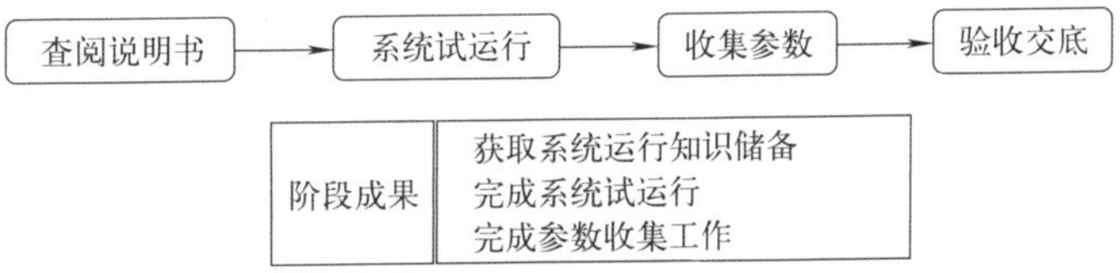

查阅说明书 → 系统试运行 → 收集参数 → 验收交底

| 阶段成果 | 获取系统运行知识储备
完成系统试运行
完成参数收集工作 |

图 4-76 系统运行调试实施流程

引导问题 22：主机设备调试注意事项有哪些？

引导问题 23：电气系统接线前必须进行的一个步骤是什么？

引导问题 24：风机盘管的电气控制方式有哪些？

填写系统运行调试材料工具清单，见表 4-86。

表 4-86 系统运行调试材料工具清单

序号	材料工具名称	规格	单位	数量	备注	是否申领(申领后打√)
1						
2						
3						
4						
5						
6						
7						
8						
9						
10						
11						
12						

填写系统运行调试评价表，见表 4-87。

表 4-87 系统运行调试评价表

评价指标	评价项目	配分	评价标准	得分
专业能力	系统水压	10	水压维持在 150～300kPa 之间，超出扣 10 分	
	系统内气体	10	未进行系统排气扣 6 分，排气不彻底扣 5 分	
	开机时间	10	首次开机时，通电未达到 6h 以上扣 10 分	
	制冷模式	10	制冷模式下室内温度未达到 26℃、地面结露，出现 1 种情况扣 5 分，扣完为止	
	制热模式	10	供热模式下室内温度未达 21℃ 扣 5 分，未达 18℃ 扣 10 分	
	系统运行	10	室内系统有明显震动、杂音等 1 处扣 5 分，扣完为止	
	成品保护	10	调试后未进行成品保护扣 10 分	
	材料使用	10	因操作错误额外领取材料 1 次扣 5 分，扣完为止	
	材料工具清单填写	30	材料工具清单中主材缺失 1 项扣 5 分，主要工具缺失 1 项扣 5 分，辅材缺失 1 项扣 2 分，材料工具数量错误 1 项扣 2 分，扣完为止	
工作过程	操作规范	10	通电检查未佩戴绝缘手套扣 5 分，回收制冷剂未佩戴防冻手套扣 5 分，扣完为止	
	安全操作	10	未正确穿戴使用安全防护用品 1 次扣 5 分，未安全使用工具 1 次扣 2 分，扣完为止	
工作素养	环境整洁	10	地面随意乱扔工具材料 1 次扣 1 分，安装结束未清扫整理工位扣 5 分，扣完为止	
	工作态度	10	无故迟到早退 1 次扣 2 分，旷课 1 节扣 5 分，扣完为止	

续表

评价指标	评价项目	配分	评价标准	得分
团队素养	团结协作	10	小组分工不合理扣5分,出现非正常争吵1次扣5分,扣完为止	
	计划组织	10	工作计划不合理扣5分,现场组织混乱扣5分,扣完为止	
情感素养	项目参与	10	不主动参与项目论证1次扣2分,不积极参加实践安装1次扣2分,扣完为止	
	体会反思	10	每天课后填写的学习体会和活动反思缺1次扣2分,扣完为止	

说明：本评价表中最终得分按照表格中得分总和除以配分总和后进行百分制换算。

信息驿站

1. 调试前准备

在调试前必须对整个系统进行点检，防止因系统安装不合理或接线错误而给系统调试带来诸多困难，甚至调试无法进行的情况，具体需要依据技术手册进行调试前准备工作。

2. 调试基本步骤

① 调试前准备工作。
② 系统联网配置。
③ 水路补水、排气、检漏及清洁。
④ 设置水系统压差。
⑤ 系统联机运转。

3. 水系统补水

安装补水管时，要确认拆掉先前充注系统用的阀门和管路后，再安装补水阀和补水管路。补水阀推荐选配带减压稳压装置及滤网的自动补水阀，当系统压力降低时，自动打开注水，达到设定压力时自动关闭，避免水压过高损坏系统设备。

4. 水系统清洗及排气步骤

① 打开补水阀、排空气阀及所有手动闸阀或截止阀（排污阀除外），开始向系统注水，并充满整个系统。

② 水泵运转后，有无空气可以听水泵运转的声音来判断，如果是一阵一阵的嗡嗡声或水泵出口压力表指针摆动剧烈，则说明系统中仍有空气，需要反复执行清洗功能，开停水泵排出空气。另外需观察各排空气阀排出状态直到无空气为止。

③ 水泵运转后，使用室内机的过滤器、地面辐射采暖系统的过滤器和室外机的过滤器过滤系统中的杂质。该过程需要持续足够长的时间（2~4h）。结束后，检查水系统中的所有滤器并清除杂质。

④ 检查水质，采用目测法观察排出水的颜色和透明度与进入的自来水是否相近，是否无可见杂物。否则须放干系统内的水并向系统重新充水，再次循环清洗并再次检查水质，清洁或更换水系统的过滤器。如此反复直至水质正常，并检查水的pH值应在7.5左右。

5. 设置水系统压差

用户需选配压差旁通阀并安装在主管进出水管之间，系统总管压差是水系统的重要参数，设定值不合适可能导致系统不能正常运行。安装调试人员应根据实际情况调整好压差,用户不要更改。其设置方法是先将压差旁通阀压差设定值调到最大,然后开机,只开一台内机(此时确保水路阻力最大),这时,机组如果报水流开关故障,则减小压差旁通阀设定值至主机故障恢复为止。如果机组不报水流开关故障,则无须减小压差旁通阀设定值。

6. 系统运行

① 接通电源,首次开机前或长期关闭电源后重新供电,请保持通电 6h,保证机组预热。通过温控器逐台开启室内机,并设定运转模式和温度。如果有地板辐射采暖系统,通过温控器开启各房间的地板辐射采暖系统。

② 室内机的负荷需求满足开机要求后,室外机自动开始运转,并根据控制程序自动调节水温满足室内的制冷/热需求。检查下列情况,以便确认系统是否运转正常:室内机全部开机后检查室外机是否正常开启。如不能开启,请检查各设备间通信线连接是否有断接、短接或接线错误的问题。如有故障报警,可根据相应的故障代码排除故障。

③ 系统运转后,听压缩机有无异常声音、风扇是否反转、水泵前后有无压头或异常声。如有,首先要排除电源线是否有缺相或断相问题,缺相或断相问题排除后,可断定为逆向保护,将压缩机与压缩机驱动间的连线任意两相对调即可。

④ 水泵运转后,再次检查水管路系统是否有异常水流声或震动声,水泵有无一阵一阵的嗡嗡声,水泵出口压力表指针有无剧烈摆动现象。如有,说明系统中空气未彻底排除,需进一步排气,直到系统无空气为止。

⑤ 水泵和主机压缩机运转后,可结合参数点检查压缩机吸、排气压力是否异常,风机运转是否正常,有无频繁开停机现象,有无主机异常振动或噪声,有无漏电现象,各设备输入功率、输入电流值是否与铭牌标示的额定值接近。如有异常,请根据具体现象一一排查。为节约调试时间,建议上述四项内容在单机运转测试中进行。

⑥ 如上述均正常后,确认室外主机侧水流量是否正常。可通过室外主机的进水温度和出水温度检测:室外系统满载后,通过参数点检,可读出系统开机时的室外主机回水温度及出水温度,该水温差值在 3~6℃。温差过大过或过小,都可能会导致机组不能正常运行或损坏。如果温降太小,说明室外主机的流量太高,可通过调整室外机阀门开度来达到。如果温降太大,说明室外机的流量太低。此时可通过调整水系统中的压降来解决。

⑦ 检查室内机运转是否正常。首先检查机组运行时是否有异常声。其次,确认高风速状态下,风口的风量是否正常。

⑧ 地面辐射采暖系统初始供暖时,水温变化应平缓。在设计供水温度下应对每组分水器、集水器连接的地暖盘管逐路进行调节,直至达到设计要求。

⑨ 辐射供暖系统调试完成后,宜对室内空气温度、辐射供暖供冷系统进出口水温度及温差是否满足设计要求等进行检测。

评价反馈

采用多元评价方式,评价由学生自我评价、小组互评、教师评价组成,评价标准、分值及权重如下。

1. 按照前面各任务项目评价表中评价得分填写综合评价表,见表 4-88。

表 4-88 综合评价表

综合评价	自我评价(30%)	小组互评(40%)	教师评价(30%)	综合得分

2. 学生根据整体任务完成过程中的心得体会和综合评价得分情况进行总结与反思。

(1) 心得体会

学习收获:

存在问题:

(2) 反思改进

自我反思:

改进措施:

模块五
电气工程安装

项目一　家庭照明电路系统安装

职 业 名 称：建筑设备安装
典型工作任务：家庭照明电路系统安装
建 议 课 时：30课时

设备工程公司派工单

工作任务	家庭照明电路系统安装		
派单部门	实训教学中心	截止日期	
接单人		负责导师	
工单描述	根据派工单位给定的照明系统原理图、平面施工图，结合施工现场给定的具体条件，科学合理地设计施工安装工序，选择合适的材料和工具完成系统安装，结合施工验收规范进行验收评价		
任务目标	目标	结合施工图纸和施工现场实际条件安装一套照明系统	
	关键成果	识读施工图纸	
		安排施工工序	
		完成线路及设备安装	
		依据评价标准进行验收评价	
工作职责	识读施工图纸，为后续施工做好铺垫		
	根据不同功能和加工工艺安排科学合理的施工工序		
	结合验收施工规范进行相关设备和线管的安装		
	结合标准规范进行验收评价		

工作任务

序号	学习任务	任务简介	课时安排	完成后打√
1	图纸识读		4	
2	划线定位		4	
3	配电箱安装		4	
4	穿线管制作安装		4	
5	导线穿管		8	
6	元器件安装		4	
7	验收调试		2	

注意事项：
1. 严格按照派工单的内容要求进行项目实践，不得随意更改工作流程。
2. 在完成工作内容后，请进行清单自检，完成请打√。

学生签字：
日期：

模块五 电气工程安装

背景描述

某家庭需要在卧室安装一套能够在房间门口和床头控制房间顶灯、床头设置1个电源插座方便用电的家庭照明电路系统,满足卧室照明和电器用电需求。现需要根据设计师绘制的电路原理图、施工平面图、家庭实际平面布局、动力配电箱、顶灯及插座的预设位置进行综合分析,确定施工工序,选用合适的材料和工具完成系统安装。

任务书

【任务分工】 在明确工作任务后,进行分组,填写小组成员学习任务分配表,见表5-1。

表 5-1 学习任务分配表

班级			组号		指导教师	
组长			任务分工			
组员	学号			任务分工		

学习计划

针对家庭照明电路系统安装的技术要求,梳理出学习流程(图5-1),并制订实践计划,可依据该计划实施实践活动。

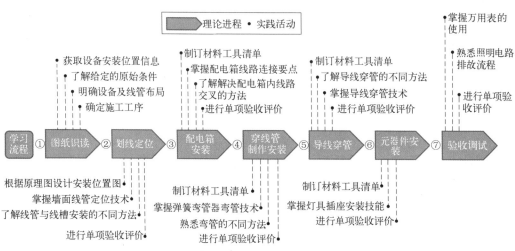

图 5-1 家庭照明电路系统安装学习流程

任务准备

1. 阅读任务书,理解工作计划中的工作要点及工作任务要求。
2. 了解施工技术人员关于照明电路安装的工作职责。
3. 借助学习网站,查看家庭照明电路系统安装的相关视频、文章及资讯并记录疑点和问题。

项目一 家庭照明电路系统安装

一、图纸识读

图纸识读是开展家庭照明电路系统安装的首要条件,需要通过图纸获取建筑物的结构尺寸,了解客户家中进户线、配电箱的位置,结合图纸中灯具、开关、插座的设计位置确定相关管线、设备的安装工序。

【实践活动】 根据施工图纸和施工现场原有条件,确定施工工序。

【活动情境】 小高是某设备公司施工部门的技术专员,下周要带领施工团队完成一套家庭照明电路安装,现在他需要根据设计部门给定的施工图纸,结合客户家中施工现场进户线、配电箱的位置的原始条件制订施工工序。

【工具/环境】 施工图纸/施工现场。

活动实施流程(图5-2):

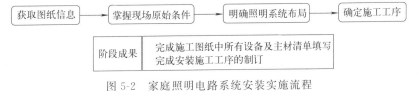

图 5-2 家庭照明电路系统安装实施流程

引导问题1:识读电路施工图纸的基本顺序是什么?

引导问题2:电气原理图中常用的文字符号、图形符号有哪些?

引导问题3:确定照明系统施工工序时需要考虑哪些因素?

填写家庭照明电路安装系统中设备及主材清单,见表5-2。

表 5-2 家庭照明电路系统设备及主材清单

序号	设备及主材名称	规格	单位	数量	备注	是否申领(申领后打√)
1						
2						
3						
4						
5						
6						
7						
8						
9						
10						
11						
12						

填写家庭照明电路系统安装施工工序表，见表 5-3。

表 5-3　家庭照明电路系统安装施工工序表

序号	工艺流程内容	备注
1		
2		
3		
4		
5		
6		
7		
8		

抄绘安装图纸。

信息驿站

1. 照明电路施工图纸识读顺序

电路施工图纸是电气工程中的重要技术文件,它详细描述了电气系统的构成、设备配置、接线方式、安装尺寸等信息。为了准确理解和掌握电路施工图纸的内容,需要按照一定的顺序进行识读。以下是一份电路施工图纸识读的顺序,以供参考。

(1) **标题栏** 首先阅读图纸的标题栏,了解图纸的名称、编号、比例尺等信息。这些信息有助于了解图纸的内容和用途。

(2) **目录** 查看图纸目录,了解图纸的组成和结构。通过目录可以快速找到需要的图纸和相关内容。

(3) **电路原理图** 电路原理图是电路施工图纸的核心部分,它描述了电气系统的电路连接和工作原理。在阅读电路原理图时,要注意各元件的符号、标注和连接关系,理解电流的流向和电路的工作过程。

(4) **材料明细表** 材料明细表列出了电气系统中使用的所有设备、元件、导线的规格、型号、数量等信息。通过查看材料明细表,可以了解施工所需的材料和备件清单。

(5) **接线图** 接线图描述了电气系统中各个设备、元件之间的连接关系和接线方式。在阅读接线图时,要注意导线的颜色、编号、连接端子的标注,以及接线顺序和布局。

(6) **安装尺寸图** 安装尺寸图提供了电气设备的安装位置、尺寸、间距等信息。这些信息对于施工安装非常重要,可以帮助施工人员确定设备的安装方式和位置。

(7) **正视、侧视图** 正视、侧视图是辅助视图,用于补充说明电路原理图中的某些细节或设备的安装位置。通过阅读正视、侧视图,可以更全面地了解电气系统的结构和布局。

(8) **控制流程图** 控制流程图描述了电气系统中的控制逻辑和动作顺序。通过阅读控制流程图,可以更好地理解电气系统的控制方式和运行过程。

(9) **附图与详图** 附图与详图是用于补充说明的图纸,它们可以提供更多关于电气系统细节的信息。例如,电气元件的接线端子排布置图、设备内部结构示意图等。这些图纸有助于更深入地了解电气系统的构成和工作原理。

(10) **系统配置图** 系统配置图是整个电气系统的总体布局图,它描述了各个设备、元件在系统中的配置和相互关系。通过系统配置图,可以全面了解整个电气系统的结构和组成。

按照以上顺序进行电路施工图纸的识读,有利于全面了解电气系统的构成、设备配置、接线方式、安装尺寸等信息,为施工安装和后期维护提供重要的技术支持。同时,在识读过程中应注意图纸中的标注、符号和注释,以便更好地理解图纸内容。

2. 常用的建筑照明电气原理图中的文字符号、图形符号及标注

(1) 灯具的文字标注 基本格式为:

$$a\text{-}b\frac{c\times d\times L}{e}f$$

式中 a——同一房间内同型号灯具个数；
b——灯具型号或代号（见表5-4）；
c——灯具内光源的个数；
d——每个光源的额定功率，W；
L——光源的种类（见表5-5）；
e——安装高度，m；
f——安装方式（见表5-6）。

例如，4-F30$\frac{2\times50\times\text{LN}}{3.2}$CH 表示4盏F30型防尘防水灯，每盏灯具中装设2只功率为50W的白炽灯管，灯具的安装高度为3.2m，灯具采用链吊式安装。

表5-4 常用灯具的代号表

序号	灯具名称	代号	序号	灯具名称	代号
1	荧光灯	Y	5	普通吊灯	P
2	壁灯	B	6	吸顶灯	D
3	花灯	H	7	工厂灯	G
4	投光灯	T	8	防水防尘灯	F

表5-5 常用电光源的代号表

序号	电光源种类	代号	序号	电光源种类	代号
1	荧光灯	FL	5	钠灯	Na
2	白炽灯	LN	6	氙灯	Xe
3	碘钨灯	I	7	氖灯	Ne
4	汞灯	Hg	8	弧光灯	Arc

表5-6 灯具安装方式的代号表

序号	安装方式	代号	序号	安装方式	代号
1	线吊式	CP	7	嵌入式	R
2	链吊式	CH	8	吸顶嵌入式	CR
3	管吊式	P	9	墙壁嵌入式	WR
4	吸顶式	S	10	支架上安装	SP
5	壁装式	W	11	台上安装	T
6	座灯头	HM	12	柱上安装	CL

照明灯具的标注格式也可标注为：

$$a\text{-}b(c\times d\times L)/ef$$

即 5-YZ40（2×40FL）/2.5CH

例如：5-YZ40（2×40FL）/2.5CH 表示5盏YZ40直管型荧光灯，每盏灯具中装设2只功率为40W的灯管，灯具的安装高度为2.5m，灯具采用链吊式安装。

如果灯具为吸顶安装，那么安装高度可用"-"号表示。在同一房间内的多盏相同型号、相同安装方式和相同安装高度的灯具，可以仅标注其中一处。

即 20-YU60（1×60FL）/3CP

例如：20-YU60（1×60FL）/3CP 表示20盏YU60型U形荧光灯，每盏灯具中装设1只功率为60W的U形荧光灯管，灯具安装高度为3m，采用线吊安装。

（2）线路的文字标注　基本格式为：

$$a\text{-}b\text{-}(c\times d)\text{-}e\text{-}f$$

式中 a——回路编号；
　　　b——导线或电缆型号；
　　　c——导线根数或电缆的线芯数；
　　　d——每根导线标称截面积，mm^3；
　　　e——线路敷设方式（见表5-7）；
　　　f——线路敷设部位（见表5-8）。

表5-7 线路敷设方式的代号表

序号	方式	代号	序号	方式	代号
1	明敷设	E	8	金属线槽敷设	MR
2	暗敷设	C	9	硬塑料管敷设	PC 或 P
3	铝线卡敷设	AL	10	半硬塑料管敷设	FPC
4	电缆桥架敷设	CT	11	电线管敷设	T
5	瓷夹板敷设	K	12	焊接钢管敷设	SC
6	钢索敷设	M	13	水煤气钢管敷设	RC
7	塑料线槽敷设	PR	14	金属软管敷设	F

表5-8 线路敷设部位的代号表

序号	部位	代号	序号	部位	代号
1	梁	B	5	墙	W
2	顶棚	C	6	构架	R
3	柱	CL	7	吊顶	SC
4	地板、地面	F			

例如：WL1-BV（3×2.5）-SC15-WC中，WL1为照明支线第1回路，铜芯聚氯乙烯绝缘导线为3根，标称截面积为 $2.5mm^2$，穿管径为15mm的焊接钢管敷设，在墙内暗敷设。

（3）常用电（线）缆类型　见表5-9。

进户线：是由建筑物外引至总配电箱的一段线路。

干线：是从总配电箱到分配电箱的线路。

支线：是由分配电箱引到各用电设备的线路。

表5-9 常用电（线）缆型号表

型号	名称	用途
BV(BLV)	铜（铝）芯聚氯乙烯绝缘线	适用于各种交流、直流电器装置，电工仪表、仪器，电讯设备，动力及照明线路固定敷设之用
BVV(BLVV)	铜（铝）芯聚氯乙烯绝缘聚氯乙烯护套圆型电线	
BVVB(BLVVB)	铜（铝）芯聚氯乙烯绝缘聚氯乙烯护套平型电线	
BVR	铜芯聚氯乙烯绝缘软电线	
BV-105	铜芯耐热105℃聚氯乙烯绝缘电线	
RV	铜芯聚氯乙烯绝缘软线	适用于各种交、直流电器、电工仪器、家用电器、小型电动工具、动力及照明装置的连接
RVB	铜芯聚氯乙烯绝缘平行软线	
RVS	铜芯聚氯乙烯绝缘绞型软线	
RV-105	铜芯耐热105℃聚氯乙烯绝缘连接软电线	
RXS	铜芯橡皮绝缘棉纱编织绞型软电线	
RX	铜芯橡皮绝缘棉纱编织圆型软电线	

二、定位划线

定位划线是电路安装过程中为了确保导线、元器件等安装位置的准确性和美观性，用墨线或粉笔等标记工具将施工图按照一比一的比例标注绘制到建筑物的墙面、屋顶、地面等处，标明电路系统中配电箱、开关、插座、灯具等元器件的安装位置以及导线的安装走向，以便后续导线、设备等安装工序。

> 【实践活动】 据施工平面布置图纸中配电箱、插座、开关的位置和灯具的安装位置确定管道走向划线、定位。
>
> 【活动情境】 小高在完成电气图纸的识读后，需要按照施工图中配电箱、插座、开关的位置和灯具的安装位置确定管道走向，填写材料工具清单，带领施工人员进行照明电路管路、元器件的定位、划线，并按照施工验收规范进行验收评价。
>
> 【工具/环境】 施工图纸、水平尺、铅笔/施工现场。
>
> 活动实施流程（图5-3）： 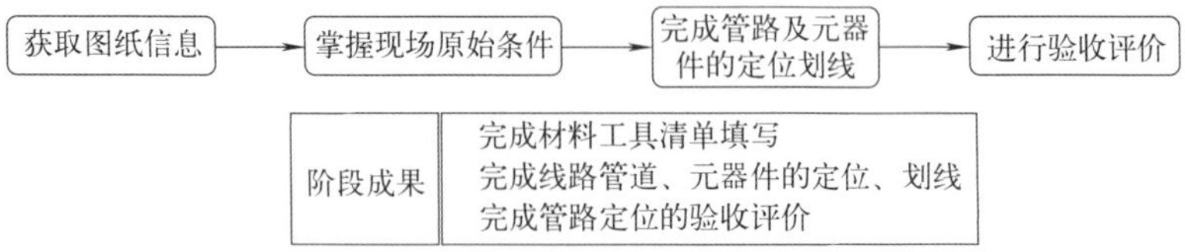
>
> 获取图纸信息 → 掌握现场原始条件 → 完成管路及元器件的定位划线 → 进行验收评价
>
> | 阶段成果 | 完成材料工具清单填写
完成线路管道、元器件的定位、划线
完成管路定位的验收评价 |
>
> 图5-3 定位划线实施流程

引导问题4：什么是照明电路安装的定位划线？

_____

_____

引导问题5：常见家庭照明电路中插座、开关的位置如何确定？

_____

_____

引导问题6：家庭照明电路划线定位需要考虑哪些因素？

_____

_____

填写定位划线材料工具清单，见表5-10。

表5-10 定位划线材料工具清单

序号	材料工具名称	规格	单位	数量	备注	是否申领（申领后打✓）
1						
2						
3						
4						
5						
6						
7						
8						
9						
10						

填写定位划线评价表，见表5-11。

表 5-11 定位划线评价表

评价指标	评价项目	配分	评价标准	得分
专业能力	关键尺寸 1	10	尺寸≤±2mm 得 10 分,尺寸≤±5mm 得 5 分	
	关键尺寸 2	10	尺寸≤±2mm 得 10 分,尺寸≤±5mm 得 5 分	
	关键尺寸 3	10	尺寸≤±2mm 得 10 分,尺寸≤±5mm 得 5 分	
	关键尺寸 4	10	尺寸≤±2mm 得 10 分,尺寸≤±5mm 得 5 分	
	元器件位置	10	没有按照国标规范定位插座及灯具位置,1 处不合格扣 5 分,扣完为止	
	横平竖直	30	划线水平度或垂直度超过 3°扣 5 分,扣完为止	
	材料工具清单填写	10	材料工具清单中主材缺失 1 项扣 5 分,主要工具缺失 1 项扣 5 分,辅材缺失 1 项扣 2 分,材料工具数量错误 1 项扣 2 分,扣完为止	
工作过程	操作规范	20	线管定位绘制时管线没有在美纹纸上画标记线 1 次扣 2 分,暴力操作 1 次扣 5 分,损坏工具 1 次扣 10 分,扣完为止	
	安全操作	10	未正确穿戴使用安全防护用品 1 次扣 5 分,未安全使用工具 1 次扣 2 分,扣完为止	
工作素养	环境整洁	10	地面随意乱扔工具材料 1 次扣 2 分,安装结束未清扫整理工位扣 5 分,扣完为止	
	工作态度	10	无故迟到早退 1 次扣 2 分,旷课 1 节扣 5 分,扣完为止	
团队素养	团结协作	10	小组分工不合理扣 5 分,出现非正常争吵 1 次扣 5 分,扣完为止	
	计划组织	10	工作计划不合理扣 5 分,现场组织混乱扣 5 分,扣完为止	
情感素养	项目参与	10	不主动参与项目论证 1 次扣 2 分,不积极参加实践安装 1 次扣 2 分,扣完为止	
	体会反思	10	每天课后填写的学习体会和活动反思缺 1 次扣 2 分,扣完为止	

说明:本评价表中最终得分按照表格中得分总和除以配分总和后进行百分制换算。

信息驿站

1. 家庭照明电路系统定位划线

家庭照明电路系统的定位划线是整个安装过程中的重要环节,它不仅关系到家庭照明电路系统的正常运行,还影响到整个建筑物的安全和节能。家庭照明电路系统安装定位划线的意义如下。

(1) **安全供电** 在家庭照明电路系统安装的定位划线过程中,首要考虑的是安全供电问题。通过合理的定位划线,可以确保导线和设备的布局合理,避免因过载、短路等原因引起的火灾事故,从而保障人们的生命财产安全。

(2) **优化布局** 合理的家庭照明电路系统布局能够使整个系统更加美观、实用。通过科学地安装定位划线,可以使照明设备均匀分布,避免浪费空间,同时也能提高照明效果,满足人们的生活和工作需求。

(3) **确保功能** 在家庭照明电路系统的安装定位划线过程中,应充分考虑到各个设备的功能需求。通过对设备的位置和线路的布局进行精心设计,可以确保各个设备正常工作,从而实现其应有的功能。

(4) **方便维修** 合理的家庭照明电路系统布局应该便于日后的维护和检修。在安装定位划线时,应考虑到设备的维修通道、检修空间等因素,以便在需要时能够方便快捷地进行维修工作。

(5) **提高效率** 通过合理地安装定位划线,可以使照明设备的工作效率得到提高。例如,合理的布局可以使灯光的照射范围更加集中,从而提高照明效率;同时,合理的线路布局也可以减少电能的损耗，降低运行成本。

（6）**节能降耗**　随着能源资源的日益紧张，节能降耗已成为社会的共识。通过科学地安装定位划线，可以有效地降低家庭照明电路系统的能耗，从而达到节能减排的目的。例如，使用高效节能灯具、合理设计灯具的控制方式等措施都可以降低能耗。

（7）**符合规范**　在进行家庭照明电路系统安装定位划线时，应遵循相关的国家和行业规范。这不仅可以保证系统的安全性和稳定性，还可以确保系统的合规性，避免因违反规范而产生的法律风险。

（8）**长期稳定**　一个优秀的家庭照明电路系统应该具备长期稳定的运行能力。通过合理的安装定位划线，可以确保系统的各个组成部分的稳定运行，从而延长整个系统的使用寿命。同时，合理的维护和检修也可以保证系统的长期稳定运行。

2. 定位划线注意事项

① 标准墙面开横槽不要超过 50cm，一般不建议开横槽，以免影响墙体承重。

② 单根线管最多 3 个弯曲，否则后期导线无法抽动。

③ 吊顶内线管固定间距小于 1m。

④ 导线与暖气、热水、煤气管之间的平行距离不应小于 300mm，交叉距离不应小于 100mm。

⑤ 暗管直线敷设长度超过 30 米，中间应加装过线盒。

⑥ 暗管必须弯曲敷设时，其路由长度应小于等于 15 米，且该段内不得有 S 弯。连续弯曲超过 2 次时，应加装过线盒。

三、配电箱安装

配电箱是按电气接线要求将开关设备、测量仪表、保护电器和辅助设备组装在封闭或半封闭金属柜中，正常运行时可借助手动或自动开关接通或分断电路，故障或不正常运行时借助保护电器切断电路或报警。本方案需要根据施工设计图纸中的控制要求确定配电箱中的漏电保护器、空气开关的选型，并完成内部接线，参考施工规范进行安装施工。

【**实践活动**】　根据施工设计图纸中的控制要求确定配电箱中的漏电保护器、空气开关的选型，并完成内部接线。

【**活动情境**】　小高在完成配电箱、插座、开关的位置和灯具的安装位置定位后，需要按照施工图中控制要求完成配电箱内部的元器件选型，填写材料工具清单，带领施工人员进行配电箱内部线路安装，并按照施工验收规范进行验收评价。

【**工具/环境**】　施工图纸、配电箱、元器件、导线、接线工具/施工现场。

活动实施流程（图 5-4）：

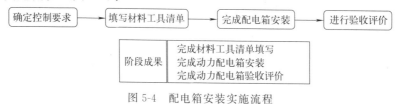

图 5-4　配电箱安装实施流程

项目一　家庭照明电路系统安装

引导问题 7：配电箱内的漏电保护器的作用是什么？

引导问题 8：在配电箱内部安装导线时，L 线、N 线与 PE 线应分别使用什么颜色的导线？是否可以混用？

引导问题 9：有一额定电压为 220V，额定电流为 5A 的电灯，应该怎样把它接入电压为 220V 的照明电路中？空气开关需要如何选型？

填写配电箱安装材料工具清单，见表 5-12。

表 5-12　配电箱安装材料工具清单

序号	材料工具名称	规格	单位	数量	备注	是否申领（申领后打√）
1						
2						
3						
4						
5						
6						
7						
8						
9						
10						

填写配电箱安装评价表，见表 5-13。

表 5-13　配电箱安装评价表

评价指标	评价项目	配分	评价标准	得分
专业能力	元器件选型	10	正确选择元器件得 10 分，否则不得分	
	导线选择	10	正确选择导线线色得 10 分，否则不得分	
	导线固定	10	固定处 1 处松动扣 1 分，扣完为止	
	横平竖直	20	配电箱内部导线水平度或垂直度超过 3°扣 2 分，扣完为止	
	导线交叉	20	配电箱内部导线 1 处交叉扣 2 分，扣完为止	
	材料使用	10	因操作错误额外领取材料 1 次扣 5 分，扣完为止	
	材料工具清单填写	20	材料工具清单中主材缺失 1 项扣 5 分，主要工具缺失 1 项扣 5 分，辅材缺失 1 项扣 2 分，材料工具数量错误 1 项扣 2 分，扣完为止	
工作过程	操作规范	20	未正确选用剥线工具 1 次扣 2 分，暴力操作 1 次扣 5 分，损坏工具 1 次扣 10 分，扣完为止	
	安全操作	10	未正确穿戴使用安全防护用品 1 次扣 5 分，未安全使用工具 1 次扣 2 分，扣完为止	
工作素养	环境整洁	10	地面随意乱扔工具材料 1 次扣 2 分，安装结束未清扫整理工位扣 5 分，扣完为止	
	工作态度	10	无故迟到早退 1 次扣 2 分，旷课 1 节扣 5 分，扣完为止	
团队素养	团结协作	10	小组分工不合理扣 5 分，出现非正常争吵 1 次扣 5 分，扣完为止	
	计划组织	10	工作计划不合理扣 5 分，现场组织混乱扣 5 分，扣完为止	
情感素养	项目参与	10	不主动参与项目论证 1 次扣 2 分，不积极参加实践安装 1 次扣 2 分，扣完为止	
	体会反思	10	每天课后填写的学习体会和活动反思缺 1 次扣 2 分，扣完为止	

说明：本评价表中最终得分按照表格中得分总和除以配分总和后进行百分制换算。

笔记

信息驿站

1. 电工刀

电工刀［图5-5（a）］是用来剖削导线绝缘层，切割电工器材的工具。使用电工刀时，应将刀口朝外，一般是左手持导线，右手握刀柄，刀片与导线成较小锐角，否则会割伤导线。电工刀刀柄是不绝缘的，不能在带电导线上进行操作，以免发生触电事故。

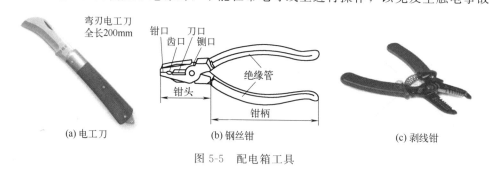

(a) 电工刀 (b) 钢丝钳 (c) 剥线钳

图5-5 配电箱工具

2. 钢丝钳

钢丝钳［图5-5（b）］是钳夹和剪切工具，由钳头和钳柄两部分组成。

使用钢丝钳应注意的事项如下。

① 使用前应检查绝缘柄是否完好，以防带电作业时触电。

② 当剪切带电导线时，绝不可同时剪切相线和零线或两根相线，以防发生短路事故。

③ 要保持钢丝钳的清洁，钳头应防锈，钳轴要经常加机油润滑，以保证使用灵活。

④ 钢丝钳不可代替手锤作为敲打工具使用，以免损坏钳头影响使用寿命。

⑤ 使用钢丝钳应注意保护钳口的完整和硬度，因此，不要用它来夹持灼热发红的物体，以免"退火"。

⑥ 为了保护刃口，一般不用来剪切钢丝，必要时只能剪切1mm以下的钢丝。

3. 剥线钳

剥线钳［图5-5（c）］是用来剥削截面为6mm^{2}以下的塑料或橡皮导线端部的表面绝缘层。

使用时先选定好被剥除的导线绝缘层的长度，然后将导线放入稍大于其芯线直径的切口上，用手将钳柄一握，导线的绝缘层即被割断自动弹出。

4. 导线线色区分

国家标准要求不同的导线应使用不同的颜色，主要是为了正确区分导线中的相线、零线和保护地线，防止误操作。根据相关规定，保护线（PE，即地线）必须使用黄绿色双色线，并且零线必须使用蓝色。相线不允许使用蓝色，只能用红色、黄色和绿色。导线颜色分类表见表5-14。

表5-14 导线颜色分类表

类别	交流电路				直流电路		接地线
	L_1	L_2	L_3	N	正极	负极	
色标	黄色	绿色	红色	淡蓝	棕色	蓝色	黄/绿双色

5. 断路器

断路器是指能够关合、承载和开断正常回路条件下的电流并能在规定的时间内关合、承载和开断异常回路条件下的电流的开关装置，其结构示意见图 5-6。

断路器有黄色标志时表示带有漏电保护功能。当电路或电器绝缘受损发生对地短路时，若电流大于断路器的漏电保护整定值时，断路器自动断开切断电路。这种断路器一般安装于每户配电箱的插座回路上或全楼总配电箱的电源进线上。

照明系统中设漏电保护器是防止发生人身触电事故的有效措施之一，也是防止因漏电引起电气火灾和电气设备损坏事故的技术措施。但安装漏电保护器后并不等于绝对安全，运行中仍应以预防为主，并应同时采取其他防止触电和电气设备损坏事故的技术措施。

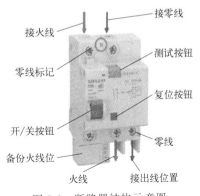

图 5-6 断路器结构示意图

6. 导线连接技术要求

① 接线时必须做到横平竖直，不交叉。

② 相线 L 采用红色导线，中线 N 采用淡蓝色导线，保护接地线 PE 采用黄绿相间双色线。

③ 接线时要按规定的方法（开关头）进行接线，接触电阻要小，接触要牢固。

④ 旋紧断路器或端子，排紧固螺钉时不能压到导线绝缘层上，以免不导电或接触不良，同时也不能露出芯线。

7. 万用表使用

万用表分为指针式和数字式，万用表的结构主要由表头、转换开关（又称选择开关）、测量线路等三部分组成。这里只介绍数字式万用表。

通常使用万用表前需要机械调零，但数字式万用表一般都有自动调零功能。

（1）**使用万用表测电阻** 将表笔插进"COM"和"VΩ"孔中，常见数字万用表欧姆挡有如下几个量程挡：200Ω、2kΩ、20kΩ、200kΩ、2MΩ、20MΩ。测量电阻时，应先估计一下所测电阻大小，确定所需量程，然后将转向开关旋至电阻挡相应量程进行测量，测量时可以一只手接触电阻金属部分，但不可两手同时接触电阻两金属端，这样会影响测量精度。

（2）**使用万用表测电容** 首先将红表笔插入"COM"插座，黑表笔插入"mA"插座。测量前将电容充分放电，然后将量程开关旋至相应的电容量程上，将表笔对应极性（红表笔对应极性为"＋"）接入电容进行测量。

注意：如果屏幕显示"1."，表明超出量程，应将量程开关旋至较高挡位。

（3）使用万用表测电压

① **直流电压的测量**：如电池、随身听电源等。首先将黑表笔插进"COM"孔，红表笔插进"VΩ"。把旋钮选到比估计值大的量程（**注意**：表盘上的数值均为最大量程，"V-"表示直流电压挡，"V～"表示交流电压挡，"A"是电流挡），接着把表笔接电源

或电池两端；保持接触稳定。数值可以直接从显示屏上读取，若显示为"1."，则表明量程太小，那么就要加大量程后再测量工业电器。如果在数值左边出现"-"，则表明表笔极性与实际电源极性相反，此时红表笔接的是负极。

② **交流电压的测量**：表笔插孔与直流电压的测量一样，不过应该将旋钮打到交流挡"V～"处所需的量程即可。交流电压无正负之分，测量方法跟前面相同。无论测交流还是直流电压，都要注意人身安全，不要随便用手触摸表笔的金属部分。

四、穿线管制作安装

穿线管全称建筑用绝缘电工套管，是一种具备防腐蚀、防漏电、穿导线用的管道。穿线管一般分为塑料穿线管、不锈钢穿线管、碳钢穿线管等，本方案采用PVC线管明敷安装，交叉处采用暗盒连接。需要根据施工设计图纸中配电箱、插座、开关的位置和灯具的安装位置完成管道制作与安装，参考施工规范进行安装施工。

【实践活动】 根据施工设计图纸中配电箱、插座、开关的位置和灯具的安装位置完成管道制作与安装。

【活动情境】 小高在完成动力配电箱的安装后，需要按照施工图中配电箱、插座、开关的位置和灯具的安装位置，填写材料工具清单，带领施工人员进行穿线管的制作与安装，并按照施工验收规范进行验收评价。

【工具/环境】 施工图纸、PVC管、弯管工具、施工现场

活动实施流程（图5-7）：

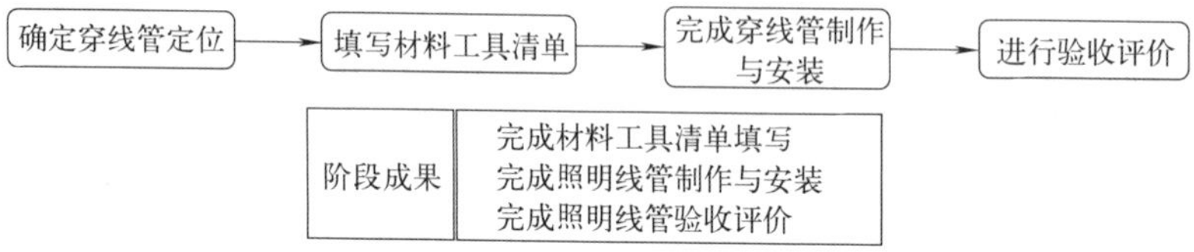

确定穿线管定位 → 填写材料工具清单 → 完成穿线管制作与安装 → 进行验收评价

阶段成果	完成材料工具清单填写 完成照明线管制作与安装 完成照明线管验收评价

图5-7 穿线管制作安装实施流程

引导问题10：穿线管有哪些种类？

引导问题11：PVC穿线管施工步骤有哪些？

引导问题12：PVC线管弯管时有哪些注意事项？

填写穿线管制作安装材料工具清单，见表5-15。

表 5-15 穿线管制作安装材料工具清单

序号	材料工具名称	规格	单位	数量	备注	是否申领(申领后打√)
1						
2						
3						
4						
5						
6						
7						
8						
9						
10						
11						
12						

填写穿线管制作安装评价表,见表 5-16。

表 5-16 穿线管制作安装评价表

评价指标	评价项目	配分	评价标准	得分
专业能力	关键尺寸 1	10	尺寸≤±2mm 得 10 分,尺寸≤±5mm 得 5 分	
	关键尺寸 2	10	尺寸≤±2mm 得 10 分,尺寸≤±5mm 得 5 分	
	关键尺寸 3	10	尺寸≤±2mm 得 10 分,尺寸≤±5mm 得 5 分	
	管卡固定	10	管卡 1 处松动扣 1 分,扣完为止	
	线管表面	20	线管表面 1 处严重褶皱扣 5 分,1 处中等褶皱扣 2 分,扣完为止	
	横平竖直	20	线管水平度或垂直度超过 3°扣 2 分,扣完为止	
	材料使用	10	因操作错误额外领取材料 1 次扣 5 分,扣完为止	
	材料工具清单填写	20	材料工具清单中主材缺失 1 项扣 5 分,主要工具缺失 1 项扣 5 分,辅材缺失 1 项扣 2 分,材料工具数量错误 1 项扣 2 分,扣完为止	
工作过程	操作规范	20	线管制作时没有对比插入深度线 1 次扣 2 分,暴力操作 1 次扣 5 分,损坏工具 1 次扣 10 分,扣完为止	
	安全操作	10	未正确穿戴使用安全防护用品 1 次扣 5 分,未安全使用工具 1 次扣 2 分,扣完为止	
工作素养	环境整洁	10	地面随意乱扔工具材料 1 次扣 2 分,安装结束未清扫整理工位扣 5 分,扣完为止	
	工作态度	10	无故迟到早退 1 次扣 2 分,旷课 1 节扣 5 分,扣完为止	
团队素养	团结协作	10	小组分工不合理扣 5 分,出现非正常争吵 1 次扣 5 分,扣完为止	
	计划组织	10	工作计划不合理扣 5 分,现场组织混乱扣 5 分,扣完为止	
情感素养	项目参与	10	不主动参与项目论证 1 次扣 2 分,不积极参加实践安装 1 次扣 2 分,扣完为止	
	体会反思	10	每天课后填写的学习体会和活动反思缺 1 次扣 2 分,扣完为止	

说明:本评价表中最终得分按照表格中得分总和除以配分总和后进行百分制换算。

信息驿站

1. PVC 穿线管基本要求

保护导线用的塑料管及其配件必须由阻燃处理的材料制成,塑料管外壁应有间距不大于 1m 的连续阻燃标记和制造厂标,且不应敷设在高温和易受机械损伤的场所。

2. PVC 穿线管施工步骤

(1) 按照设计图加工好支架、吊架、包箍、铁件及弯管

① 阻燃塑料管敷设与煨弯对环境温度有一定的要求。阻燃塑料管及其配件的敷设、安装和煨弯制作，均应在原材料规定的允许环境温度下进行，其温度不宜低于-15℃。

② 管径在 25mm 及以下可以用冷煨法，将弯管弹簧插入管（PVC）内需煨弯处，两手抓住弯簧两端头，膝盖顶在被弯处，用手扳逐步煨出所需弯度，然后抽出弯簧。

③ 热煨法：将弯管弹簧放到煨弯处，用电炉子、热风机等加热均匀，烘烤管子煨弯处，等管被加热到可随意弯曲时，立即将管子放在平整处，固定管子一头，逐步煨出所需弯度，并用湿布抹擦使弯曲部位冷却定型，然后抽出弯簧。不得因为煨弯使管出现烤伤、变色、破裂等现象。

（2）测定盒、箱及管路固定点位置

① 按照设计图测出盒、箱、出线口等准确位置。测量时，应使用自制尺杆，弹线定位。

② 根据测定的盒、箱位置，把管路的垂直点水平线弹出，按照要求标出支架、吊架固定点具体尺寸位置。

③ 支架、吊架及敷设在墙上的管卡固定点及盒、箱边缘的距离为 150~300mm，管路中间距离见表 5-17。

表 5-17 线管固定点间距

线管管径（De）	垂直安装/mm	水平安装/mm	允许偏差/mm
15~20	1000	800	30
25~40	1500	1200	30
50	2000	1500	30

（3）支架、吊架固定

① 胀管法：先在墙上打孔，将胀管插入孔内，再用螺钉（栓）固定。

② 剔注法：按测定位置剔出墙洞，用水把洞内浇湿，再将和好的高标号砂浆填入洞内，填满后，将支架、吊架或螺栓插入洞内，校正埋入深度和平直，再将洞口抹平。

③ 先固定两端支架、吊架，然后拉直线固定中间的支架、吊架。

（4）管路敷设

① 断管：小管径可使用剪管器，大管径可使用钢锯锯断，断口后将管口锉平齐。

② 敷管时，先将管卡一端的螺钉（栓）拧紧一半，然后将管敷设于管卡内，逐个拧紧。

③ 支架、吊架位置正确、间距均匀、管卡应平正牢固；埋入支架应有燕尾，埋入深度不应小于120mm；用螺栓穿墙固定时，背后加垫圈和弹簧垫，用螺母紧牢固。

④ 管水平敷设时，高度应不低于2000mm；垂直敷设时，穿过楼板或易受机械损伤的地方，应用钢管保护，其保护高度距板表面距离不应小于500mm。

⑤ 管路较长敷设，超过下列情况时，应加接线盒：管路无弯时，30m；管路有 1 个弯时，20m；管路有 2 个弯时，15m；管路有 3 个弯时，8m。如无法加装接线盒时，应将管直径加大一号。

（5）管路连接

① 管口应平整光滑，管与管、管与盒（箱）等器件应采用插入法连接，连接处接

合面应涂专用胶合剂，接口应牢固密封。

② 管与管之间采用套管连接时，套管长度宜为管外径的 1.5～3 倍。管与管的对口应位于套管中心处对平齐。

③ 管与器件连接时，或承插连接时，插入深度宜为管外径的 1.1～1.8 倍。

(6) **管路入盒、箱连接**

① 管路入盒、箱一律采用端接头与内锁母连接的方式，要求平整、牢固。向上立管管口采用端帽护口，防止异物堵塞管路。

② 变形缝穿墙应加保护管，保护管应能承受管外的冲击，保护管的管径宜大于穿插线管的管外径二级。

(7) **暗管敷设时的弹线定位**

① 根据设计图要求，在砖墙、大模板混凝土墙、滑模板混凝土墙、木模板混凝土墙、组合钢模板混凝土墙处，确定盒、箱位置进行弹线定位，按弹出的水平线用小线和水平尺测量出盒、箱准确位置并标出尺寸。

② 根据设计图灯位要求，在加气混凝土板、现浇混凝土板进行测量后，标注出灯头盒的准确位置尺寸。

③ 各种隔墙剔槽稳埋开关盒弹线。根据设计图要求，在砖墙、泡沫混凝土墙、石膏孔板墙、礁渣砖墙等处，需要稳埋开关盒，通过进行测量确定开关盒准确位置尺寸。

(8) **暗敷管路**

① 管路连接：管路连接应使用套箍连接（包括端接头接管）。用小刷子沾配套供应的塑料管粘接剂，均匀涂抹在管外壁上，将管子插入套箍，管口应到位。粘接剂性能要求为粘接后 1min 内不移位，黏性保持时间长，并具有防水性。

管路垂直或水平敷设时，每隔 1m 距离应有一个固定点，在弯曲部位应以圆弧中心点为始点，距两端 300～500mm 处各加一个固定点。

管进盒、箱，一管一孔，先接端接头，然后用内锁母固定在盒、箱上，在管孔上用顶帽型护口堵好管口，最后用纸或泡沫塑料块堵好盒子口（堵盒子口的材料可采用现场现有柔软物件，如水泥纸袋等）。

② 管路暗敷设：现浇混凝土墙板内管路应敷设在两层钢筋中间，管进盒、箱时应煨成等差（灯叉）弯，管路每隔 1m 处用镀锌铁丝绑扎牢，弯曲部位按要求固定，往上引管不宜过长，以能煨弯为准，向墙外引管可使用"管帽"预留管口，待拆模后取出"管帽"再接管。

滑升模板敷设管路时，灯位管可先引到牛腿墙内，滑模过后支好顶板，再敷设管至灯位。

现浇混凝土楼板管路暗敷设应当根据建筑物内房间四周墙的厚度，弹十字线确定灯头盒的位置，将端接头、内锁母固定在盒子的管孔上，使用帽护口堵好管口，并堵好盒口，固定好盒子，用机螺钉或短钢筋固定在底盘上。管路应敷设在底排钢筋的上面，管路每隔 1m 用镀锌铁丝绑扎牢。引向隔断墙的管子，可使用"管帽"预留口，拆模后取出管帽再接管。

塑料管直埋于现浇混凝土内，在浇捣混凝土时，应有防止塑料管发生机械损伤的措施。

灰土层内管路暗敷设应在灰土层夯实后挖管路槽,接着敷设管路,然后在管路上面用混凝土砂浆埋护,厚度不宜小于80mm。

(9) **扫管穿带线** 对于现浇混凝土结构,如墙、楼板应及时进行扫管,即随拆模随扫管,这样能够及时发现堵管不通现象,便于处理,因为应当在混凝土未终凝时修补管路。对于砖混结构墙体,在抹灰前进行扫管,有问题时修改管路,便于土建修复。经过扫管后确认管路畅通,及时穿好带线,并将管口、盒口、箱口堵好,加强成品配管保护,防止出现二次塞管路现象。

五、导线穿管

照明电路中的导线是将电源从配电箱输送到灯具及插座的主要通道,作为电路的重要组成部分,必须具备优良的导电性能,以确保电路正常通电,一般分为单芯导线、多芯导线等形式。同时,为了保护导线绝缘层不受损伤、布置活线便于维护更换以及防止火灾等原因,导线一般需要设置在穿线管中。本方案采用单芯导线穿管形式安装。需要根据施工图纸,结合穿线管的安装情况按照施工规范完成照明导线的穿线安装。

【实践活动】 根据接线盒及穿线管的安装情况,完成单芯导线铰接法连接、单芯导线T字分支连接、单芯导线暗盒内封端制作。

【活动情境】 小高在完成穿线管的制作安装后,需要根据施工图纸,结合施工现场实际情况填写材料工具清单,带领施工人员进行导线安装敷设,并按照施工验收规范进行验收评价。

【工具/环境】 施工图纸、单芯导线、电工工具、穿线工具/施工现场。

活动实施流程(图5-8):

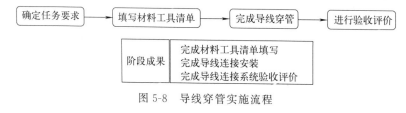

图5-8 导线穿管实施流程

引导问题13:导线穿管的原因是什么?

引导问题14:导线穿管的操作要点有哪些?

引导问题15:用什么设备怎样进行线路绝缘检查?

填写导线穿管材料工具清单。见表 5-18。

表 5-18 导线穿管材料工具清单

序号	材料工具名称	规格	单位	数量	备注	是否申领(申领后打√)
1						
2						
3						
4						
5						
6						
7						
8						
9						

填写导线穿管评价表,见表 5-19。

表 5-19 导线穿管评价表

评价指标	评价项目	配分	评价标准	得分
专业能力	关键尺寸 1	10	尺寸≤±10mm 得 10 分,尺寸≤±5mm 得 5 分	
	关键尺寸 2	10	尺寸≤±10mm 得 10 分,尺寸≤±5mm 得 5 分	
	关键尺寸 3	10	尺寸≤±10mm 得 10 分,尺寸≤±5mm 得 5 分	
	导线表面	10	导线表面无绝缘层破得 10 分,有破裂不得分	
	穿线器使用	10	未使用穿线器扣 10 分	
	牢固程度	10	导线连接牢固得 10 分,否则不得分	
	材料使用	10	因操作错误额外领取材料 1 次扣 5 分,扣完为止	
	材料工具清单填写	30	材料工具清单中主材缺失 1 项扣 5 分,主要工具缺失 1 项扣 5 分,辅材缺失 1 项扣 2 分,材料工具数量错误 1 项扣 2 分,扣完为止	
工作过程	操作规范	20	正确使用工具得 10 分,未正确使用工具 1 次扣 2 分,扣完为止	
	安全操作	10	未正确穿戴使用安全防护用品 1 次扣 5 分,未安全使用工具 1 次扣 2 分,扣完为止	
工作素养	环境整洁	10	地面随意乱扔工具材料 1 次扣 2 分,安装结束未清扫整理工位扣 5 分,扣完为止	
	工作态度	10	无故迟到早退 1 次扣 2 分,旷课 1 节扣 5 分,扣完为止	
团队素养	团结协作	10	小组分工不合理扣 5 分,出现非正常争吵 1 次扣 5 分,扣完为止	
	计划组织	10	工作计划不合理扣 5 分,现场组织混乱扣 5 分,扣完为止	
情感素养	项目参与	10	不主动参与项目论证 1 次扣 2 分,不积极参加实践安装 1 次扣 2 分,扣完为止	
	体会反思	10	每天课后填写的学习体会和活动反思缺 1 次扣 2 分,扣完为止	

说明:本评价表中最终得分按照表格中得分总和除以配分总和后进行百分制换算。

信息驿站

1. 导线穿管的原因

(1) **方便维修更换** 穿管布线是布"活线"的基础,是为了以后线路维护、更换和家庭智能化打下基础。

(2) **防止电线的绝缘层受损** 如果直接埋进水泥砂浆中,硅酸盐可能会腐蚀电线的绝缘层,导致电线绝缘下降而造成短路。

(3) **防止火灾** 万一电器短路造成电线绝缘层着火,线管能起到阻止火苗蔓延的作用。因为线管是用阻燃材料做的，本身不会燃烧，如果没用穿线管，电线旁边的其他线料或易燃物就可能引发更大的火灾。

(4) **散热作用** 因为导线的截面积是由负荷决定的，布线时一般都留有富余量，但是还是可以缓解特殊情况引起的线材发热。

2. 导线穿管操作步骤

(1) **选择导线** 根据设计图纸要求，正确选择导线规格、型号及数量。穿在管内绝缘导线的额定电压不低于450V。

(2) **穿带线** 带线用 $\phi 1.2 \sim 2.0$ mm 的铁丝，头部弯成不封口的圆圈，以防止在管内遇到管接头时被卡住，将带线穿入管路内，在管路的两端留有20cm的余量。如在管路较长或转弯时，可在结构施工敷设管路的同时将带线一并穿好并留有20cm的余量后，将两端的带线盘入盒内或缠绕在管头上固定好，防止被其他人员随便拉出。当穿带线受阻时，采用两端同时穿带线的办法，将两根带线的头部弯成半圆的形状，使两根带线同时搅动，使两端头相互钩绞在一起，然后将带线拉出。

(3) **扫管** 将布条的两端牢固地绑扎在带线上，两人来回拉动带线，将管内的浮锈、灰尘、泥水等杂物清除干净。

(4) **带护口** 按管口大小选择护口，在管子清扫后，将护口套入管口上。在钢管（电线管）穿线前，检查各个管口的护口是否齐全，如有遗漏或破损均应补齐和更换。

(5) **放线及断线** 放线前应根据图纸对导线的品种、规格、质量进行核对。整盘导线放线时，将导线置于放线架或放线车上，放线避免出现死扣和背花。剪断导线时，盒内导线的预留长度为15cm，箱内导线的预留长度为箱体周长的1/2，出户导线的预留长度为1.5m。

(6) **导线与导线的绑扎** 当导线根数为2~3根时，可将导线前端的绝缘层剥去，然后将线芯直接与带线绑回头压实绑扎牢固，使绑扎处形成一个平滑的锥体过渡部位。当导线根数较多或导线截面较大时，可将导线前端的绝缘层削去，然后将线芯斜错排列在带线上，用绑线缠绕绑扎牢固，使绑扎接头处形成一个平滑的锥体过渡部位，便于穿线。

(7) **管内穿线** 当管路较长或转弯较多时，要在穿线的同时向管内吹入适当的滑石粉。两人穿线时，一拉一送，配合协调。

(8) **导线连接** 导线连接时，必须先削掉绝缘层，去掉导线表面氧化膜，再进行连接、加锡焊、包缠绝缘。

(9) **接头包扎** 首先用橡胶（或粘塑料）绝缘带将其拉长2倍，从导线接头处始端的完好绝缘层开始，缠绕1~2个绝缘带幅宽度后，再以半幅宽度重叠进行缠绕，在缠绕过程中应尽可能收紧绝缘带，缠到头后在绝缘层上缠绕1~2圈后，再进行回缠。回缠完成后再用黑胶布包扎，包扎时要衔接好，以半幅宽度压边进行缠绕，同时在包扎过程中收紧黑胶布，导线接头两端应用黑胶布封严密。

(10) **线路检查绝缘摇测**

① 线路检查。导线的连接及包扎全部完成后，应进行自检和互检，检查导线接头及包扎质量是否符合规范要求及质量标准的规定，检查无误后进行绝缘摇测。

② 绝缘摇测。线路的绝缘摇测一般选用1000V、量程为0~1000MΩ的绝缘电阻表。绝缘电阻表上有三个分别标有"接地（E）""线路（L）"和"保护环（C）"的端

钮。可将被测两端分别接于"E"和"L"两个端钮上。一般在完成管内穿线后在电气器具未安装前进行各支路导线绝缘摇测。将灯头盒内的导线分开，开关盒内的导线连通，分别摇测照明（插座）支线、干线的绝缘电阻。一人摇测，一人及时读数，摇动速度应保持在 120r/min 左右，读数应采用 1min 后的读数为宜，并应做好记录。

3. 导线穿管操作要点

（1）**使用带线** 当管路较长或弯曲较多时，可以使用一根钢线作为带线，将电线引入管道内。

（2）**扫管** 清除管内所有的障碍物，可以加入滑石粉，使穿线更加顺畅。

（3）**避免弯折** 电线在穿管时，要保证电线平滑竖直，不能出现弯折现象，以防止电线信号受到干扰。

（4）**导线预留** 导线穿管后，需要预留一定的长度，接线盒、配电箱等不同情况预留长度不同。

（5）**分色与接头处理** 在接线过程中，应使用接线盒，并且接头处应使用接线帽。同时，导线的相线、零线等应严格区分颜色，确保电线连接紧密，避免"打火"现象。下线盒的电线接头处应做"挂锡"处理，并缠绕防水胶带和高压绝缘胶带，确保安全。

4. 导线穿管注意事项

① 不同回路、不同电压、交流与直流的导线，以及强、弱电线，都不能穿在同一根管内，以防止触电和信号干扰。

② 管内电线的外径总截面积不应超过管内截面积的 40%，以符合电工规范。

六、元器件安装

家庭照明系统中的灯具、插座等元器件是实现照明电路系统基本功能的主要元器件。灯具分为白炽灯、日光灯、LED 灯等形式，插座分为两孔插座、三孔插座等形式，本方案采用日光灯及三孔插座的形式。需要根据施工图纸中元器件的安装位置、已安装的照明系统中灯具、插座的安装位置，参考施工规范完成灯具、插座的安装。

【实践活动】 根据设计图纸中元器件的安装位置、已安装的照明管道确定具体安装位置进行导线敷设。

【活动情境】 小高在完成管道制作与安装后，需要根据设计施工图纸，参考已安装的线管、开关、插座与灯具的位置确认下料长度，并结合配电箱中输出的导线的回路确定线管内导线的根数，填写材料工具清单，带领施工人员进行导线敷设，并按照施工验收规范进行验收评价。

【工具/环境】 施工图纸、导线、穿线工具/施工现场。

活动实施流程（图 5-9）：

图 5-9 元器件安装实施流程

模块五　电气工程安装

引导问题16：插座安装有哪些注意事项？

引导问题17：日常生活中基本的照明电路是由哪几部分组成的？

引导问题18：日光灯的工作原理是什么？

填写元器件安装材料工具清单，见表5-20。

表5-20　元器件安装材料工具清单

序号	材料工具名称	规格	单位	数量	备注	是否申领（申领后打√）
1						
2						
3						
4						
5						
6						
7						
8						
9						
10						

填写元器件安装评价表，见表5-21。

表5-21　元器件安装评价表

评价指标	评价项目	配分	评价标准	得分
专业能力	插座接线	10	相线、零线、底线接线错误扣10分	
	导线连接	10	导线连接不牢固1处扣2分，扣完为止	
	灯具固定	10	安装稳固螺钉缺失扣10分，倾斜扣5分	
	开关安装	10	缺失固定螺钉1处扣5分，安装不平整扣3分，扣完为止	
	插座安装	10	缺失固定螺钉1处扣5分，安装不平整扣3分，扣完为止	
	成品保护	10	元器件安装后未进行成品保护扣5分，扣完为止	
	材料使用	10	因操作错误额外领取材料1次扣5分，扣完为止	
	材料工具清单填写	20	材料工具清单中主材缺失1项扣5分，主要工具缺失1项扣5分，辅材缺失1项扣2分，材料工具数量错误1项扣2分，扣完为止	
工作过程	操作规范	10	暴力操作1次扣5分，损坏工具1次扣10分，扣完为止	
	安全操作	10	未正确穿戴使用安全防护用品1次扣5分，未安全使用工具1次扣2分，扣完为止	
工作素养	环境整洁	10	地面随意乱扔工具材料1次扣2分，安装结束未清扫整理工位扣5分，扣完为止	
	工作态度	10	无故迟到早退1次扣2分，旷课1节扣5分，扣完为止	
团队素养	团结协作	10	小组分工不合理扣5分，出现非正常争吵1次扣5分，扣完为止	
	计划组织	10	工作计划不合理扣5分，现场组织混乱扣5分，扣完为止	
情感素养	项目参与	10	不主动参与项目论证1次扣2分，不积极参加实践安装1次扣2分，扣完为止	
	体会反思	10	每天课后填写的学习体会和活动反思缺1次扣2分，扣完为止	

说明：本评价表中最终得分按照表格中得分总和除以配分总和后进行百分制换算。

信息驿站

1. 照明电路的组成

通常来说照明电路由电度表、断路器（漏电保护开关）、连接导线、闸刀开关、插座、电气控制器、照明灯具等部分组成。

2. 元器件连接

（1）**电源与电度表的连接** 见图5-10。在使用中电度表接线遵循"1、3接进线，2、4接出线"的原则。即电度表的1、3端子电源接进线，其1号端子接火线，3号端子接零线；电度表的2、4端子接出线，2号端子为火线，4号端子为零线。

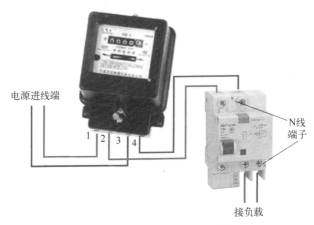

图5-10 电源与电度表的连接

（2）**电路中的开关连接** 见图5-11。电路中的开关连接遵循"火线进开关，零线进灯头"原则，即开关在使用中要将火线接入开关中，以达到控制负载通断的目的。

单联开关在电路中单个使用便可控制电路的通断，双联开关在电路中需两个配套使用才能控制电路的通断。

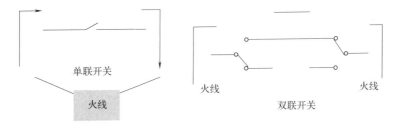

图5-11 电路中的开关连接

（3）**白炽灯在电路中的连接** 见图5-12。

灯具接在电路中必须有火线，有零线。在接线中要注意灯座上的标号，将火线接在L的接线端子上，将零线接在N的接线端子上。

（4）**插座在电路中的安装** 对于单项插座来说，通常按"左零右火"的接法来接，三相插座按"上地左零右火"的接法来接。

（5）**日光灯的接线**

图 5-12　电路中白炽灯的连接

① 日光灯的组成包括灯管、灯座、启辉器、整流器等，如图 5-13。

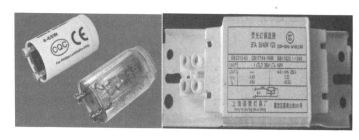

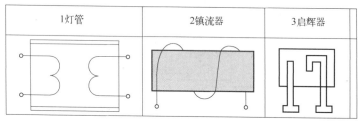

图 5-13　日光灯的组成

② 各器件的作用如下。

灯管：内壁涂有荧光粉的玻璃管，灯丝通有电流时，发射大量电子，激发荧光粉发出白光。

镇流器：带有铁芯的电感线圈具有自感作用，与启辉器配合，产生脉冲高压。

启辉器：由氖泡和纸介电容组成，氖泡内有静触片和动触片（双金属片）。

③ 日光灯的工作原理。当开关接通时，电源电压通过镇流器和灯管灯丝加到启辉器的两极，高电压立即使启辉器内的惰性气体电离，产生辉光放电。辉光放电产生的热量使双金属片动触片受热膨胀，与静触片接触，从而接通电路。电流通过镇流器、启辉器触极和两端灯丝构成通路，灯丝被加热后发射出大量电子。由于启辉器两极闭合，两极间的电压降为零，辉光放电消失，管内温度降低，双金属片冷却收缩，自动复位，两触片分离，自动断开电路。在两极断开的瞬间，电路电流突然切断，镇流器产生一个自感电动势，与电源电压叠加后作用于灯管两端，使灯管内的惰性气体电离并引起弧光放电。

七、验收调试

家庭照明电路系统完成安装施工后，须根据验收规范对所接电路进行安全检查，结合家庭照明系统设计要求对安装电路及用电设备进行调试验收，以便交付业主安全使用。

【实践活动】 根据施工设计要求对家庭照明系统进行调试验收。

【活动情境】 小高在完成照明电路系统安装后,需要根据家庭设计施工平面图,结合施工验收规范,带领施工人员进行安全检查,并完成调试验收以便交付业主安全使用。

【工具/环境】 施工图纸、调试工具/施工现场。

活动实施流程(图5-14):

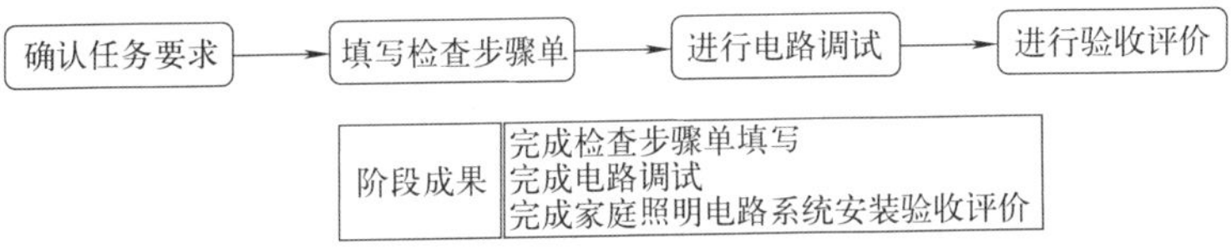

确认任务要求 → 填写检查步骤单 → 进行电路调试 → 进行验收评价

阶段成果:完成检查步骤单填写 完成电路调试 完成家庭照明电路系统安装验收评价

图5-14 验收调试实施流程

引导问题 19:照明电路安全检查要求有哪些?

引导问题 20:万用表的使用注意事项有哪些?

引导问题 21:现行的电气照明装置施工及验收规范是哪个版本?

填写照明电路安全检查步骤单,见表5-22。

表5-22 照明电路安全检查步骤单

序号	检查项目	现象	备注
1			
2			
3			
4			
5			
6			
7			
8			
9			
10			

填写照明电路验收调试评价表,见表5-23。

表5-23 照明电路验收调试评价表

评价指标	评价项目	配分	评价标准	得分
专业能力	布局和结构	10	布局合理,结构紧凑,控制方便,美观大方得10分,出现问题1处扣2分,扣完为止	
	整个电路	10	没有接出多余线头,每条线严格按要求来接,每条线都没有接错位。1处错误扣2分,扣完为止	
	元器件安装	10	元器件的安装正确得10分,错误1次扣5分,扣完为止	

续表

评价指标	评价项目	配分	评价标准	得分
专业能力	成品保护	10	照明电路安装后未进行成品保护扣10分	
	工具使用	30	会用万用表检查照明线路和元器件的安装是否正确。错误1次扣10分,扣完为止	
	安全检查步骤单填写	30	安全检查步骤缺失1项扣5分,现象错误1项扣2分,扣完为止	
工作过程	安全用电	30	注意安全用电,不带电作业。错误一次扣5分,扣完为止	
	安全操作	10	未正确穿戴使用安全防护用品1次扣5分,未安全使用工具1次扣2分,扣完为止	
工作素养	环境整洁	10	地面随意乱扔工具材料1次扣2分,安装结束未清扫整理工位扣5分,扣完为止	
	工作态度	10	无故迟到早退1次扣2分,旷课1节扣5分,扣完为止	
团队素养	团结协作	10	小组分工不合理扣5分,出现非正常吵1次扣5分,扣完为止	
	计划组织	10	工作计划不合理扣5分,现场组织混乱扣5分,扣完为止	
情感素养	项目参与	10	不主动参与项目论证1次扣2分,不积极参加实践安装1次扣2分,扣完为止	
	体会反思	10	每天课后填写的学习体会和活动反思缺1次扣2分,扣完为止	

说明:本评价表中最终得分按照表格中得分总和除以配分总和后进行百分制换算。

信息驿站

1. 用电安全检查

(1) **导线绝缘良好** 标准是必须使用绝缘导线,绝缘无破损、老化现象。

(2) **导线安装符合要求** 标准是导线无断股、扭绞和死弯,与绝缘子固定可靠,金具规格应与导线规格适配。

(3) **接户线安装高度应符合要求** 标准是接户线在档距内不得有接头,进线处距地高度不得小于2.5m。

(4) **电缆的选用应符合标准** 标准是电缆中必须包含全部工作芯线和用作保护零线或保护线的芯线,需要三相四线制配电的电缆线路必须采用五芯电缆,严禁在电缆外另附导线用作工作零线或保护零线。

(5) **室内配线安装符合要求** 标准是室内配线应根据配电类型采用瓷瓶、瓷(塑料)夹、嵌绝缘槽、穿管或钢索敷设。

(6) **配电箱及开关箱** 设置应符合标准。

① 总配电箱以下可设若干分配电箱,分配电箱以下可设若干开关箱。总配电箱应设在靠近电源的区域,分配电箱应设在用电设备或负荷相对集中的区域,分配电箱与开关箱的距离不宜超过30m,开关箱与其控制的固定式用电设备的水平距离不宜超过3m。

② 配电箱、开关箱应装设在干燥、通风及常温场所,不得装设在有严重损伤作用的潮气、烟气及其他有害介质中,不得装设在易受外来固定物体撞击、强烈振动、液体浸溅及热源烘烤场所。否则应清除或作防护处理。

③ 配电箱、开关箱周围应有足够2人同时工作的空间和通道,不得堆放任何妨碍操作、维修的物品,不得有灌木和杂草。

④ 配电箱、开关箱应采用冷轧钢板或阻燃绝缘材料制作,钢板厚度为 1.2～2mm,箱体表面应做防腐处理。

⑤ 箱体应装设端正牢固,中心点与地面的垂直距离应为 1.4～1.6m,移动式配电箱、开关箱应装设在坚固、稳定的支架上,其中心点与地面的垂直距离宜为 0.8～1.6m。

⑥ 配电箱、开关箱内的电器应先安装在金属或非木制阻燃绝缘电器安装板上,然后方可固定在配电箱、开关箱箱体内。金属电器安装板与金属箱体应作电气连接。(配电箱的电器安装板上必须分设 N 线端子板和 PE 线端子板,N 线端子板与金属电器安装板绝缘,PE 线端子板必须与金属电器安装板作电气连接。进出线中的 N 线必须通过 N 线端子板连接,PE 线必须通过 PE 线端子板连接。)

⑦ 箱体内的连接线必须采用铜芯绝缘导线,导线的颜色标志应符合规定,并排列整齐。导线分支接头不得采用螺栓压接,应采用焊接并作绝缘包扎,不得有外漏带电部分。

2. 万用表检查步骤

① 测量配电箱进户线"L 线""N 线"是否短路、断路。
② 测量插座线"L 线""N 线""PE 线"是否短路、断路。
③ 测量灯具电源线"L 线""N 线"是否短路、断路。
④ 测量配电箱进户线电压是否正常。
⑤ 测量插座电压是否正常。

3. 建筑电气照明装置施工验收规范

现行规范为住房和城乡建设部与国家市场监督管理总局联合发布的《建筑电气与智能化通用规范》(GB 55024—2022,自 2022 年 10 月 1 日起实施)。

评价反馈

采用多元评价方式,评价由学生自我评价、小组互评、教师评价组成,评价标准、分值及权重如下。

1. 按照前面各任务项目评价表中评价得分填写综合评价表,见表 5-24。

表 5-24 综合评价表

综合评价	自我评价(30%)	小组互评(40%)	教师评价(30%)	综合得分

2. 学生根据整体任务完成过程中的心得体会和综合评价得分情况进行总结与反思。
(1) 心得体会
学习收获:

模块五 电气工程安装

笔记

存在问题：

（2）反思改进

自我反思：

改进措施：

项目二　消防卷帘门电动机安装

职　业　名　称：建筑设备安装
典型工作任务：消防卷帘门电动机安装
建　议　课　时：30课时

设备工程公司派工单

工作任务	消防卷帘门电动机安装		
派单部门	实训教学中心	截止日期	
接单人		负责导师	
工单描述	根据派工单位给定的消防卷帘门电动机原理图、平面施工图,结合施工现场查看的具体条件,科学合理地确定施工安装工序,选择合适的材料和工具完成系统安装,结合施工验收规范进行验收评价		
任务目标	目标	结合施工图纸和施工现场实际条件安装消防卷帘门电动机	
	关键成果	识读施工图纸	
		安排施工工序	
		完成线路及设备安装	
		依据评价标准进行验收评价	
工作职责	识读施工图纸,为后续施工做好铺垫		
	根据不同功能和加工工艺安排科学合理的施工工序		
	结合验收施工规范进行相关设备和线管的安装		
	结合标准规范进行验收评价		

工作任务

序号	学习任务	任务简介	课时安排	完成后打√
1	图纸识读		8	
2	主电路安装		6	
3	控制电路安装		12	
4	系统调试		4	

注意事项:
1. 严格按照派工单的内容要求进行项目实践,不得随意更改工作流程。
2. 在完成工作内容后,请进行清单自检,完成请打√。

学生签字:
日期:

背景描述

某公司需要在仓库安装一套能够在火灾发生时和自动喷淋灭火系统联动运行的消防卷帘系统,满足仓库消防验收需求。现需要根据设计师绘制的电路原理图、施工平面图、客户仓库实际平面布局、动力配电箱的预设位置进行综合分析,确定施工工序,选用合适的材料和工具完成消防卷帘门电动机电气控制系统安装。

任务书

【任务分工】　在明确工作任务后,进行分组,填写小组成员学习任务分配表,见表5-25。

表 5-25 学习任务分配表

班级		组号		指导教师	
组长		任务分工			
组员	学号	任务分工			

学习计划

针对消防卷帘门电动机控制系统安装的技术要求，梳理出学习流程（图 5-15），并制订实践计划，可依据该计划实施实践活动。

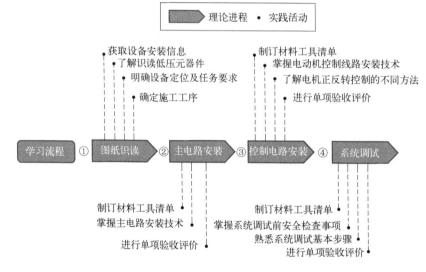

图 5-15 消防卷帘门电动机安装学习流程

任务准备

1. 阅读任务书，理解工作计划中的工作要点及工作任务要求。

2. 了解施工技术人员关于消防卷帘门电动机安装的工作职责。

3. 借助学习网站，查看消防卷帘门电动机安装的相关视频、文章及资讯并记录疑点和问题。

任务实施

一、图纸识读

图纸识读是开展消防卷帘门电动机安装的首要条件，需要通过图纸获取建筑物的结构尺寸，了解客户家中进户线、配电箱的位置，结合图纸中消防卷帘门的设计位置确定相关电机设备的安装工序。

【实践活动】 根据施工图纸和施工现场原有条件,确定施工工序。

【活动情境】 小高是某设备公司施工部门的技术专员,下周要带领施工团队完成一套消防卷帘门电动机电路安装,现在他需要根据设计部门给定的施工图纸,结合客户施工现场进户线、配电箱的位置的原始条件制订施工工序。

【工具/环境】 施工图纸/施工现场。

活动实施流程(图5-16):

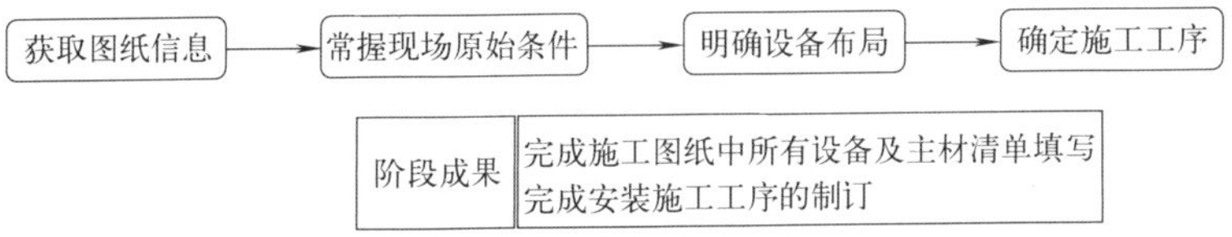

获取图纸信息 → 掌握现场原始条件 → 明确设备布局 → 确定施工工序

阶段成果：完成施工图纸中所有设备及主材清单填写 完成安装施工工序的制订

图 5-16 图纸识读实施流程

引导问题1：什么是低压电器?

引导问题2：低压电器的作用是什么?

引导问题3：确定施工工序时需要考虑哪些因素?

填写消防卷帘门电动机安装系统中设备及主材清单,见表5-26。

表5-26 消防卷帘门电动机安装设备及主材清单

序号	设备及主材名称	规格	单位	数量	备注	是否申领(申领后打√)
1						
2						
3						
4						
5						
6						
7						
8						
9						
10						
11						
12						

填写消防卷帘门电动机安装施工工序表,见表5-27。

表5-27 消防卷帘门电动机安装施工工序表

序号	工艺流程内容	备注
1		
2		
3		
4		
5		
6		
7		
8		

模块五 电气工程安装

抄绘安装图纸。

信息驿站

1. 刀开关

（1）**概念**　**刀开关**也称闸刀开关、隔离开关，是带有动触头的闸刀，通过动触头与底座上的静触头（刀夹座）楔合或分离，以接通或分断电路的一种开关。

（2）**基本结构**　刀开关通常由绝缘底板、动触刀、静触座、灭弧装置和操作机构组成。

（3）**分类**

① 按刀的级数分：单极、双极和三极。

② 按灭弧装置分：带灭弧装置和不带灭弧装置。

③ 按有无熔断器分：带熔断器和不带熔断器。

（4）**主要功能**　低压刀开关的作用是不用频繁地手动接通和分断容量较小的交、直流低压电路，或者起隔离作用。

（5）**刀开关图形及其文字符号**　如图 5-17 所示。

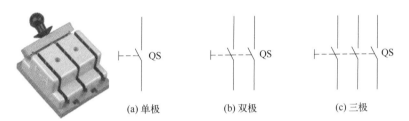

图 5-17　刀开关图形及文字符号

2. 低压断路器

（1）**概念**　**断路器**是指能接通、承载以及分断正常电路条件下的电流，也能在规定的非正常电路条件（如短路）下接通、承载一定时间和分断电流的一种机械开关电器，过去叫作自动空气开关，为了和 IEC（国际电工委员会）标准一致，改名为断路器。

（2）**分类**

① 按使用类别分，有选择型（保护装置参数可调）和非选择型（保护装置参数不可调）。

② 按灭弧介质分，有空气式和真空式。目前国产多为空气式。

（3）**基本结构**　一般由脱扣器、触头系统、灭弧装置、传动机构、基架和外壳等部分组成。

（4）**主要功能**　低压断路器是将控制电器和保护电器的功能合为一体的电器，在正常条件下，它常作为不频繁接通和断开的电路以及控制电动机的启动和停止。它常用作总电源开关或部分电路的电源开关。

（5）**低压断路器**图形及其文字符号　如图 5-18 所示。

3. 控制按钮

（1）**概念**　**控制按钮**又称按钮，是具有手动操作的操动器，并具有储能（弹簧）复位的控制开关。它是一种短时间接通或者断开小电流电路的手动控制器。

图 5-18　低压断路器图形及文字符号

（2）**控制按钮图形及文字符号**　如图 5-19 所示。

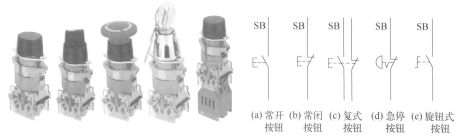

图 5-19　控制按钮图形及文字符号

4. 交流接触器

交流接触器见图 5-20。

（1）**基本结构**

① 电磁系统：包括吸引线圈、动铁芯和静铁芯。

② 触头系统：包括三组主触头和一至两组常开、常闭辅助触头，它和动铁芯是连在一起互相联动的。

③ 灭弧系统：一般容量较大的交流接触器都设有灭弧装置，以便迅速切断电弧，免于烧坏主触头。绝缘外壳及附件有各种弹簧、传动机构、短路环、接线柱等。

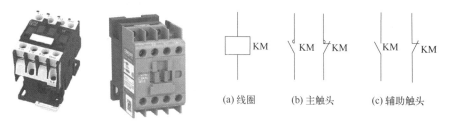

图 5-20　交流接触器

（2）**交流接触器工作原理**　如图 5-21。

线圈通电时，静铁芯产生电磁吸力，将动铁芯吸合，由于触头系统是与动铁芯联动的，因此动铁芯带动三条动触片同时运行，触点闭合，从而接通电源。当线圈断电时，吸力消失，动铁芯联动部分依靠弹簧的反作用力而分离，使主触头断开，切断电源。

5. 中间继电器

中间继电器如图 5-22 所示。

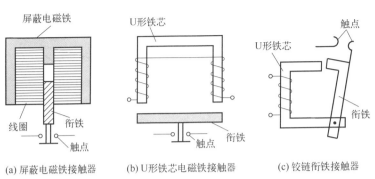

(a) 屏蔽电磁铁接触器　　(b) U形铁芯电磁铁接触器　　(c) 铰链衔铁接触器

图 5-21　交流接触器工作原理

（1）**结构**　电磁式继电器的结构和工作原理与接触器类似，也是由电磁机构和触点系统等组成。

（2）**功能**　中间继电器通常在继电保护与自动控制系统中的控制回路中起传递中间信号的作用，以增加小电流在控制回路中的触点数量及容量。

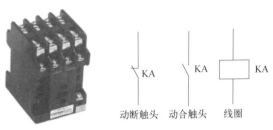

图 5-22　中间继电器

6. 热继电器

热继电器如图 5-23 所示。

图 5-23　热继电器

（1）**概念**　热继电器是用于电动机或其他电气设备、电气线路的过载保护的保护电器。它是利用流过继电器的电流所产生的热效应而反时限动作（包括延时）的继电器。

（2）**基本结构**　由发热元件、双金属片和触头及一套传动和调整机构组成。

（3）**主要功能**　为了充分发挥电动机的潜力，电动机短时过载是允许的，但无论过载量的大小如何，时间长了总会使绕组的温升超过允许值，从而加剧绕组绝缘的老化，缩短电动机的寿命，严重过载会很快烧毁电动机。

7. 熔断器（图 5-24）

熔断器如图 5-24 所示。

（1）**概念**　是指当电流超过规定值时，以自身产生的热量使熔体熔断，断开电路的一种电器。

（2）**基本作用**　短路和严重过载保护。

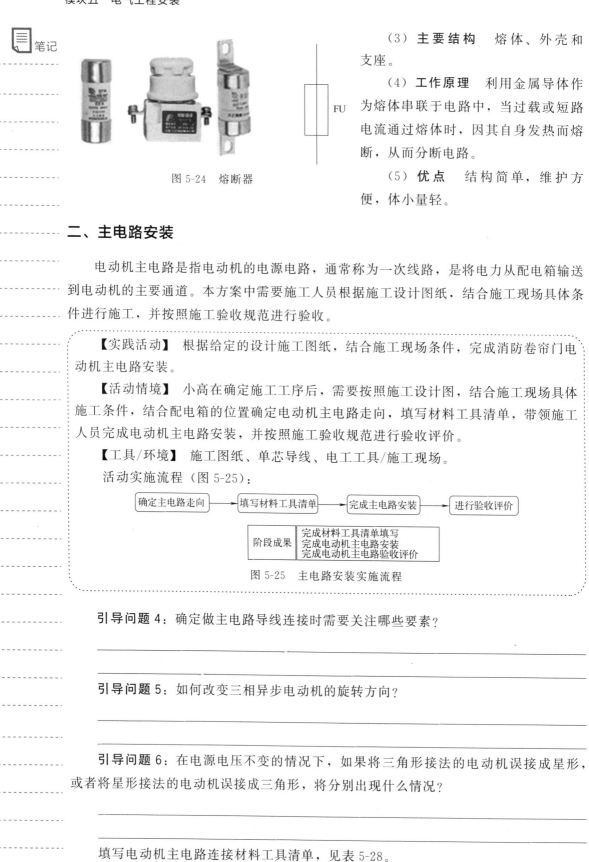

（3）**主要结构** 熔体、外壳和支座。

（4）**工作原理** 利用金属导体作为熔体串联于电路中，当过载或短路电流通过熔体时，因其自身发热而熔断，从而分断电路。

图 5-24 熔断器

（5）**优点** 结构简单，维护方便，体小量轻。

二、主电路安装

电动机主电路是指电动机的电源电路，通常称为一次线路，是将电力从配电箱输送到电动机的主要通道。本方案中需要施工人员根据施工设计图纸，结合施工现场具体条件进行施工，并按照施工验收规范进行验收。

【实践活动】 根据给定的设计施工图纸，结合施工现场条件，完成消防卷帘门电动机主电路安装。

【活动情境】 小高在确定施工工序后，需要按照施工设计图，结合施工现场具体施工条件，结合配电箱的位置确定电动机主电路走向，填写材料工具清单，带领施工人员完成电动机主电路安装，并按照施工验收规范进行验收评价。

【工具/环境】 施工图纸、单芯导线、电工工具/施工现场。

活动实施流程（图 5-25）：

图 5-25 主电路安装实施流程

引导问题 4：确定做主电路导线连接时需要关注哪些要素？

引导问题 5：如何改变三相异步电动机的旋转方向？

引导问题 6：在电源电压不变的情况下，如果将三角形接法的电动机误接成星形，或者将星形接法的电动机误接成三角形，将分别出现什么情况？

填写电动机主电路连接材料工具清单，见表 5-28。

表 5-28 电动机主电路连接材料工具清单

序号	材料工具名称	规格	单位	数量	备注	是否申领(申领后打√)
1						
2						
3						
4						
5						
6						
7						
8						
9						
10						

填写电动机主电路连接安装评价表,见表 5-29。

表 5-29 电动机主电路连接安装评价表

评价指标	评价项目	配分	评价标准	得分
专业能力	电动机内部接线	10	内部接线正确得 10 分,否则不得分	
	元器件选择	10	选择正确得 10 分,否则不得分	
	电源相序	10	尺接线正确得 10 分,否则不得分	
	导线表面	10	导线表面无绝缘层破裂得 10 分,有破裂不得分	
	横平竖直	10	主电路导线水平度或垂直度超过 3°,1 处扣 2 分,扣完为止	
	牢固程度	10	导线连接牢固得 10 分,否则不得分	
	材料使用	10	因操作错误额外领取材料 1 次扣 5 分,扣完为止	
	材料工具清单填写	30	材料工具清单中主材缺失 1 项扣 5 分,主要工具缺失 1 项扣 5 分,辅材缺失 1 项扣 2 分,材料工具数量错误 1 项扣 2 分,扣完为止	
工作过程	操作规范	20	正确使用工具得 10 分,未正确使用工具 1 次扣 2 分,扣完为止	
	安全操作	10	未正确穿戴使用安全防护用品 1 次扣 5 分,未安全使用工具 1 次扣 2 分,扣完为止	
工作素养	环境整洁	10	地面随意乱扔工具材料 1 次扣 2 分,安装结束未清扫整理工位扣 5 分,扣完为止	
	工作态度	10	无故迟到早退 1 次扣 2 分,旷课 1 节扣 5 分,扣完为止	
团队素养	团结协作	10	小组分工不合理扣 5 分,出现非正常争吵 1 次扣 5 分,扣完为止	
	计划组织	10	工作计划不合理扣 5 分,现场组织混乱扣 5 分,扣完为止	
情感素养	项目参与	10	不主动参与项目论证 1 次扣 2 分,不积极参加实践安装 1 次扣 2 分,扣完为止	
	体会反思	10	每天课后填写的学习体会和活动反思缺 1 次扣 2 分,扣完为止	

说明:本评价表中最终得分按照表格中得分总和除以配分总和后进行百分制换算。

信息驿站

1. 低压电器基本控制电路

(1) **概念** 通过开关、按钮、继电器、接触器等电器触点的接通或断开来实现电动机各种运转形式的控制称作继电—接触器控制。由继电—接触器控制方式构成的自动控制系统称为继电—接触器控制系统。

(2) **分类** 继电—接触器控制方式一般分为电动控制、单向自锁运行控制、正反转控制、行程控制、时间控制等。

(3) **存在问题** 电动机在使用过程中由于各种原因可能会出现一些电源电压过低、短路或过载引起的电动机电流过大、电动机定子绕组相间短路或电动机绕组与外壳短路等异常状况，如果不及时切断电源则可能会对设备或人身带来危险，因此必须采取保护措施。

（4）**保护措施**　电动机的断电—接触器控制电路中，常用的保护环节有短路保护、过载保护、零压保护和欠压保护等。

2. 三相异步电动机的直接启动

（1）**概念**　在电动机的三相绕组上直接加上额定电压而进行启动。

（2）**优点**　操作简单，启动设备投资低、维修费用少。

（3）**缺点**　电动机的启动电流很大，可达额定电流的 4～7 倍。若启动的电动机容量较大时，其巨大的启动电流不仅会引起电网电压的过分下降，影响电动机自身的启动转矩 M，甚至导致电动机无法启动，而且还会影响其他设备的稳定运行。

（4）**使用条件**　电动机容量应比为其提供电力的变压器容量小很多，其启动电流在系统中引起的电压降不应超过额定电压的 10％～15％。

3. 三相异步电动机的控制方式

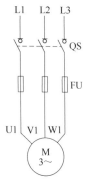

图 5-26　三相异步电动机刀开关主电路

（1）**直接启动的电路**　对小容量电动机的起动，当对其控制条件要求不高时，可以用胶盖闸刀、铁壳开关等简单的配电设备直接启动。该电路的特点是只有主电路，图 5-26 所示。

它的电流流向为：三相交流电源（L1/L2/L3）→刀开关 QS→熔断器 FU→三相交流异步电动机 M。其中熔断器 FU 在主电路中起短路保护的作用。

（2）**带控制部件的电路**　如图 5-27 所示。在生产过程中，由于不同生产机械的动作各不相同，故电动机的运转方式也不一样。为了实现电动机的不同运转方式，常用接触器、继电器、主令控制器等电气元件组成相应的电动机控制电路，以实现电动机的启动、制动、反转和调速等功能。这种将电动机、控制电器、保护电器和生产机械等装置有机结合起来所构成的系统，称之为电力拖动的自动控制系统。虽然不同生产机械的控制电路各不相同，但各种控制电路总是由一些最基本的控制环节组成的。

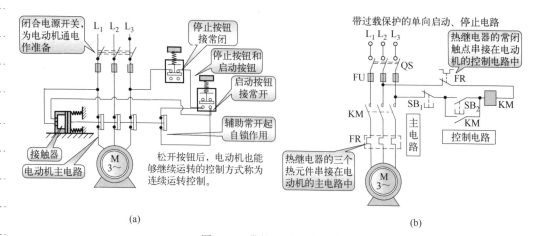

图 5-27　带控制部件的电路

三、控制电路安装

控制电路安装主要为消防卷帘门电动机正反转电路起到控制、保护、检测的作用,控制电路一般分为接触器互锁控制电路、按钮互锁控制电路、双重互锁控制电路。本方案选用双重互锁控制电路,需要根据技术规范确保电动机正反转时具备双重保护的功能,参考施工规范进行安装施工。

【实践活动】 根据施工要求完成电动机正反转双重互锁控制电路的安装。

【活动情境】 小高在完成电动机主电路导线的连接后,需要按照施工任务要求完成电动机正反转双重互锁控制电路的安装,并按照施工验收规范进行验收评价。

【工具/环境】 施工图纸、单芯导线、电工工具/施工现场。

活动实施流程(图 5-28):

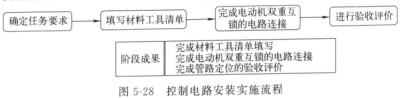

图 5-28 控制电路安装实施流程

引导问题 7:试述什么是自锁、互锁。

引导问题 8:自锁、互锁在控制电路中各起什么作用?

引导问题 9:电动机双重互锁的优势有哪些?

填写控制电路安装材料工具清单,见表 5-30。

表 5-30 控制电路安装材料工具清单

序号	材料工具名称	规格	单位	数量	备注	是否申领(申领后打√)
1						
2						
3						
4						
5						
6						
7						
8						
9						
10						
11						
12						

填写控制电路安装评价表,见表 5-31。

表 5-31 控制电路安装评价表

评价指标	评价项目	配分	评价标准	得分
专业能力	元器件选择	20	选择正确得 20 分,否则不得分	
	横平竖直	30	控制线路导线水平度或垂直度超过 3°,1 处扣 5 分,扣完为止	
	材料使用	30	因操作错误额外领取材料 1 次扣 5 分,扣完为止	
	材料工具清单填写	20	材料工具清单中主材缺失 1 项扣 5 分,主要工具缺失 1 项扣 5 分,辅材缺失 1 项扣 2 分,材料工具数量错误 1 项扣 2 分,扣完为止	
工作过程	操作规范	10	暴力操作 1 次扣 5 分,损坏工具 1 次扣 10 分,扣完为止	
	安全操作	10	未正确穿戴使用安全防护用品 1 次扣 5 分,未安全使用工具 1 次扣 2 分,扣完为止	
工作素养	环境整洁	10	地面随意乱扔工具材料 1 次扣 2 分,安装结束未清扫整理工位扣 5 分,扣完为止	
	工作态度	10	无故迟到早退 1 次扣 2 分,旷课 1 节扣 5 分,扣完为止	
团队素养	团结协作	10	小组分工不合理扣 5 分,出现非正常争吵 1 次扣 5 分,扣完为止	
	计划组织	10	工作计划不合理扣 5 分,现场组织混乱扣 5 分,扣完为止	
情感素养	项目参与	10	不主动参与项目论证 1 次扣 2 分,不积极参加实践安装 1 次扣 2 分,扣完为止	
	体会反思	10	每天课后填写的学习体会和活动反思缺 1 次扣 2 分,扣完为止	

说明:本评价表中最终得分按照表格中得分总和除以配分总和后进行百分制换算。

信息驿站

1. 自锁

也叫自保,交流接触器的常开触头与启动按钮相并联,在按钮松开后,保持交流接触器一直处于通电状态。

2. 互锁

当一个接触器得电动作,通过其辅助常闭触头使另一个接触器不能得电动作,接触器之间这种互相制约的作用叫作接触器联锁或互锁。

3. 接触器联锁控制线路的特点与不足

接触器联锁正反转控制线路中,电动机从正转变为反转时,必须先按下停止按钮后,才能按反转启动按钮,否则由于接触器的联锁作用,不能实现反转。因此该控制线路工作安全可靠,但操作不便。

改进措施:把正转按钮 SB_1 和反转按钮 SB_2 换成两个复合按钮。

4. 按钮联锁控制线路的特点与不足

按钮联锁正反转控制(图 5-29)线路中,电动机从正转变为反转时,只要按下反转启动按钮就能得到。该控制电路操作便捷,但容易发生两相短路故障。

改进措施:把两个复合按钮的常闭触头和两个接触器的辅助常闭触头串接在对方的控制电路中,构成按钮、接触器双重联锁正反转控制线路。

5. 按钮、接触器双重联锁正反转控制电路

按钮、接触器双重联锁正反转控制电路如图 5-30 所示。

(1)特点 基本上可以解决接触器联锁控制线路和按钮联锁控制线路的不足之处。

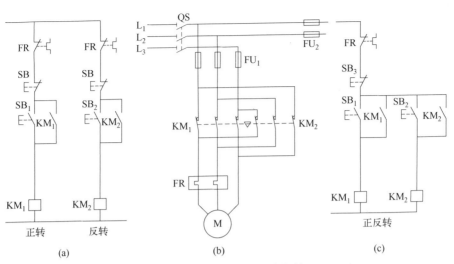

图 5-29 按钮联锁正反转控制

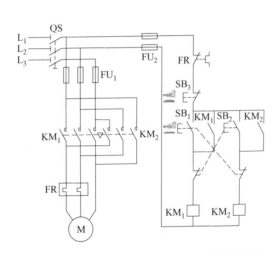

图 5-30 按钮、接触器双重联锁正反转控制电路

（2）运行操作过程分析

四、系统调试

消防卷帘门电动机正反转主电路及控制电路安装完成后，需要参考施工验收规范对所有安装电路进行安全检查，根据预先设计施工要求进行系统调试，所有功能均可正常实现后交付给业主。

【实践活动】 根据施工设计要求对所接安装项目进行调试。

【活动情境】 小高在根据设计施工图完成电动机主电路和控制电路安装结束后，须带领施工人员进行系统调试的前期安全检查，按照设计任务要求完成系统调试，交付客户使用。

【工具/环境】 施工图纸、调试工具/施工现场。

活动实施流程（图 5-31）：

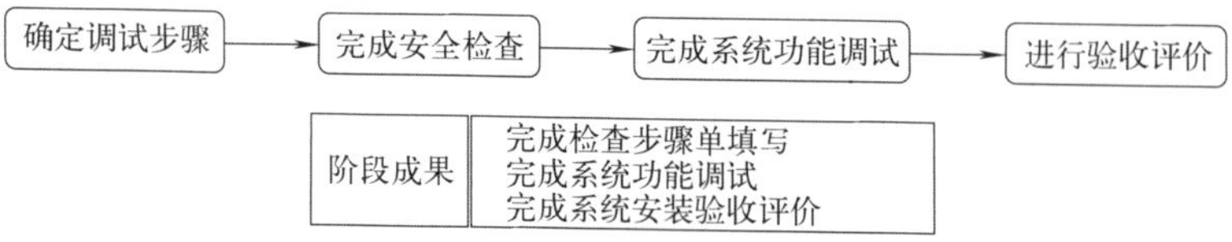

确定调试步骤 → 完成安全检查 → 完成系统功能调试 → 进行验收评价

阶段成果：完成检查步骤单填写 完成系统功能调试 完成系统安装验收评价

图 5-31 系统调试实施流程

引导问题 10：电动机正反转电路安全检查要求有哪些？

引导问题 11：万用表的使用注意事项有哪些？

引导问题 12：失压保护和欠电压保护有何不同？在电气控制系统中它们是如何实现的？

填写电动机正反转电路安全检查步骤单，见表 5-32。

表 5-32 电动机正反转电路安全检查步骤单

序号	检查项目	现象	备注
1			
2			
3			
4			
5			
6			
7			
8			
9			
10			

填写系统调试评价表，见表 5-33。

表 5-33 系统调试评价表

评价指标	评价项目	配分	评价标准	得分
专业能力	布局结构	10	布局合理,结构紧凑,控制方便,美观大方得 10 分,出现问题 1 处扣 2 分,扣完为止	
	电路安装	10	导线安装没有接出多余线头,导线连接符合规范,位置连接正确。1 处不合格扣 2 分,扣完为止	

续表

评价指标	评价项目	配分	评价标准	得分
专业能力	元器件安装	10	元器件的安装错误1处扣5分,扣完为止	
	成品保护	10	电路安装后未进行成品保护扣10分	
	工具使用	30	会用万用表检查照明线路和元器件的安装是否正确。错误1次扣10分,扣完为止	
	安全检查步骤单填写	30	安全检查步骤缺失1项扣5分,现象表述错误1项扣2分,扣完为止	
工作过程	操作规范	10	暴力操作1次扣5分,损坏工具1次扣10分,扣完为止	
	安全操作	10	未正确穿戴使用安全防护用品1次扣5分,未安全使用工具1次扣2分,扣完为止	
工作素养	环境整洁	10	地面随意乱扔工具材料1次扣2分,安装结束未清扫整理工位扣5分,扣完为止	
	工作态度	10	无故迟到早退1次扣2分,旷课1节扣5分,扣完为止	
团队素养	团结协作	10	小组分工不合理扣5分,出现非正常争吵1次扣5分,扣完为止	
	计划组织	10	工作计划不合理扣5分,现场组织混乱扣5分,扣完为止	
情感素养	项目参与	10	不主动参与项目论证1次扣2分,不积极参加实践安装1次扣2分,扣完为止	
	体会反思	10	每天课后填写的学习体会和活动反思缺1次扣2分,扣完为止	

说明:本评价表中最终得分按照表格中得分总和除以配分总和后进行百分制换算。

信息驿站

1. 电源电压检查

① 检查电源电压是否符合电动机的额定电压要求,防止电压过高或过低对电动机造成损坏。

② 使用电压表测量电源电压,确保电源稳定且波动在允许范围内。

2. 电机绝缘测试

① 使用绝缘电阻测试仪对电动机进行绝缘测试,确保电机绕组与地之间的绝缘电阻符合要求。

② 检查电机内部是否有异物或水分,确保电机内部干燥、清洁。

3. 电机接线检查

① 检查电机的接线是否正确,避免出现短路、断路或反接现象。

② 确认电机接线端子紧固可靠,无松动现象。

4. 转动部件检查

① 检查电机的转动部件(如轴承、风扇等)是否完好,确保无卡滞或损坏现象。

② 确保电机转动灵活,无异常声音或振动。

5. 负载情况确认

① 确认电动机所带负载的类型和大小,确保电动机能够承受所需的负载。

② 检查负载连接是否正确,避免出现超载或不平衡现象。

6. 保护装置检查

① 检查电动机的过载保护、短路保护等装置是否完好无损,确保能够正常工作。

② 定期对保护装置进行试验,确保其动作准确、可靠。

7. 启动设备检查

① 检查电动机的启动设备（如启动器、变频器等）是否正常运行，无故障或异常。

② 确认启动设备的参数设置正确，以满足电动机的启动要求。

8. 环境安全检查

① 检查电动机周围的环境是否整洁，确保无杂物或易燃物品。

② 确认电动机的通风良好，无遮挡物或阻塞现象，以防止电动机过热。

9. 电机绝缘测试表检查步骤

① 测量配电箱进户线"L线""N线"是否短路、断路。

② 测量配电箱进户线电压是否正常。

③ 测量配电箱至电动机接线端子排是否短路、断路。

评价反馈

采用多元评价方式，评价由学生自我评价、小组互评、教师评价组成，评价标准、分值及权重如下。

1. 按照前面各任务项目评价表中评价得分填写综合评价表，见表5-34。

表5-34 综合评价表

综合评价	自我评价(30%)	小组互评(40%)	教师评价(30%)	综合得分

2. 学生根据整体任务完成过程中的心得体会和综合评价得分情况进行总结与反思。

（1）心得体会

学习收获：

存在问题：

(2) 反思改进

自我反思：

改进措施：

参 考 文 献

[1] 徐洪涛. 建筑设备安装工程基本技能 [M]. 北京：中国建筑工业出版社，2022.
[2] 朱向楠. 管工（初级）[M]. 北京：机械工业出版社，2020.
[3] 万文龙. 钳工实训 [M]. 北京：北京邮电大学出版社，2019.
[4] 韩雪涛. 中央空调安装与维修从入门到精通（图解版）[M]. 北京：机械工业出版社，2020.
[5] 黄升平. 中央空调清洗与维护 [M]. 北京：机械工业出版社，2024.